应用数理统计

吕亚芹　编著

中国建筑工业出版社

图书在版编目（CIP）数据

应用数理统计/吕亚芹编著. —北京：中国建筑工业
出版社，2018.4
ISBN 978-7-112-21958-2

Ⅰ.①应… Ⅱ.①吕… Ⅲ.①数理统计 Ⅳ.①O212

中国版本图书馆 CIP 数据核字（2018）第 051448 号

应用数理统计

吕亚芹　编著

*

中国建筑工业出版社出版、发行（北京海淀三里河路 9 号）
各地新华书店、建筑书店经销
北京科地亚盟排版公司制版
北京建筑工业印刷厂印刷

*

开本：850×1168 毫米　1/32　印张：10⅞　字数：290 千字
2018 年 5 月第一版　　2019 年 11 月第二次印刷
定价：**35.00** 元
ISBN 978-7-112-21958-2
（31871）

本书比较系统和简明扼要地介绍数理统计的基本概念、原理和方法，并介绍了统计软件 SPSS 的使用方法。全书分八章，内容包括：数理统计的基本概念；参数估计；假设检验；回归分析；方差分析；正交试验设计；多元统计分析；SPSS 应用实例。每章配有习题，附录附有概率论知识复习和数理统计常用分布的密度函数及分位数表。

　　本书主要适合作为高等院校工科各专业和经管学科研究生的教材，还可作为理科高年级本科生教材，也可作为高等院校辅修或自修的参考书，亦可供工程技术人员参考。

　　　　责任编辑：郭　　栋
　　　　责任设计：李志立
　　　　责任校对：王　　瑞

前　　言

本书的前身是吕亚芹老师为北京建筑大学研究生讲授《应用数理统计》课程时所编的讲义，经过多年的修改和补充而形成本书。

在教学过程中，编者深感工科和管理类研究生学习数理统计时难在理解统计思想，难在严谨的数学证明，以及学了统计而不会用统计软件。因此，编写本书力求有以下几个特点：

1. 重统计思想的介绍而轻数学推导

在讲解统计原理时，用很多通俗易懂的实例加以说明。对于较长和较复杂的数学证明，在不失严谨的情况下一笔带过或放在附录中。例如，数理统计中常用三大分布的概率密度函数的证明就放在了附录二。

2. 统计理论与统计软件相结合

本书前七章介绍统计理论和方法，第八章专门介绍常用统计软件 SPSS，通过实例详细介绍了各种统计方法的 SPSS 操作步骤，可使读者能尽快熟悉 SPSS，提高其统计应用能力。

3. 注重应用

书中大量举例，而例题本身大多有实际背景，解题的过程就是统计方法应用的过程。另外，第七章多元统计分析是应用性很强的内容。将此章编入本书，可供不同专业作为选学之用，还可以开阔非统计专业读者的统计视野。

本书由吕亚芹主编，全书共八章。各章分工如下：第一章至第六章及附录一和附录二由吕亚芹编写，第七章由牟唯嫣编写，第八章由王恒友编写，全书由吕亚芹统稿定稿。

本书可作为工科及管理类研究生的教材，编者还希望具备高等数学和概率论基础知识的读者能够自学本书，为方便重温和查阅，将学习数理统计所需的概率论知识放在了附录一。

感谢北京建筑大学研究生院对本书出版的大力支持。编书的过程是向同行学习的过程，编者参阅了大量书籍，引用了很多例子，恕不一一指出，在此一并致谢。

由于作者水平所限，书中错误在所难免，恳切希望读者不吝指正。

目　录

第一章 数理统计的基本概念

本章主要介绍数理统计中的一些基本概念和一些重要统计量的分布.

§1 引　　言

一、数理统计

统计是大家既熟悉又陌生的概念. 说熟悉, 是因为社会生活的各个方面都要用到统计. 例如, 工厂里每月的产量、产值、成本、利润等经济指标的汇总要用到统计; 再例如, 计算某省居民的人均居住面积时要用到统计, 计算其产值、税收、人口等资料时要用到统计. 说陌生, 是因为不具备统计知识的人往往把统计看成是一堆密密麻麻、让人目眩的数字, 或是一种枯燥无味的工作. 统计一词的英文"statistics"源于拉丁文"status", 即国家, 指国情资料的收集, 这正是人们了解的, 我们国家很长时间采用的社会经济统计, 也叫描述性统计和全局性统计, 它是一门关于如何搜集数据、整理数据并对数据进行一些简单分析的方法论学科.

数理统计与社会经济统计完全不同, 为了说明其不同之处, 看一个简单例子. 要检验一大批产品的质量, 将产品分为正品和废品, 求这批产品的废品率. 为求废品率, 我们可以采用以下两种方法. 方法一: 采用逐个检查的方法, 然后汇总产品总数、废品数, 再计算出废品率; 方法二: 从这批产品中随机抽取一部分产品, 算出废品率, 然后根据部分产品的废品率推断整批产品的废品率.

可以看出,方法一费时费工,数据准确无误,方法确定,结果唯一,这是社会经济统计解决问题的方法;方法二省时省力,但原始数据受随机性(偶然)因素影响,且收集和使用的仅仅是部分数据,用部分数据去推断总体,推断方法不唯一,因而结论未必是完全准确的,只能做到尽可能而非绝对的精确和可靠,这是数理统计解决问题的方法.

数理统计是一门以概率论作为工具,研究如何分析带有随机性影响的数据的科学,即根据试验或观察得到的数据,对研究对象的客观规律性作出合理的估计和判断.

二、数据统计的研究内容(基本任务)

数理统计研究的内容非常广泛,概括起来主要研究两大类问题:一是试验的设计和研究,即研究如何有效地收集数据,具体内容有抽样方法和试验设计;二是统计推断,即研究如何有效地使用数据,将收集到的局部数据比较合理、尽可能精确与可靠地推断总体情况,这是本课程的主要内容,具体内容有参数估计、假设检验、回归分析、方差分析等.

其实,数理统计在各个领域已得到广泛应用,在农业、生物、医学、天文、航天、物理、经济各领域已取得一系列成果.在国外,人们一提起统计,理所当然是指数理统计,但在国内由于社会经济统计占主导地位,数理统计长期不被重视,只是作为数学的一个分支,而社会经济统计只作为经济学的一个分支,这样的局面越来越不适应社会的发展,越来越难以与世界接轨.

改革开放给中国的统计界带来了机遇和挑战.严峻的挑战和深刻的矛盾要求统计界必须坚持实事求是的科学态度.经过一大批统计学家的艰苦努力,我国统计界终于发生了质的飞跃和变化.1992 年 11 月,国家技术监督局正式批准统计学为一级学科,国家标准局颁布的学科分类标准已将统计学列为一级学科，1998 年教育部进行的专业调整也将统计学归入理学类一级学科．一级学科的地位表明，统计学既不是数学的子学科，也不是经济学的子学科，统计学就是统计学．统计学的一级学科地位表明，中国统计在与国际接轨的进程中迈出了重要一步．

数理统计是一门较年轻的学科，它诞生于 19 世纪后期，到 20 世纪 40 年代发展成熟．第二次世界大战后，特别是电子计算机问世后，数理统计得到了长足发展．近 20 年左右，数理统计受到越来越广泛关注，翻开各类专业书刊，让数据说话，进行各个领域的实证分析已成时尚，而统计分析软件所起作用功不可没．常用的统计软件有：SPSS——社会科学统计软件包，SAS（Statistical Analysis System）——统计分析系统，Excel——电子表格软件，TSP——时间序列分析软件包．我们在介绍各章内容时，重点采用 SPSS 举例计算．

§2　总体和样本

一、总体和个体

在数理统计中，把研究对象的全体称为总体，而把总体中的每个元素称为个体．为了了解总体和个体，我们看以下几个例子．

【例 1】　考察一大批灯泡质量时，该批灯泡的全体组成总体，每个灯泡是个体．但实际应用时，我们并不关心灯泡的形状、式样，只关心它的寿命、亮度等指标．如只考察灯泡的"使用寿命"这个指标时，每一个灯泡都有一个使用寿命值．这批灯泡使用寿命的全体是总体，每个灯泡使用寿命值就是个体．

【例 2】　有一大批产品共 1000 个，每个产品可区分为一等、二等及次品．要研究这批产品质量时，1000 个产品的等级构成总体，每个产品的等级是个体．如果用"1"表示一等品，"2"表示二等品，"0"表示次品，则总体＝{1,2,0,1,2,2,……,1,0}，总体中共有 1000 个元素.

【例3】 一大批炮弹，检查质量时我们只关心射程，则总体＝｛每个炮弹射程｝，个体是每个炮弹的射程.

可见，总体中的元素常常不是指元素本身，而是指元素的某种数量指标.

对于一个总体而言，其数量指标的取值是按一定规律分布着的，例如灯泡的使用寿命在任一范围内所占的比例是确定的，是客观存在的. 所以，任取一个灯泡，其使用寿命 X 究竟取什么值是有一定概率分布的. 由于我们主要研究的是某个数量指标，所以干脆把所研究的总体用一个随机变量 X 来表示. 因此，以后凡是提到一个总体就是指一个"随机变量"，说总体的概率分布就是指"随机变量的概率分布". 这就是说，一个总体就是一个具有确定概率分布的随机变量.

二、抽样和样本

1. 简单随机样本

当我们研究某个总体（如灯泡的使用寿命）时，若将总体中每一个个体都进行试验，这在实际中一般是不可能的：不仅所花费的人力、物力、财力太多，时间上也不允许，尤其当用以检验产品质量的试验具有破坏性时，例如对灯泡厂生产的灯泡的使用寿命进行质量检查，根本就不可能逐个检查，并且检验的个数还要适当. 因此，需要采用由局部推断总体的方法，即从总体 X 中抽取一部分，如 n 个：$X_1, X_2, \cdots, X_n$，这一部分个体叫样本，n 叫样本容量，样本中的每一个个体称为样品，取得样本的过程叫抽样.

数理统计中，采用的抽样方法是随机抽样法，即样本中的每一个个体（样品）是从总体中被随机地抽取出来的. 随机抽样按其个体抽取的方法不同又可分为两种：放回抽样和不放回抽样. 以例 2 为例，从 1000 个产品中抽取一个容量为 10 的样本，如果随机地抽取一个产品检查后放回，然后再随机抽取第二个产品，检查后放回，直至取得第 10 个个体为止，这种抽样方法叫放回抽样（或称重复抽样）. 如果每取一个个体检查后不再放回，直到取出第 10 个个体为止，或者一次性取出 10 个个体，这种抽样方法叫不放回抽样（或称非重复抽样）. 对于无限总体，两种抽样方法效果一样；而对于有限总体，二者有很大不同，但若总体中个体数 N 有限，而 N 相对于样本容量 n 很大 $\left(\text{一般要求}\dfrac{n}{N}\leqslant 0.1\right)$，仍采用不放回抽样方法，并近似认为抽样后总体的成分不变.

最常用的抽样是简单随机抽样.

我们抽取样本的目的是为了对总体的分布或它的数字特征进行分析和推断，因此要求抽取的样本能很好地反映总体的特征，这就必然对抽样方法提出一定要求，通常有以下两点要求：

1. 代表性. 要求样本的每个分量 X_i 尽可能地代表所考察的总体 X，也就是说要求 X_i 与总体 X 具有相同的分布函数 $F(x)$；

2. 独立性. 要求抽取的 n 个个体的观察结果相互之间互不影响，即要求 $X_1, X_2, \cdots, X_n$ 是相互独立的随机变量.

凡是满足以上两点要求的样本叫简单随机样本，以后如不加特别说明，所提到的样本都是指简单随机样本.

样本具有二重性. 样本并非是一堆杂乱无章、无规律可循的数据，它是受随机性影响的一组数据，因此每个样本既可视为一组数据 $(x_1, x_2, \cdots, x_n)$，又可视为一组随机变量 $(X_1, X_2, \cdots, X_n)$，这就是所谓的样本的二重性. 当通过一次具体的试验，得到一组观察值，这时样本表现为一组数据；但这组数据出现并非是必然的，它只能以一定概率出现，这时样本又可视为一组随机变量. $(x_1, x_2, \cdots, x_n)$ 也称为样本的一个观察值，简称样本值.

2. 样本的联合分布

设总体 X 的分布函数为 $F(x)$，概率密度函数为 $f(x)$，则函数由概率论知识可得：样本 $(X_1, X_2, \cdots, X_n)$ 的联合概率密

度 $f_n(x_1,x_2,\cdots,x_n)=\prod\limits_{i=1}^{n}f(x_i)$，联合分布函数 $F_n(x_1,x_2,\cdots,x_n)=\prod\limits_{i=1}^{n}F(x_i)$，若总体 X 是离散型随机变量，其分布律为 $p(x)=P\{X=x\}$，则样本 $(X_1,X_2,\cdots,X_n)$ 的联合分布律为：

$$p_n(x_1,x_2,\cdots,x_n)=\prod\limits_{i=1}^{n}p(x_i).$$

【例 4】 设总体 X 服从参数为 p 的两点分布，即 $P\{X=1\}=p$，$P\{X=0\}=1-p$，其中 $0<p<1$，试求样本 $(X_1,X_2,\cdots,X_n)$ 的联合分布律.

【解】 由于总体 X 的分布律可以写成

$$p(x)=P\{X=x\}=p^x(1-p)^{1-x} \quad x=0,1$$

故样本 $(X_1,X_2,\cdots,X_n)$ 的联合分布律为

$$p_n(x_1,x_2,\cdots,x_n)=\prod\limits_{i=1}^{n}p(x_i)=\prod\limits_{i=1}^{n}p^{x_i}(1-p)^{1-x_i}$$
$$=p^{\sum\limits_{i=1}^{n}x_i}(1-p)^{n-\sum\limits_{i=1}^{n}x_i}.$$

§3 统 计 量

一、统计量

样本是总体的代表和反映，但在我们抽取样本之后，并不直接利用样本进行推断，而需要对样本进行一番"加工"和"提炼"，把样本中所包含的我们所关心的事物的信息都集中起来，这便要针对不同的问题构造出样本的某种函数，这种函数叫统计量.

定义 1 设 $X_1,X_2,\cdots,X_n$ 是总体 X 的一个样本，$g(X_1,X_2,\cdots,X_n)$ 为一个 n 元函数，若此函数中不含任何未知参数，则称函数 $g(X_1,X_2,\cdots,X_n)$ 为一个统计量.

【例 1】 设总体 $X \sim N(\mu, \sigma^2)$，其中 μ 已知，但 σ^2 未知. $X_1, X_2, \cdots, X_n$ 是总体 X 的一个样本，则 $\dfrac{1}{n} \sum\limits_{i=1}^{n} X_i$，$\dfrac{1}{n} \sum\limits_{i=1}^{n} (X_i - \mu)^2$ 和 $\sum\limits_{i=1}^{n} 3X_i^2$ 都是统计量，但 $\dfrac{1}{\sigma} \sum\limits_{i=1}^{n} X_i^3$ 和 $\dfrac{1}{\sigma^2} \sum\limits_{i=1}^{n} (X_i - \mu)^2$ 都不是统计量，因为它们包含有未知参数 σ.

显然，统计量是随机变量. 如果 $(x_1, x_2, \cdots, x_n)$ 是一个样本值，则称 $g(x_1, x_2, \cdots, x_n)$ 是统计量 $g(X_1, X_2, \cdots, X_n)$ 的一个观察值，简称统计值.

二、常用统计量

1. 样本矩

设 $X_1, X_2, \cdots, X_n$ 是总体 X 的一个样本，可定义如下概念：

（1）样本均值 $\bar{X} = \dfrac{1}{n} \sum\limits_{i=1}^{n} X_i$

（2）样本方差 $S^2 = \dfrac{1}{n-1} \sum\limits_{i=1}^{n} (X_i - \bar{X})^2$

样本标准差 $S = \sqrt{S^2} = \sqrt{\dfrac{1}{n-1} \sum\limits_{i=1}^{n} (X_i - \bar{X})^2}$

（3）样本的 k 阶原点矩 $A_k = \dfrac{1}{n} \sum\limits_{i=1}^{n} X_i^k \quad (k = 1, 2, \cdots)$

（4）样本的 k 阶中心矩 $B_k = \dfrac{1}{n} \sum\limits_{i=1}^{n} (X_i - \bar{X})^k \quad (k = 1, 2, \cdots)$

虽然 $A_1 = \bar{X}$， $\qquad B_2 = \dfrac{n-1}{n} S^2$

以上这些是都是样本 $X_1, X_2, \cdots, X_n$ 的函数，当样本观察值确定后，它们的观察值分别为：

$$\bar{x} = \frac{1}{n} \sum_{i=1}^{n} x_i, \quad s^2 = \frac{1}{n-1} \sum_{i=1}^{n} (x_i - \bar{x})^2,$$

$$a_k = \frac{1}{n} \sum_{i=1}^{n} x_i^k, \quad b_k = \frac{1}{n} \sum_{i=1}^{n} (x_i - \bar{x})^k.$$

$\overline{X}$ 和 S^2 是两个重要统计量. 由大数定律可知，当总体均值 EX 及总体方差 DX 存在时，样本均值 $\overline{X}$ 依概率收敛于总体均值 EX，样本方差 S^2 依概率收敛于总体方差 DX.

2. 顺序统计量、样本中位数、样本极差

（1）顺序统计量

设（$X_1, X_2, \cdots, X_n$）是从总体 X 中抽取的样本容量为 n 的样本，记（$x_1, x_2, \cdots, x_n$）是样本的一个观察值，将观察值由小到大按顺序重新排列为：$x_{(1)} \leqslant x_{(2)} \leqslant \cdots \leqslant x_{(n)}$，当（$X_1, X_2, \cdots, X_n$）取值为（$x_1, x_2, \cdots, x_n$）时，我们定义 $X_{(k)}$ 取值为 $x_{(k)}$（$k = 1, 2, \cdots, n$），由此得到的（$X_{(1)}, X_{(2)}, \cdots, X_{(n)}$）称为样本（$X_1, X_2, \cdots, X_n$）的一组顺序统计量，（$x_{(1)}, x_{(2)}, \cdots, x_{(n)}$）称为顺序统计量的值. 显然，$X_{(1)} \leqslant X_{(2)} \leqslant \cdots \leqslant X_{(n)}$，其中 $X_{(1)} = \min\limits_{1 \leqslant i \leqslant n} X_i$ 称为最小（极小）顺序统计量，它的观察值是样本观察值中最小的一个；$X_{(n)} = \max\limits_{1 \leqslant i \leqslant n} X_i$ 称为最大（极大）顺序统计量，它的观察值是样本观察值中最大的一个，$X_{(k)}$（$k = 1, 2, \cdots, n$）称为第 k 个顺序统计量，因为 $X_{(1)}, X_{(2)}, \cdots, X_{(n)}$ 是样本 $X_1, X_2, \cdots, X_n$ 的函数，所以它们是统计量.

例如，若样本（X_1, X_2, X_3, X_4, X_5）的两组观察值分别是 $(2.5, 2.1, 1.9, 2.0, 1.8)$，$(2.6, 1.6, 1.9, 2.0, 2.3)$，则顺序统计量（$X_{(1)}, X_{(2)}, X_{(3)}, X_{(4)}, X_{(5)}$）对应的观察值分别是 $(1.8, 1.9, 2.0, 2.1, 2.5)$，$(1.6, 1.9, 2.0, 2.3, 2.6)$.

设 $F(x)$ 是总体 X 的分布函数，$X_1, X_2, \cdots, X_n$ 为 X 的样本，最大顺序统计量 $X_{(n)}$ 和最小顺序统计量 $X_{(1)}$ 的分布函数分别用于 $F_{(n)}(x)$ 和 $F_{(1)}(x)$ 表示，则

$$F_{(n)}(x) = P\{X_{(n)} \leqslant x\} = P\{X_1 \leqslant x, X_2 \leqslant x, \cdots, X_n \leqslant x\}$$

$$= \prod_{i=1}^{n} P\{X_i \leqslant x\} = \prod_{i=1}^{n} p(X \leqslant x) = F^n(x)$$

$$F_{(1)}(x) = P\{X_{(1)} \leqslant x\} = 1 - P\{X_{(1)} > x\}$$

$$= 1 - P\{X_1 > x, X_2 > x, \cdots, X_n > x\}$$

$$=1-\prod_{i=1}^{n}P\{X_i>x\}=1-\prod_{i=1}^{n}P\{X>x\}$$

$$=1-(P\{X>x\})^n$$

$$=1-(1-F(x))^n$$

当 X 为连续型随机变量且有概率密度函数 $f(x)$ 时，则 $X_{(n)}$，$X_{(1)}$ 也是连续型随机变量，且它们的密度函数分别为

$$f_{(n)}(x)=nf(x)F^{n-1}(x), \quad f_{(1)}(x)=nf(x)(1-F(x))^{n-1}$$

（2）样本中位数

样本中位数 $\widetilde{X}$ 定义为

$$\widetilde{X}=\begin{cases} X_{(\frac{n+1}{2})} & n\text{ 为奇数} \\ \dfrac{X_{(\frac{n}{2})}+X_{(\frac{n}{2}+1)}}{2} & n\text{ 为偶数} \end{cases}$$

它的值为 $\quad \widetilde{x}=\begin{cases} x_{(\frac{n+1}{2})} & n\text{ 为奇数} \\ \dfrac{x_{(\frac{n}{2})}+x_{(\frac{n}{2}+1)}}{2} & n\text{ 为偶数} \end{cases}$

平均数和中位数都是反映样本观察值的集中程度，而中位数不受极端值的影响，更具代表性.

（3）样本极差

称 $R=X_{(n)}-X_{(1)}$ 为样本极差，它的观察值为 $r=x_{(n)}-x_{(1)}$. 样本极差 R 和样本方差 S^2 一样，是反映样本值分散程度的量.

【例2】　从总体中抽取样本容量为 6 的样本，测得样本值为：32，65，35，30，28，29，试求样本均值、样本方差、样本标准差、样本中位数、样本极差.

【解】　将样本值按从小到大的顺序排列：28，29，30，32，35，65

则　$\bar{x}=\dfrac{1}{6}\sum_{i=1}^{6}x_i=36.5$　$s^2=\dfrac{1}{6-1}\sum_{i=1}^{6}(x_i-\bar{x})^2=201.1$

$s=\sqrt{s^2}=14.18$　$\widetilde{x}=\dfrac{30+32}{2}=31$　$r=65-28=37.$

§4 直方图与经验分布函数

一、直方图

设总体 X 的概率密度函数为 $f(x)$，而 X_1, X_2, $\cdots$, X_n 是其样本，x_1, x_2, $\cdots$, x_n 是一组样本观察值，如何用样本数据来刻画总体概率密度函数 $f(x)$ 呢？这就是直方图. 直方图能反映 $f(x)$ 的原理是大数定律中频率近似于概率，下面举例说明直方图的做法.

【**例题**】 美国 1990 年 90 个大城市暴力犯罪率（每 100000 居民中暴力犯罪的数量）数据如下，画出这些数据的直方图.

876 388 698 537 376 393 811 719 491 685 578 562 298 642 508
354 504 464 557 448 718 971 673 856 529 735 807 410 771 571
189 563 336 605 628 868 421 393 352 684 661 647 526 496 481
804 435 605 374 685 877 447 624 296 224 210 291 341 267 460
570 885 1020 843 562 817 758 559 809 626 928 751 592 466 739
690 731 505 706 639 516 561 814 498 562 720 480 703 631 585

【**解**】 （1）首先，把变量的取值范围分成若干个区间. 记观察值为 $x_1, x_2, \cdots, x_n$，最大值和最小值分别记为 $x_{(n)}$ 和 $x_{(1)}$，取 a 略小于 $x_{(1)}$，b 略大于 $x_{(n)}$，将 $[a, b]$ 分成 m 个小区间，小区间的长度可以不相等，设分点为 $a = t_0 < t_1 < \cdots < t_m = b$，得 m 个小区间 $(t_{i-1}, t_i]$ $(i = 1, 2, \cdots, m)$. 本例中，$x_{(1)} = 189$，$x_{(n)} = 1020$，$n = 90$，$a = 150$，$b = 1050$，取 $m = 10$，各区间取等长，每个区间长度 $h = \Delta t_i = \dfrac{b-a}{m} = \dfrac{1050-150}{10} = 90$.

（2）其次，求出观察值 $x_1, x_2, \cdots, x_n$ 落入每个小区间 $(t_{i-1}, t_i]$ 中的频数 n_i，并计算频率 $f_i = \dfrac{n_i}{n}$，列表分别记录各小区间的频数、频率.

区间 $(t_{i-1}, t_i]$	频数 n_i	频率 $f_i = \dfrac{n_i}{n}$	直方图纵坐标 $\dfrac{f_i}{\Delta t_i}$
$(150, 240]$	3	0.033333	0.000370
$(240, 330]$	4	0.044444	0.000494
$(330, 420]$	10	0.111111	0.001235
$(420, 510]$	15	0.166667	0.001852
$(510, 600]$	16	0.177778	0.001975
$(600, 690]$	15	0.166667	0.001852
$(690, 780]$	12	0.133333	0.001481
$(780, 870]$	9	0.100000	0.001111
$(870, 960]$	4	0.044444	0.000494
$(960, 1050]$	2	0.022222	0.000247

（3）以变量为横轴，在横轴上标出 $t_0, t_1, \cdots, t_m$ 各点，分别以 $(t_{i-1}, t_i]$ 为底，作高为 $\dfrac{f_i}{\Delta t_i}$，$\Delta t_i = t_i - t_{i-1}$，$i = 1, 2, \cdots, m$，即得直方图（图 1-1）.

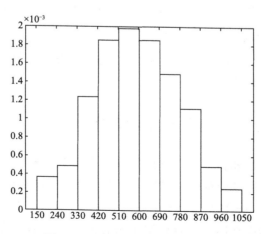

图 1-1 暴力犯罪率数据的直方图

在画直方图时，也可以用各个区间上的频数或频率作为矩形的高. 此时，直方图分别称为频数直方图和频率直方图.

二、经验分布函数

将总体 X 的 n 个样本值 $x_1, x_2, \cdots, x_n$ 按大小排列成 $x_{(1)} \leqslant x_{(2)} \leqslant \cdots \leqslant x_{(n)}$，记 $F_n(x)$ 为不大于 x 的样本值出现的频率，则

$$F_n(x) = \begin{cases} 0 & x < x_{(1)} \\ \dfrac{k}{n} & x_{(k)} \leqslant x < x_{(k+1)} \\ 1 & x \geqslant x_{(n)} \end{cases}$$

称为总体经验分布函数或样本分布函数，它等于在 n 次独立重复试验中，事件 $\{X \leqslant x\}$ 出现的频率，它具有分布函数的一切性质. $F_n(x)$ 是变量 x 的一个阶梯函数，其图形呈跳跃上升的一条阶梯形折线.

由大数定律可知，经验分布函数 $F_n(x)$ 依概率收敛于总体 X 的分布函数 $F(x)$，更强的结论是以下的格列汶科定理.

格列汶科定理　设总体 X 的分布函数为 $F(x)$，$X_1, X_2, \cdots, X_n$ 是来自 X 的样本，$F_n(x)$ 是其经验分布函数，则 $p\{\lim\limits_{n \to +\infty} \sup\limits_{-\infty < x < +\infty} |F_n(x) - F(x)| = 0\} = 1$，即

当 $n \to +\infty$ 时，$F_n(x) \approx F(x)$，这就是数理统计中用样本推断总体的理论依据.

§5　抽　样　分　布

统计量是随机变量，它的概率分布称为抽样分布. 求一般统计量的分布是困难的，但当其含正态分布时还是比较容易的. 本节介绍几个重要的抽样分布：χ^2 分布、t 分布、F 分布，它们在统计推断中常用，最后介绍正态总体样本均值和样本方差的分布.

一、χ^2 分布

1. 定义 2　设 $X_1, X_2, \cdots, X_n$ 是总体 $X \sim N(0, 1)$ 的样本（或 $X_1, X_2, \cdots, X_n$ 是独立同分布随机变量，且 $X_i \sim N(0,1)$，$i = 1, 2, \cdots, n$），$\chi^2 = X_1^2 + X_2^2 + \cdots + X_n^2 = \displaystyle\sum_{i=1}^{n} X_i^2$，则称统计量 χ^2 所服从的分布为自由度是 n 的 χ^2 分布，记作 $\chi^2 \sim \chi^2(n)$.

2. χ^2 分布的概率密度函数

χ^2 分布的概率密度函数为 $f(x) = \begin{cases} \dfrac{1}{2^{\frac{n}{2}} \Gamma\left(\dfrac{n}{2}\right)} x^{\frac{n}{2}-1} \mathrm{e}^{-\frac{x}{2}} & x > 0 \\ 0 & x \leqslant 0 \end{cases}$

其中 $\Gamma(\alpha) = \displaystyle\int_0^{+\infty} x^{\alpha-1} \mathrm{e}^{-x} \mathrm{d}x$　$\alpha > 0$

$\Gamma\left(\dfrac{n}{2}\right) = \displaystyle\int_0^{+\infty} x^{\frac{n}{2}-1} \mathrm{e}^{-x} \mathrm{d}x$，当 $n = 1$ 时，$\Gamma\left(\dfrac{1}{2}\right) = \sqrt{\pi}$；当 $n = 2$ 时，$\Gamma(1) = 1$.

χ^2 分布的概率密度函数的证明见附录二，随后的 t 分布和 F 分布的概率密度函数的证明也见附录二.

χ^2 分布的概率密度函数的图形如图 1-2 所示.

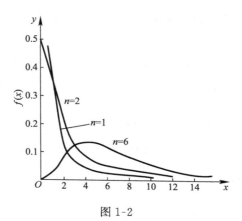

图 1-2

13

当 $n=1$ 时，$\chi^2(1)$ 是 Γ 分布；

当 $n=2$ 时，$\chi^2(2)$ 是指数分布.

3. χ^2 分布的性质

性质 1 设 $\chi^2 \sim \chi^2(n)$，则 $E\chi^2 = n$，$D\chi^2 = 2n$.

证明 由定义 $\chi^2 = \sum\limits_{i=1}^{n} X_i^2$，而 $X_i \sim N(0, 1)$，且 $X_1, X_2, \cdots, X_n$ 相互独立.

所以 $EX_i = 0$，$DX_i = 1$

故 $E\chi^2 = \sum\limits_{i=1}^{n} EX_i^2 = \sum\limits_{i=1}^{n} [DX_i + (EX_i)^2] = \sum\limits_{i=1}^{n} DX_i = n$

又因为 $EX_i^4 = \int_{-\infty}^{+\infty} \frac{1}{\sqrt{2\pi}} x^4 e^{-\frac{x^2}{2}} dx = 3$，

所以 $DX_i^2 = EX_i^4 - (EX_i^2)^2 = 3 - 1 = 2$.

由于 $X_1, X_2, \cdots, X_n$ 相互独立，因而 $X_1^2, X_2^2, \cdots, X_n^2$ 相互独立，

故 $D\chi^2 = \sum\limits_{i=1}^{n} DX_i^2 = \sum\limits_{i=1}^{n} 2 = 2n$.

性质 2 若 $\chi_1^2 \sim \chi^2(n_1)$，$\chi_2^2 \sim \chi^2(n_2)$，且 χ_1^2 与 χ_2^2 相互独立，则 $\chi_1^2 + \chi_2^2 \sim \chi^2(n_1 + n_2)$.

性质 3 （柯赫论 cochran 定理）设总体 $X \sim N(0, 1)$，X_1, $X_2, \cdots, X_n$ 是其样本，且 $\chi^2 = X_1^2 + X_2^2 + \cdots + X_n^2 = Q_1 + Q_2 + \cdots + Q_k$，其中 $Q_1, Q_2, \cdots, Q_k$ 是 $X_1, X_2, \cdots, X_n$ 的线性组合的平方和，即为非负定二次型，自由度分别为 $n_1, n_2, \cdots, n_k$，则 $Q_i \sim \chi^2(n_i)$ $(i = 1, 2, \cdots, k)$，而且相互独立的充要条件是 $\sum\limits_{i=1}^{k} n_i = n$.

此定理在方差分析和回归分析中有重要作用.

二、t 分布

1. 定义 3 设 $X \sim N(0, 1)$，$Y \sim \chi^2(n)$，且 X 与 Y 相互独

立，记 $T = \dfrac{X}{\sqrt{\dfrac{Y}{n}}}$，则称 T 所服从的分布为自由度是 n 的 t 分布，

记作 $T \sim t(n)$，t 分布是英国化学家和统计学家哥塞特（W. S. Gosset）在 1908 年提出的，由于他在发表这个结果时用的笔名是"student"，所以 t 分布又称"学生氏分布"，亦称 student 分布.

2. t 分布的概率密度函数

t 分布的概率密度函数为 $f(x) = \dfrac{\Gamma\left(\dfrac{n+1}{2}\right)}{\sqrt{n\pi}\,\Gamma\left(\dfrac{n}{2}\right)}\left(1 + \dfrac{x^2}{n}\right)^{-\frac{n+1}{2}}$

$-\infty < x < +\infty$

其图形如图 1-3 所示：

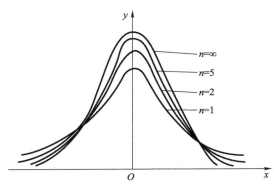

图 1-3 t 分布密度函数

上图给出了 $n = 1$，2，5，∞ 时，t 分布概率密度函数的图象，由于 $f(x)$ 是偶函数，所以关于 y 轴对称.

3. 性质

性质 1 设 $T \sim t(n)$，当 $n > 2$ 时，$ET = 0$，$DT = \dfrac{n}{n-2}$.

性质 2 $\lim\limits_{n \to \infty} f(x) = \dfrac{1}{\sqrt{2\pi}} e^{-\frac{x^2}{2}}$，即 $n \to \infty$ 时，t 分布密度函数趋近于标准正态分布的密度函数. 即当 n 充分大时，t 分布近似

于 $N(0, 1)$ 分布.

三、F 分布

1. 定义 4 设 $X \sim \chi^2(n_1)$，$Y \sim \chi^2(n_2)$，且 X 与 Y 相互独立，记 $F = \dfrac{X/n_1}{Y/n_2}$，则称 F 所服从的分布为自由度是 (n_1, n_2) 的 F 分布，记作 $F \sim F(n_1, n_2)$. 其中，n_1 称为第一自由度，n_2 称为第二自由度.

2. F 分布的概率密度函数

F 分布的概率密度函数为

$$f(x) = \begin{cases} \dfrac{\Gamma\left(\dfrac{n_1 + n_2}{2}\right)}{\Gamma\left(\dfrac{n_1}{2}\right)\Gamma\left(\dfrac{n_2}{2}\right)} \dfrac{n_1}{n_2}\left(\dfrac{n_1}{n_2}x\right)^{\frac{n_1}{2}-1}\left(1 + \dfrac{n_1}{n_2}x\right)^{-\frac{n_1+n_2}{2}} & x > 0 \\ 0 & x \leqslant 0 \end{cases}$$

其图象如图 1-4 所示.

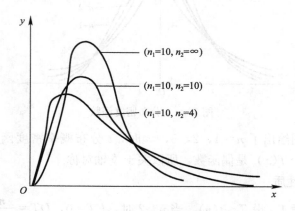

$(n_1 = 10, n_2 = \infty)$

$(n_1 = 10, n_2 = 10)$

$(n_1 = 10, n_2 = 4)$

图 1-4 F-分布密度函数

3. 性质 若 $F \sim F(n_1, n_2)$，则 $\dfrac{1}{F} \sim F(n_2, n_1)$.

四、正态分布及其 $\bar{X}$ 与 S^2 的分布

正态分布在数理统计中有特别重要的作用，不仅因为许多量的确服从正态分布，更因为即使不是正态分布，但根据中心极限定理，当 n 很大时，也可用正态分布近似，正态分布有许多优良性质.

1. 设 $X \sim N(0, 1)$，它的概率密度函数为

$$\varphi(x) = \frac{1}{\sqrt{2\pi}} \mathrm{e}^{-\frac{x^2}{2}} \quad -\infty < x < +\infty,$$

分布函数为

$$\Phi(x) = p\{X \leqslant x\} = \int_{-\infty}^{x} \frac{1}{\sqrt{2\pi}} \mathrm{e}^{-\frac{t^2}{2}} \mathrm{d}t \quad -\infty < x < +\infty$$

$\varphi(x)$ 和 $\Phi(x)$ 的图形如图 1-5 所示.

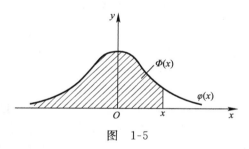

图 1-5

2. 设 $X \sim N(\mu, \sigma^2)$，它的概率密度函数为 $f(x) = \dfrac{1}{\sqrt{2\pi}\sigma}$
$\mathrm{e}^{-\frac{(x-\mu)^2}{2\sigma^2}}$ $(-\infty < x < +\infty)$，则 $\dfrac{X-\mu}{\sigma} \sim N(0, 1)$.

3. 设 $X_1, X_2, \cdots, X_n$ 是取自正态总体 $X \sim N(\mu, \sigma^2)$ 的样本，则

$$\bar{X} = \frac{1}{n} \sum_{i=1}^{n} X_i \sim N\left(\mu, \frac{\sigma^2}{n}\right)$$

证明　显然 $\bar{X}$ 是独立正态变量的线性组合，故 $\bar{X}$ 仍服从正态分布

$$E\bar{X} = E\left(\frac{1}{n}\sum_{i=1}^{n}X_i\right) = \frac{1}{n}\sum_{i=1}^{n}EX_i = \frac{1}{n}\sum_{i=1}^{n}\mu = \frac{1}{n}\cdot n\mu = \mu$$

$$D\bar{X} = D\left(\frac{1}{n}\sum_{i=1}^{n}X_i\right) = \frac{1}{n^2}\sum_{i=1}^{n}DX_i = \frac{1}{n^2}\sum_{i=1}^{n}\sigma^2 = \frac{1}{n^2}\cdot n\sigma^2 = \frac{\sigma^2}{n}$$

所以 $\bar{X}\sim N\left(\mu,\ \dfrac{\sigma^2}{n}\right)$，等价地，$\dfrac{\bar{X}-\mu}{\dfrac{\sigma}{\sqrt{n}}}\sim N(0,\ 1)$

4. 设 $X_1,X_2,\cdots,X_n$ 是总体 $X\sim N(\mu,\ \sigma^2)$ 的样本，S^2 是样本方差.

则 $\chi^2 = \dfrac{(n-1)S^2}{\sigma^2}\sim\chi^2(n-1)$，且 $\bar{X}$ 与 S^2 相互独立. 证明略.

【例 1】 设 $X_1,X_2,\cdots,X_{10}$ 是取自总体 X 的样本，$X\sim N(0,\ 1)$
令

$$Y_1 = a(X_1 + X_2)^2 + b(X_3 + \cdots + X_{10})^2;$$

$$Y_2 = C\frac{X_1}{\sqrt{\sum_{i=2}^{10}X_i^2}};\qquad Y_3 = d\frac{\sum_{i=1}^{5}X_i^2}{\sum_{i=6}^{10}X_i^2}$$

(1) 求实数 a，b，使 Y_1 服从 χ^2 分布，并求其自由度；

(2) 求实数 c，使 Y_2 服从 t 分布，并求其自由度；

(3) 求实数 d，使 Y_3 服从 F 分布，并求其自由度.

【解】 (1) $\because X_1,X_2,\cdots,X_{10}$ 是 X 的样本，且 $X\sim N(0,\ 1)$

$\therefore X_i\sim N(0,\ 1)$，$i=1,2,\cdots,10$.

$\therefore X_1+X_2\sim N(0,\ 2)$，$X_3+X_4+\cdots+X_{10}\sim N(0,\ 8)$

$\therefore \dfrac{X_1+X_2}{\sqrt{2}}\sim N(0,\ 1)$，$\dfrac{X_3+X_4+\cdots+X_{10}}{\sqrt{8}}\sim N(0,\ 1)$，且

二者相互独立，

$\therefore \left(\dfrac{X_1+X_2}{\sqrt{2}}\right)^2 + \left(\dfrac{X_3+X_4+\cdots+X_{10}}{\sqrt{8}}\right)^2\sim\chi^2(2).$

即 $a=\dfrac{1}{2}$，$b=\dfrac{1}{8}$ 时，使 $Y_1 = \dfrac{1}{2}(X_1+X_2)^2 + \dfrac{1}{8}(X_3 +$

$X_4 + \cdots + X_{10})^2 \sim \chi^2(2)$，自由度为 2.

显然　当 $a=0$，$b=\dfrac{1}{8}$ 时，$Y_1 = \dfrac{1}{8}(X_3 + X_4 + \cdots + X_{10})^2 \sim$ $\chi^2(1)$，自由度为 1.

当 $a=\dfrac{1}{2}$，$b=0$ 时，$Y_1 = \dfrac{1}{2}(X_1 + X_2)^2 \sim \chi^2(1)$，自由度为 1.

(2) $\because X_1 \sim N(0, 1)$，$\displaystyle\sum_{i=2}^{10} X_i^2 \sim \chi^2(9)$

$\therefore \dfrac{X_1}{\sqrt{\displaystyle\sum_{i=2}^{10} X_i^2/9}} = 3\,\dfrac{X_1}{\sqrt{\displaystyle\sum_{i=2}^{10} X_i^2}} \sim t(9)$

$\therefore C=3$ 时，$Y_2 = 3\,\dfrac{X_1}{\sqrt{\displaystyle\sum_{i=2}^{10} X_i^2}} \sim t(9)$，$t$ 分布的自由度为 9.

(3) $\because \displaystyle\sum_{i=1}^{5} X_i^2 \sim \chi^2(5)$，$\displaystyle\sum_{i=6}^{10} X_i^2 \sim \chi^2(5)$

$\therefore \dfrac{\displaystyle\sum_{i=1}^{5} X_i^2/5}{\displaystyle\sum_{i=6}^{10} X_i^2/5} = \dfrac{\displaystyle\sum_{i=1}^{5} X_i^2}{\displaystyle\sum_{i=6}^{10} X_i^2} \sim F(5, 5)$

$\therefore$ 当 $d=1$ 时，$Y_3 = \dfrac{\displaystyle\sum_{i=1}^{5} X_i^2}{\displaystyle\sum_{i=6}^{10} X_i^2} \sim F(5, 5)$，第一自由度为 5，

第二自由度也为 5.

【例 2】　若 $T \sim t(n)$，问 T^2 服从什么分布？

【解】　$\because T \sim t(n)$，由 t 分布定义可认为

$T = \dfrac{U}{\sqrt{V/n}}$，其中 $U \sim N(0, 1)$，$V \sim \chi^2(n)$.

$T^2 = \dfrac{U^2}{V/n} = \dfrac{U^2/1}{V/n}$，$\because U^2 \sim \chi^2(1)$，$\therefore T^2 \sim F(1, n)$.

【例3】 已知两总体 X，Y 相互独立，$X \sim N(20，3)$，$Y \sim N(20，5)$. 分别从 X，Y 中取出 $n_1 = 10$，$n_2 = 25$ 的简单随机样本，分别用 $\bar{X}$ 和 $\bar{Y}$ 表示样本均值，求 $P\{|\bar{X} - \bar{Y}| > 0.3\}$.

【解】 $\because X \sim N(20，3)$，$Y \sim N(20，5)$

$\therefore \bar{X} \sim N\left(20，\dfrac{3}{10}\right)$，$\bar{Y} \sim N\left(20，\dfrac{5}{25}\right)$，且相互独立.

故 $\bar{X} - \bar{Y} \sim N\left(0，\dfrac{3}{10} + \dfrac{5}{25}\right)$，即 $\bar{X} - \bar{Y} \sim N(0，0.5)$

$\therefore \dfrac{\bar{X} - \bar{Y}}{\sqrt{0.5}} \sim N(0，1)$

$$P\{|\bar{X} - \bar{Y}| > 0.3\} = P\left\{\left|\dfrac{\bar{X} - \bar{Y}}{\sqrt{0.5}}\right| > \dfrac{0.3}{\sqrt{0.5}}\right\}$$

$$= P\left\{\left|\dfrac{\bar{X} - \bar{Y}}{\sqrt{0.5}}\right| > 0.4243\right\}$$

$$= P\left\{\dfrac{\bar{X} - \bar{Y}}{\sqrt{0.5}} > 0.4243\right\} + P\left\{\dfrac{\bar{X} - \bar{Y}}{\sqrt{0.5}} < -0.4243\right\}$$

$$= 1 - \Phi(0.4243) + \Phi(-0.4243)$$

$$= 2(1 - \Phi(0.4243)) \approx 2(1 - 0.6643) = 0.6714.$$

五、分位数

在实际应用中，上述分布中除正态分布外的三大分布的概率密度函数很少用到，而主要用到它们的分位数表，下面介绍概率分布的分位数概念.

定义 5 设 X 是随机变量，对于给定的实数 $\alpha(0 < \alpha < 1)$，若存在 x_α 使得 $P\{X > x_\alpha\} = \alpha$，则称 x_α 是 X（或它的概率分布）的上侧 α 分位数.

下面就常见分布给出其各自的分位数.

1. 正态分布的分位数

设 $X \sim N(0，1)$，其上侧 α 分位数记为 z_α，满足 $P\{X > z_\alpha\} = \alpha$.

显然，$P\{X > z_\alpha\} = 1 - P\{X \leqslant z_\alpha\} = 1 - \Phi(z_\alpha) = \alpha$

所以 $\Phi(z_\alpha) = 1 - \alpha$.

例如，查附表 1，可得 $z_{0.05} = 1.645$，$z_{0.025} = 1.96$.

再由标准正态分布的对称性，有 $z_\alpha = -z_{1-\alpha}$，

所以 $z_{0.95} = -z_{0.05} = -1.645$.

2. χ^2 分布的分位数

设 $\chi^2 \sim \chi^2(n)$，其上侧 α 分位数记为 $\chi_\alpha^2(n)$，满足 $P\{\chi^2 > \chi_\alpha^2(n)\} = \alpha$.

查附表 2 可得，$\chi_{0.01}^2(35) = 57.342$，$\chi_{0.05}^2(16) = 26.296$，$\chi_{0.05}^2(10) = 18.307$.

一般的 χ^2 分布分位数表只列到 $n = 45$. 对于 $n > 45$，可用下面的近似公式计算 $\chi_\alpha^2(n)$.

$$\chi_\alpha^2(n) \approx \frac{1}{2}(z_\alpha + \sqrt{2n-1})^2$$

例如 $\chi_{0.025}^2(50) \approx \frac{1}{2}(1.96 + \sqrt{100-1})^2 \approx 70.9226$.

3. t 分布的分位数

设 $T \sim t(n)$，其上侧 α 分位数记为 $t_\alpha(n)$，满足 $P\{T > t_\alpha(n)\} = \alpha$

注意 $t_\alpha(n)$ 满足以下两点：(1) $t_{1-\alpha}(n) = -t_\alpha(n)$；

(2) 当 $n > 45$ 时，$t_\alpha(n) \approx z_\alpha$.

例如，可查附表 3 得，$t_{0.05}(20) = 1.7247$，$t_{0.95}(20) = -t_{0.05}(20) = -1.7247$，$t_{0.025}(60) \approx z_{0.025} = 1.96$.

4. F 分布的分位数

设 $F \sim F(n_1, n_2)$，其上侧 α 分位数记为 $F_\alpha(n_1, n_2)$，满足 $P\{F > F_\alpha(n_1, n_2)\} = \alpha$

$F(n_1, n_2)$ 表中仅给出 α 都是很小的数的分位数，如 0.10、0.05、0.001 等. 当 α 较大时，如 $\alpha = 0.95$，表中查不出，根据 F 分布的性质可知，

$$F_\alpha(n_1, n_2) = \frac{1}{F_{1-\alpha}(n_2, n_1)}$$

例如，查附表 4，可得 $F_{0.01}(10,12)=4.30$，$F_{0.95}(15,12)=$ $\dfrac{1}{F_{0.05}(12,15)}=\dfrac{1}{2.48}\approx 0.403$.

以上介绍的 $z_\alpha, t_\alpha(n)$，$x^2_{(n)}$，$F_\alpha(n_1,n_2)$ 可在图 1-6 中表示.

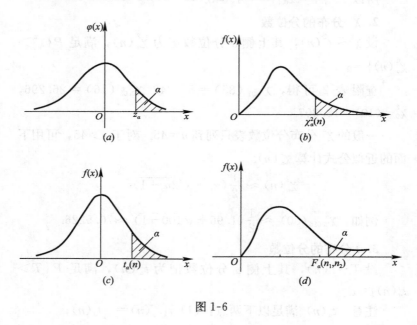

图 1-6

习 题 一

1. 设 X_1, X_2, X_3 是来自总体 $N(\mu, \sigma^2)$ 的一个样本，其中 μ 是已知的，而 σ^2 未知，指出 $X_2+\mu$，$X_1+X_2+X_3$，$X_{(3)}$，$\sum\limits_{i=1}^{3}\dfrac{X_i^2}{\sigma^2}$，$\dfrac{1}{2}(X_3-X_1)$ 中哪些是统计量？哪些不是统计量？为什么？

2. 设 x_1，x_2，$\cdots$，x_n 都是任意实数，而 $\bar{x}=\dfrac{1}{n}\sum\limits_{i=1}^{n}x_i$，试证

$$\sum_{i=1}^{n}(x_i-\bar{x})^2=\sum_{i=1}^{n}x_i^2-n\bar{x}^2$$

3. 在总体 $N(52,6.3^2)$ 中随机抽取一容量为 36 的样本，求样本均值 $\bar{X}$ 落在 50.8～53.8 之间的概率.

4. 记 $(X_1,X_2,\cdots,X_{10})$ 为 $N(0,0.3^2)$ 的一个样本，求 $P\left\{\sum_{i=1}^{10}X_i^2>1.44\right\}$.

5. 已知 $X\sim t(n)$，试证 $X^2\sim F(1,n)$.

6. 设 $(X_1,X_2,\cdots,X_n)$ 是来自 $N(\mu,\sigma^2)$ 的样本，试问 $\sum_{i=1}^{n}(X_i-\mu)^2/\sigma^2$ 服从什么分布？

7. 若从总体中抽取容量为 13 的样本：-2.1，3.2，0，-0.1，1.2，-4，2.22，2.0，1.2，-0.1，3.21，-2.1，0，试写出这个样本的顺序统计量的观察值，并求出样本中位数和极差，如果再上一个 2.7 构成一个容量为 14 的样本，求样本中位数.

8. 由总体 X 得到一个容量为 10 的样本：4.5，2.0，1.0，1.5，3.4，4.5，6.5，5.0，3.5，4.0，试分别求样本均值 $\bar{x}$ 和样本方差 s^2.

9. 设 X_1,X_2,X_3,X_4,X_5,X_6 是来自标准正态总体 $N(0,1)$ 的一个样本，令 $Y=(X_1+X_2+X_3)^2+(X_4+X_5+X_6)^2$，试求常数 C，使得 CY 服从 χ^2 分布.

10. 设 $X_1,X_2,\cdots,X_n,X_{n+1},\cdots,X_{n+m}$ 是来自正态总体 $N(0,\sigma^2)$ 的容量为 $n+m$ 的样本，试求下列统计量的概率分布：

$$(1)\ Y=\frac{\sqrt{m}\sum_{i=1}^{n}X_i}{\sqrt{n}\sqrt{\sum_{i=n+1}^{n+m}X_i^2}} \qquad (2)\ Z=\frac{m\sum_{i=1}^{n}X_i^2}{n\sum_{i=n+1}^{n+m}X_i^2}$$

11. 下面是 100 个学生身高的测量情况（以 cm 计算）

身高	154～158	158～162	162～166	166～170
学生数	10	14	26	28
身高	170～174	174～178	178～182	
学生数	12	8	2	

注：各组取左开右闭区间

试作出学生身高的样本直方图.

12. 查表写出 $F_{0.1}(10,9)$，$F_{0.90}(2,20)$ 及 $F_{0.999}(10,10)$ 的值.

第二章　参数估计

数理统计的核心内容是统计推断，即根据样本数据对总体的分布或对分布的数字特征作出合理推断. 统计推断的主要内容分为两大类：一为参数估计，二为假设检验. 在很多实际问题中，我们碰到的总体 X，它的分布类型往往是已知的，但其中的参数是未知的，需要根据样本数据对参数作出估计，这就是参数估计问题. 参数估计分为点估计和区间估计.

§1　点　估　计

一、问题的提出

先看几个实际问题

【例1】　从一批产品中抽取 n 件检查得结果 $X_1, X_2, \cdots, X_n$，其中

$$X_i = \begin{cases} 1 & \text{第 } i \text{ 件是废品} \\ 0 & \text{第 } i \text{ 件是正品} \end{cases} \quad \text{估计这批产品的废品率 } p.$$

【例2】　灯泡厂生产的每批灯泡，由于种种随机因素影响，每个灯泡的使用寿命是不一致的，即使用寿命 X 是随机变量. 由实际经验可知：$X \sim N(\mu, \sigma^2)$，即 X 的分布密度为：$f(x, \mu, \sigma^2) = \dfrac{1}{\sqrt{2\pi}\sigma} e^{-\frac{(x-\mu)^2}{2\sigma^2}}$，但其中 μ 和 σ^2 未知，为判定这批灯泡的质量，在获得一个样本值 $(x_1, x_2, \cdots, x_n)$ 后，需要估计这批灯泡的平均寿命 μ 和寿命长短差异程度的 σ^2.

【例 3】　已知某电话局单位时间内收到的用户呼唤次数这个总体 X 服从泊松分布 $P(\lambda)$，即 X 的分布律为 $P\{X=k\}=\dfrac{\lambda^k}{k!}\mathrm{e}^{-\lambda}$（$k=0,1,2,\cdots$），但参数 λ 未知。在获得一个样本 $X_1,X_2,\cdots,X_n$（或样本值 $x_1,x_2,\cdots,x_n$）后，需要估计单位时间内用户的平均呼唤次数 λ。

以上参数估计问题都可归结为：总体 X 的分布 $F(x,\theta)$ 形式已知，而参数 θ 未知。为估计未知参数 θ，一般用样本 $X_1,X_2,\cdots,X_n$ 构造一个统计量作为 θ 的估计，记作 $\hat{\theta}=\hat{\theta}(X_1,X_2,\cdots,X_n)$，称 $\hat{\theta}$ 为 θ 的估计量。若一次抽样取得的样本值为 $x_1,x_2,\cdots,x_n$，则 $\hat{\theta}=\hat{\theta}(x_1,x_2,\cdots,x_n)$ 就称为 θ 的估计值。点估计的问题就是寻找待估参数 θ 的估计量 $\hat{\theta}(X_1,X_2,\cdots,X_n)$ 的问题，常用的点估计方法有两个：矩估计法和极大似然估计法。

二、矩估计法

矩估计是由英国统计学家皮尔逊（K. Pearson）于 1894 年提出的求参数点估计的方法。矩估计法的基本思想是根据大数定律，用样本的 k 阶原点矩 $A_k=\dfrac{1}{n}\sum\limits_{i=1}^{n}X_i^k$ 作为总体 k 阶原点矩 EX^k 的估计，用样本的 k 阶中心矩 $B_k=\dfrac{1}{n}\sum\limits_{i=1}^{n}(X_i-\bar{X})^k$ 去估计总体的 k 阶中心矩 $E(X-EX)^k$，从而得到未知参数的估计量。显然，有几个待估参数，就列几个方程，最后解方程就可估计出参数。

【例 4】　设总体 X 服从泊松分布 $P(\lambda)$，求 λ 的矩估计量。

【解】　设 $X_1,X_2,\cdots,X_n$ 是 X 的一个样本，由于 $EX=\lambda$

令　$\bar{X}=EX=\lambda$，得 $\hat{\lambda}=\bar{X}$

另解　利用 $DX=\lambda$　可得 $\hat{\lambda}=B_2=\dfrac{1}{n}\sum\limits_{i=1}^{n}(X_i-\bar{X})^2$

【例 5】 设总体 X 服从二项分布 $B(n, p)$，n 已知，求 p 的矩估计量.

【解】 因为 $EX=np$，令 $\bar{X}=np$，得 $\hat{p}=\dfrac{\bar{X}}{n}$.

【例 6】 设总体 X 的均值 μ 和方差 σ^2 均存在但未知，求 μ 和 σ^2 的矩估计量.

【解】 本题有两个待估参数，因此需要列两个方程

$$令\begin{cases} \bar{X}=\mu \\ \dfrac{1}{n}\sum_{i=1}^{n}X_i^2 = EX^2 = DX+(EX)^2 = \sigma^2+\mu^2 \end{cases}$$

得 $\hat{\mu}=\bar{X}$，$\hat{\sigma}^2 = \dfrac{1}{n}\sum_{i=1}^{n}X_i^2 - \bar{X}^2 = \dfrac{1}{n}\sum_{i=1}^{n}(X_i-\bar{X})^2$.

可见，不管总体 X 服从什么分布，样本均值 $\bar{X}$ 都是总体均值 μ 的矩估计量，样本的二阶中心矩 $B_2 = \dfrac{1}{n}\sum_{i=1}^{n}(X_i-\bar{X})^2$ 都是总体方差 σ^2 的矩估计量. 特别的，对于 $X \sim N(\mu, \sigma^2)$，其 μ 和 σ^2 的矩估计量分别为：$\hat{\mu}=\bar{X}$，$\hat{\sigma}^2 = \dfrac{1}{n}\sum_{i=1}^{n}(X_i-\bar{X})^2$.

【例 7】 已知总体 X 的密度函数为 $f(x,\theta)=\begin{cases} \theta x^{\theta-1} & 0<x<1 \\ 0 & 其他 \end{cases}$
已知 $X_1, X_2, \cdots, X_n$ 是 X 的样本，求 θ 的矩估计量.

【解】 $EX = \displaystyle\int_{-\infty}^{+\infty} xf(x,\theta)\mathrm{d}x = \int_0^1 x\theta x^{\theta-1}\mathrm{d}x = \int_0^1 \theta x^{\theta}\mathrm{d}x = \dfrac{\theta}{\theta+1}$，令 $EX = \bar{X}$，

所以 $\bar{X}=\dfrac{\theta}{\theta+1}$，

解之得 $\hat{\theta}=\dfrac{\bar{X}}{1-\bar{X}}$.

【例 8】 设总体 X 服从 $[a, b]$ 上的均匀分布，其分布密度为

$$f(x,a,b) = \begin{cases} \dfrac{1}{b-a} & a \leqslant x \leqslant b \\ 0 & 其他 \end{cases}$$

其中 a, b 均未知，$X_1, X_2, \cdots, X_n$ 是 X 的样本，求参数 a，b 的矩估计量.

【解】 $EX = \displaystyle\int_{-\infty}^{+\infty} xf(x,a,b)\mathrm{d}x = \int_a^b x\,\frac{1}{b-a}\mathrm{d}x = \frac{1}{2}(a+b)$

$DX = \displaystyle\int_{-\infty}^{+\infty}\left(x - \frac{a+b}{2}\right)^2 f(x,a,b)\mathrm{d}x = \int_a^b \frac{1}{b-a}\left(x - \frac{a+b}{2}\right)^2 \mathrm{d}x$

$= \dfrac{1}{12}(b-a)^2$

令 $\begin{cases} \dfrac{a+b}{2} = \bar{X} \\ \dfrac{1}{12}(b-a)^2 = B_2 = S_n^2 = \dfrac{1}{n}\displaystyle\sum_{i=1}^{n}(X_i - \bar{X})^2 \end{cases}$

解之得 $\begin{cases} \hat{a} = \bar{X} - \sqrt{3}S_n \\ \hat{b} = \bar{X} + \sqrt{3}S_n \end{cases}$

矩估计法是一种简便易行的参数估计方法，只要 n 充分大，估计精度也很高. 另外，矩估计法不依赖于总体分布的具体形式，因而适用性好. 但矩估计法要求总体矩存在，阶数应不小于待估参数的个数，对某些总体的参数（如泊松分布）矩估计量还不唯一. 矩估计法只利用了总体矩的信息，损失一部分有用信息. 尽管如此，矩估计法仍是一种很常用、很有效的点估计方法.

三、极大似然估计法

极大似然估计法简记为 MLE（Maximum Likelihood Estimation），它是英国统计学家费歇尔（R. A. Fisher）于 1912 提出，至今仍广泛应用的一种重要的点估计方法，下面先通过一个实例了解极大似然估计法的基本思想.

【例 9】 有两枚外表完全相同的硬币，其中一枚是均匀的，另一枚是偏心的，而偏心的硬币出现反面的概率为 0.8. 今对其中一枚硬币抛掷 10 次，出现 7 次反面，试判断该硬币是偏心的还是均匀的.

直观上看，如果掷硬币 10 次，反面出现 8 次及以上，这枚硬币更像是偏心的；若掷硬币 10 次，反面出现 5 次左右一点，更像是均匀硬币. 今掷 10 次出现 7 次反面，我们计算一下这个事件发生的概率. 若用 "1" 表示反面，"0" 表示正面，p 表示反面出现的概率，此时总体 X 服从两点分布 $B(1,p)$，$P\{X=1\}=p$，$P\{X=0\}=1-p$，即 $P\{X=x\}=p^x(1-p)^{1-x}$ $(x=0,1)$. 今有样本值 $x_1,x_2,\cdots,x_{10}$，其中有 7 个 1，3 个 0，要据此判断 p 是 $p_1=0.8$ 还是 $p_2=0.5$.

此样本值出现的概率为

$$P\{X_1=x_1,X_2=x_2,\cdots,X_{10}=x_{10}\}=\prod_{i=1}^{10}P\{X_i=x_i\}$$

$$=\prod_{i=1}^{10}P\{X=x_i\}=\prod_{i=1}^{10}p^{x_i}(1-p)^{1-x_i}$$

$$=p^{\sum\limits_{i=1}^{10}x_i}(1-p)^{10-\sum\limits_{i=1}^{10}x_i}=p^7(1-p)^3，当把此概率看成 p 的$$

函数时，记为 $L(p)$.

这个概率随 p 的不同而不同，自然选择概率大的 p 值作为估计值.

当 $p=p_1=0.8$ 时，$L(p_1)=0.8^7\times0.2^3=0.0016777216$；

当 $p=p_2=0.5$ 时，$L(p_2)=0.5^7\times0.5^3=0.0009765625$.

显然，认为硬币是偏心的更合理. 这种方法可推广到一般情形.

1. 设总体 X 是离散型随机变量，其分布律为 $P\{X=x\}=P(x,\theta)$ 其中 θ 为未知参数，$X_1,X_2,\cdots,X_n$ 是总体 X 的样本，$x_1,x_2,\cdots,x_n$ 是样本观察值，则 $X_1,X_2,\cdots,X_n$ 的联合分布律为：

$$\prod_{i=1}^{n}P\{X_i=x_i\}=\prod_{i=1}^{n}P(x_i,\theta)$$

当 $x_1,x_2,\cdots,x_n$ 给定后，它是 θ 的函数，记为 $L(x_1,x_2,\cdots,x_n,\theta)$，简记为 $L(\theta)$，即 $L(\theta)=\prod_{i=1}^{n}P(x_i,\theta)$，称此函数为似然

函数.

极大似然估计法的思想是：概率最大的事件最可能发生，如果某个事件发生了，就认为这个事件的概率应该最大. 既然我们取得了样本值 $x_1, x_2, \cdots, x_n$，则应选取这样的 θ 的值，使这组样本值出现的可能性最大，也就是使似然函数 $L(\theta)$ 达到最大值，

即 $L(x_1, x_2, \cdots, x_n, \hat{\theta}) = \max(x_1, x_2, \cdots, x_n, \hat{\theta})$

这个 $\hat{\theta}$ 叫 θ 的极大似然估计值，相应的 $\hat{\theta}(X_1, X_2, \cdots, X_n)$ 称为参数 θ 的极大似然估计量.

求极大似然估计的问题就是求似然函数 $L(\theta)$ 的最大值的问题. 当 $L(\theta)$ 对 θ 可微时，要使 $L(\theta)$ 取得最大值，θ 必须满足 $\dfrac{\mathrm{d}L}{\mathrm{d}\theta} = 0$. 从上式解出的 θ，经过适当的检验，便可得到 θ 的极大似然估计 $\hat{\theta}$. 由于 $\ln L$ 是 L 的单调增函数，所以 $L(\theta)$ 和 $\ln L(\theta)$ 在同一 θ 处取得极值，因此极大似然估计 $\hat{\theta}$ 又可由 $\dfrac{\mathrm{d}\ln L(\theta)}{\mathrm{d}\theta} = 0$ 求出.

求极大似然估计的一般步骤

（1）写出似然函数 $L(\theta) = \prod\limits_{i=1}^{n} P(x_i, \theta)$；

（2）求对数似然函数 $\ln L(\theta)$；

（3）令 $\dfrac{\mathrm{d}\ln L(\theta)}{\mathrm{d}\theta} = 0$，此方程称为对数似然方程；解出 θ，当有唯一解时，即为 $\hat{\theta} = \hat{\theta}(x_1, x_2, \cdots, x_n)$；

（4）得到极大似然估计量 $\hat{\theta}(X_1, X_2, \cdots, X_n)$.

【例 10】 设总体 X 服从泊松分布 $P(\lambda)$，即分布律为

$$P\{X = k\} = \frac{\lambda^k}{k!}\mathrm{e}^{-\lambda} \quad (k = 0, 1, 2, \cdots)$$

其中，$\lambda > 0$，如果 $X_1, X_2, \cdots, X_n$ 是来自 X 的样本，试求参数 λ 的极大似然估计量.

【解】 设样本 $X_1, X_2, \cdots, X_n$ 的一个样本值为 $x_1, x_2, \cdots, x_n$，

似然函数 $L(\lambda) = \prod_{i=1}^{n} P\{X_i = x\} = \prod_{i=1}^{n} \dfrac{\lambda^{x_i}}{x_i!} e^{-\lambda}$

$$= \frac{\lambda^{\sum_{i=1}^{n} x_i}}{x_1! \, x_2! \cdots x_n!} e^{-n\lambda},$$

取对数得 $\quad \ln L(\lambda) = \left(\sum_{i=1}^{n} x_i \right) \ln\lambda - n\lambda - \ln(x_1! \, x_2! \cdots x_n!)$，

令 $\dfrac{\mathrm{d}\ln(\lambda)}{\mathrm{d}\lambda} = 0$，

即 $\quad \left(\sum_{i=1}^{n} x_i \right) \dfrac{1}{\lambda} - n = 0$ ，解得 $\hat{\lambda} = \dfrac{1}{n} \sum_{i=1}^{n} x_i$.

所以，λ 的极大似然估计量为 $\quad \hat{\lambda} = \dfrac{1}{n} \sum_{i=1}^{n} X_i = \bar{X}$.

2. 设总体 X 为连续型随机变量，其概率密度函数为 $f(x, \theta)$，θ 是未知参数，似然函数为 $L(\theta) = \prod_{i=1}^{n} f(x_i, \theta)$，再按类似方法求 θ 的极大似然估计量.

【例 11】 设总体 X 服从指数分布，其概率密度函数为

$$f(x, \lambda) = \begin{cases} \lambda e^{-\lambda x} & x \geqslant 0 \\ 0 & x < 0 \end{cases}$$

其中，未知参数 $\lambda > 0$，$X_1, X_2, \cdots, X_n$ 是 X 的样本，求 λ 的极大似然估计量.

【解】 似然函数为 $\quad L(\lambda) = \prod_{i=1}^{n} f(x_i, \lambda) = \lambda^n e^{-\lambda \sum_{i=1}^{n} x_i}$

取对数 $\quad \ln L(\lambda) = n\ln\lambda - \lambda \sum_{i=1}^{n} x_i$

对数似然方程为 $\quad \dfrac{\mathrm{d}\ln L}{\mathrm{d}\lambda} = \dfrac{n}{\lambda} - \sum_{i=1}^{n} x_i = 0$

所以，极大似然估计值为 $\quad \hat{\lambda} = \dfrac{n}{\sum_{i=1}^{n} x_i} = \dfrac{1}{\bar{x}}$，

所以，λ 的极大似然估计量为 $\quad \hat{\lambda} = \dfrac{n}{\sum\limits_{i=1}^{n} X_i} = \dfrac{1}{\bar{X}}$.

一般地，若总体 X 中含有 k 个未知参数 $\theta_1, \theta_2, \cdots, \theta_k$ 时，这时似然函数是这些参数的多元函数 $L(\theta_1, \theta_2, \cdots, \theta_k)$，对数似然方程变为方程组：

$$\begin{cases} \dfrac{\partial \ln L}{\partial \theta_1} = 0 \\[2mm] \dfrac{\partial \ln L}{\partial \theta_2} = 0 \\[1mm] \quad\vdots \\[1mm] \dfrac{\partial \ln L}{\partial \theta_k} = 0 \end{cases}$$

解出最大值点 $\hat{\theta}_1, \hat{\theta}_2, \cdots, \hat{\theta}_k$，即分别为参数 $\theta_1, \theta_2, \cdots, \theta_k$ 的极大似然估计.

【例 12】 已知某批灯泡的寿命 X 服从正态分布 $N(\mu, \sigma^2)$，今从中抽取 4 只进行寿命试验，得到数据如下（单位：小时）：1502，1453，1367，1650，试求参数 μ 和 σ^2 的极大似然估计值.

【解】 似然函数 $\quad L(\mu, \sigma^2) = \prod\limits_{i=1}^{n} \dfrac{1}{\sqrt{2\pi}\sigma} e^{-\frac{(x_i-\mu)^2}{2\sigma^2}}$

$$= \dfrac{1}{(\sqrt{2\pi}\sigma)^n} e^{\frac{\sum\limits_{i=1}^{n}(x_i-\mu)^2}{2\sigma^2}}$$

$$\ln L = -\dfrac{n}{2}\ln(2\pi\sigma^2) - \dfrac{1}{2\sigma^2}\sum\limits_{i=1}^{n}(x_i-\mu)^2$$

令 $\begin{cases} \dfrac{\partial \ln L}{\partial \mu} = 0 \\[2mm] \dfrac{\partial \ln L}{\partial \sigma^2} = 0 \end{cases}$ 即 $\begin{cases} \dfrac{1}{\sigma^2}\sum\limits_{i=1}^{n}(x_i-\mu) = 0 \\[3mm] -\dfrac{n}{2\sigma^2} + \dfrac{\sum\limits_{i=1}^{n}(x_i-\mu)^2}{2\sigma^4} = 0 \end{cases}$

解得 $\quad \hat{\mu} = \bar{x}, \qquad \hat{\sigma}^2 = \dfrac{1}{n}\sum\limits_{i=1}^{n}(x_i-\bar{x})^2$.

相应的极大似然估计量为 $\hat{\mu}=\bar{X}$, $\hat{\sigma}^2 = \dfrac{1}{n}\sum\limits_{i=1}^{n}(X_i-\bar{X})^2$.

这和矩估计量是一致的.

将本题中的观察值代入，得 μ 和 σ^2 的极大似然估计值分别为

$$\hat{\mu}=\bar{x} = \frac{1}{4}(1502+1453+1367+1650) = 1493$$

$$\hat{\sigma}^2 = \frac{1}{n}\sum_{i=1}^{n}(x_i-\bar{x})^2 = \frac{1}{4}\Big[(1502-1493)^2 + (1453-1493)^2$$

$$+(1367-1493)^2 + (1650-1493)^2\Big] = 14069.$$

【例 13】 设总体 X 服从 $[a,b]$ 上的均匀分布，其概率密度函数为

$$f(x,a,b) = \begin{cases} \dfrac{1}{b-a} & a \leqslant x \leqslant b \\ 0 & \text{其他} \end{cases}$$

其中，a，b 为未知参数，求 a，b 的极大似然估计量.

【解】 似然函数为

$$L(a,b) = \begin{cases} \dfrac{1}{(b-a)^n} & a \leqslant x_1,x_2,\cdots,x_n \leqslant b \\ 0 & \text{其他} \end{cases}$$

当 $a \leqslant x_i \leqslant b$ （$i=1,2,\cdots,n$）时，$\dfrac{\partial L}{\partial a} = \dfrac{n}{(b-a)^{n+1}} \neq 0$，$\dfrac{\partial L}{\partial b} = \dfrac{-n}{(b-a)^{n+1}} \neq 0$

因而只能根据极大似然估计法的思想，要使 $L(a,b)$ 达到最大，$b-a$ 越小越好，而 $a \leqslant x_{(1)} \leqslant x_{(2)} \leqslant \cdots x_{(n)} \leqslant b$，所以，$a$ 应尽可能大，b 尽可能小，故 $\hat{a}=x_{(1)}$，$\hat{b}=x_{(n)}$

相应地，a 和 b 的极大似然估计量为 $\hat{a}=X_{(1)}$，$\hat{b}=X_{(n)}$.

§2 估计量的评判标准

同一参数用不同方法可得到不同的估计量. 例如，泊松分

布 $P(\lambda)$ 的参数 λ 可用 $\hat{\lambda}=\bar{X}$ 也可用 $\hat{\lambda}=\dfrac{1}{n}\sum_{i=1}^{n}(X_i-\bar{X})^2$ 来估计.

任意一个总体，它的总体方差 σ^2 既可用 $\hat{\sigma}^2=\dfrac{1}{n}\sum_{i=1}^{n}(X_i-\bar{X})^2$ 也

可用 $\hat{\sigma}^2=S^2=\dfrac{1}{n-1}\sum_{i=1}^{n}(X_i-\bar{X})^2$ 来估计. $[a,b]$ 上的均匀分

布的参数 a，b，其矩估计和极大似然估计也完全不同. 我们自然要问，对于一个未知参数，究竟采用哪一个估计量更好呢？下面介绍三个常用的评判点估计估良性的标准：无偏性、有效性和一致性.

一、无偏性

估计量是一个随机变量，对 θ 的估计量 $\hat{\theta}$ 最基本的要求是：$\hat{\theta}$ 与被估计的参数 θ 越接近越好，$\hat{\theta}$ 围绕 θ 波动，平均下来等于 θ，即 $\hat{\theta}$ 的数学期望等于 θ 的真值.

定义1 设 $\hat{\theta}=\hat{\theta}(X_1,X_2,\cdots,X_n)$ 是 θ 的一个估计量，若 $E\hat{\theta}=\theta$，则称 $\hat{\theta}$ 是 θ 的无偏估计量.

如果 $E\hat{\theta}\neq\theta$，称 $\hat{\theta}$ 是 θ 的有偏估计；

若 $\lim\limits_{n\to\infty}E\hat{\theta}=\theta$，称 $\hat{\theta}$ 是 θ 的渐近无偏估计.

无偏估计的意义是无系统误差，有时也有实际意义. 例如，某一厂商长期向某一销售商提供一种产品，双方约定好一种估计废品率的检验方法. 如果这种估计是无偏的，双方都能接受. 比如，这一次估计废品率比实际偏高，厂商吃亏了；但下一次估计比实际可能偏低，厂商占便宜，长期合作互不吃亏.

【例1】 设 X 是任意一个总体，$EX=\mu$，$DX=\sigma^2$ 均存在，则 $\hat{\mu}=\bar{X}$ 是 μ 的无偏估计，$\hat{\sigma}_1^2=\dfrac{1}{n-1}\sum_{i=1}^{n}(X_i-\bar{X})^2=S^2$ 是 σ^2 的

无偏估计，$\hat{\sigma}_2^2=\dfrac{1}{n}\sum_{i=1}^{n}(X_i-\bar{X})^2$ 是 σ^2 的渐近无偏估计.

证明：

$$E\bar{X}=E\left(\frac{1}{n}\sum_{i=1}^{n}X_i\right)=\frac{1}{n}\sum_{i=1}^{n}EX_i=\frac{1}{n}\sum_{i=1}^{n}\mu=\frac{1}{n}\cdot n\mu=\mu,$$

即 $\bar{X}$ 是 μ 的无偏估计.

因为　$S^2=\dfrac{1}{n-1}\sum_{i=1}^{n}(X_i-\bar{X})^2=\dfrac{1}{n-1}\left(\sum_{i=1}^{n}X_i^2-n\bar{X}^2\right)$

所以　$ES^2=\dfrac{1}{n-1}\left[\sum_{i=1}^{n}EX_i^2-nE(\bar{X}^2)\right]$

$$=\frac{1}{n-1}\left[\sum_{i=1}^{n}(DX_i+(EX_i)^2)-n(D\bar{X}+(E\bar{X})^2)\right]$$

$$=\frac{1}{n-1}\left[\sum_{i=1}^{n}(\sigma^2+\mu^2)-n\left(\frac{\sigma^2}{n}+\mu^2\right)\right]=\sigma^2$$

即 S^2 是 σ^2 的无偏估计.

$$E\hat{\sigma}_2^2=E\left[\frac{1}{n}\sum_{i=1}^{n}(X_i-\bar{X})^2\right]=E\left(\frac{n-1}{n}S^2\right)=\frac{n-1}{n}\sigma^2,$$

故　$\lim\limits_{n\to\infty}E\hat{\sigma}_2^2=\sigma^2$，即 $\hat{\sigma}_2^2=\dfrac{1}{n}\sum_{i=1}^{n}(X_i-\bar{X})^2$ 是 σ^2 的渐近无偏估计.

从无偏性考虑，总是用 S^2 作为 σ^2 的估计量.

二、有效性

无偏性仅要求 $\hat{\theta}$ 围绕 θ 波动，波动有大有小，自然希望 $\hat{\theta}$ 围绕 θ 的波动越小越好，波动性大小可用方差描述，这就是有效性的要求.

定义 2　设 $\hat{\theta}_1$ 和 $\hat{\theta}_2$ 都是 θ 的无偏估计量，若 $D\hat{\theta}_1<D\hat{\theta}_2$，则称 $\hat{\theta}_1$ 比 $\hat{\theta}_2$ 有效.

【例 2】　设总体 X 的均值 μ 和方差 σ^2 均存在，$\hat{\mu}_1=\bar{X}$ 和 $\hat{\mu}_2=X_1$ 都是 μ 的估计量，试问二者哪个更有效？

【解】 显然 $E\bar{X}=\mu$, $EX_1=\mu$

但 $D\bar{X}=\dfrac{\sigma^2}{n}<DX_1=\sigma^2$,

所以 $\hat{\mu}_1=\bar{X}$ 比 $\hat{\mu}_2=X_1$ 更有效.

定义 3 设 $\hat{\theta}_0$ 是 θ 的一个无偏估计量, $\hat{\theta}$ 是 θ 的任意一个无偏估计量, 若 $D\hat{\theta}_0 \leqslant D\hat{\theta}$, 则称 $\hat{\theta}_0$ 是 θ 的最小方差无偏估计（量）.

对于最小方差无偏估计, 其方差不是任意小, 而有一个叫作罗-克拉美（Rao-Cramer）的下界, 这个下界有时可以达到, 有时达不到, 达到这个下界的无偏估计量一定是最小方差无偏估计, 罗-克拉美（C−R）的下界是:

$$\delta=\frac{1}{nE\left[\dfrac{\partial}{\partial\theta}\ln f(X,\theta)\right]^2}$$

其中, $f(X,\theta)$ 是总体 X 的概率密度或分布律.

记 $I(\theta)=E\left[\dfrac{\partial}{\partial\theta}\ln f(X,\theta)\right]^2$, $I(\theta)$ 称为 Fisher 信息量, 则 C−R 下界就是 $\delta=\dfrac{1}{nI(\theta)}$, 即 $D\hat{\theta}\geqslant\dfrac{1}{nI(\theta)}$, $\hat{\theta}$ 是 θ 的任一无偏估计量.

实际计算时, $I(\theta)$ 还有另一表达形式 $I(\theta)=-E\left[\dfrac{\partial^2\ln f(X,\theta)}{\partial\theta^2}\right]$.

【例 3】 设 $X_1,X_2,\cdots,X_n$ 是来自泊松分布 $P(\lambda)$ $(\lambda>0)$ 的一个样本, 试证明 $\bar{X}$ 是 λ 的最小方差无偏估计.

证明 X 的分布律为 $p(x,\lambda)=\dfrac{\lambda^x}{x!}\mathrm{e}^{-\lambda}$, $x=0,1,2,\cdots$

$$\frac{\partial\ln p(x,\lambda)}{\partial\lambda}=\frac{\partial}{\partial\lambda}(x\ln\lambda-\lambda-\ln x!)=\frac{x}{\lambda}-1$$

因而 $I(\lambda)=E\left[\dfrac{\partial}{\partial\lambda}\ln p(X,\lambda)\right]^2=E\left(\dfrac{X}{\lambda}-1\right)^2$

$$=\frac{1}{\lambda^2}E(X-\lambda)^2=\frac{1}{\lambda^2}DX=\frac{1}{\lambda^2}\cdot\lambda=\frac{1}{\lambda}$$

故 λ 的无偏估计量的方差下界为

$$\delta = \frac{1}{nI(\theta)} = \frac{\lambda}{n}$$

而 $D\bar{X} = D\left(\frac{1}{n}\sum_{i=1}^{n}X_i\right) = \frac{1}{n^2}\sum_{i=1}^{n}DX_i = \frac{1}{n^2}\sum_{i=1}^{n}\lambda = \frac{1}{n^2}n\lambda = \frac{\lambda}{n}$,

即 $\bar{X}$ 的方差达到了 λ 的 C—R 下界，所以 $\bar{X}$ 是 λ 的最小方差无偏估计.

【例4】　设总体 $X \sim N(\mu, \sigma^2)$，$X_1, X_2, \cdots, X_n$ 是 X 的样本，求 μ 和 σ^2 的 C—R 下界

解　总体 X 的概率密度函数为

$$f(x, \mu, \sigma^2) = \frac{1}{\sqrt{2\pi\sigma^2}} e^{-\frac{(x-\mu)^2}{2\sigma^2}}$$

则 $\ln f(x, \mu, \sigma^2) = -\ln\sqrt{2\pi} - \frac{1}{2}\ln\sigma^2 - \frac{1}{2\sigma^2}(x-\mu)^2$

于是 $I(\mu) = E\left[\frac{\partial\ln f(X, \mu, \sigma^2)}{\partial\mu}\right]^2 = E\left(\frac{X-\mu}{\sigma^2}\right)^2 = \frac{DX}{\sigma^4} = \frac{1}{\sigma^2}$

因而 μ 的无偏估计的 C—R 下界是 $\frac{1}{nI(\mu)} = \frac{\sigma^2}{n}$.

另一方面，由于

$$\frac{\partial}{\partial\sigma^2}\ln f(x, \mu, \sigma^2) = -\frac{1}{2\sigma^2} + \frac{(x-\mu)^2}{2\sigma^4}$$

$$\frac{\partial^2}{\partial(\sigma^2)^2}\ln f(x, \mu, \sigma^2) = \frac{1}{2\sigma^4} - \frac{(x-\mu)^2}{\sigma^6}$$

$$I(\sigma^2) = -E\left[\frac{\partial^2}{\partial(\sigma^2)^2}\ln f(X, \mu, \sigma^2)\right]$$

$$= -\frac{1}{2\sigma^4} + \frac{E(X-\mu)^2}{\sigma^6} = \frac{1}{2\sigma^4}$$

因而 σ^2 的无偏估计的 C—R 下界是 $\frac{1}{nI(\sigma^2)} = \frac{2\sigma^4}{n}$.

显然 $D\bar{X} = \frac{\sigma^2}{n} = \frac{1}{nI(\mu)}$，所以 $\bar{X}$ 是 μ 的最小方差无偏估计.

但是 $DS^2 = D\left[\frac{\sigma^2}{n-1} \cdot \frac{\sum\limits_{i=1}^{n}(X_i-\bar{X})^2}{\sigma^2}\right] = \frac{\sigma^4}{(n-1)^2}D\left(\frac{(n-1)S^2}{\sigma^2}\right)$

$$= \frac{\sigma^4}{(n-1)^2} D[\chi^2(n-1)] = \frac{\sigma^4}{(n-1)^2} \cdot 2(n-1) = \frac{2\sigma^4}{n-1}$$

因此 $DS^2 > \frac{1}{nI(\sigma^2)} = \frac{2\sigma^4}{n}$

亦即，此是 DS^2 并未达到 $C—R$ 下界，但是可以用其他方法证明 S^2 是 σ^2 的最小方差无偏估计. 这说明 $C—R$ 下界不一定能达到，未达到下界也可能是最小方差无偏估计.

三、一致性

估计量的无偏性和有效性都是在样本容量 n 固定情况下考虑的. 当样本容量 n 无限增大时，样本包含的总体信息越多，估计值应越好，这就是估计量的一致性（相合性）要求.

定义 4 设 $\hat{\theta}_n = \hat{\theta}_n(X_1, X_2, \cdots, X_n)$ 为未知参数 θ 的估计量，若 $\hat{\theta}_n$ 依概率收敛于 θ，即，对于任意正数 ε，有 $\lim\limits_{n\to\infty} P\{|\hat{\theta}_n - \theta| < \varepsilon\} = 1$，则称 $\hat{\theta}_n$ 是 θ 的一致（相合）估计量.

概率论中的大数定律保证了一些常用的估计量是被估参数的一致估计量. 例如，$\hat{\mu} = \bar{X}$ 是 μ 的一致估计量，还可证明 S^2 和 $S_n^2 = \frac{1}{n} \sum\limits_{i=1}^{n} (X_2 - \bar{X})^2$ 都是 σ^2 的一致估计量，在较弱条件下，矩估计和极大似然估计都具有一致性.

§3 区间估计

点估计是参数估计的重要方法，它用一个统计量去估计参数. 当样本值取定后，就可以得到参数的近似值，这个近似值能给大家一个明确的数量概念，与参数的真值不会恰好相等，总有一个或正或负的偏差. 而点估计本身并没有给出近似值的误差范围和估计的可信程度. 为了弥补点估计这些不足，引入区间估计概念. 区间估计是奈曼 (J. Neyman) 于 1934 年提出的一种重要的统计推断形式.

一、区间估计的概念

定义　设总体 X 的分布函数为 $F(x, \theta)$，θ 为未知参数，X_1，$X_2, \cdots, X_n$ 是来自总体 X 的样本. 如果对于给定的 α 值（$0<\alpha<1$），存在两个统计量 $\theta_1 = \theta_1(X_1, X_2, \cdots, X_n)$ 和 $\theta_2 = \theta_2(X_1, X_2, \cdots, X_n)$，使得 $P\{\theta_1(X_1, X_2, \cdots, X_n) < \theta < \theta_2(X_1, X_2, \cdots, X_n)\} = 1-\alpha$，则称随机区间 (θ_1, θ_2) 为参数 θ 的置信度（或置信水平）为 $1-\alpha$ 的置信区间，θ_1 和 θ_2 分别称为置信下限和置信上限. 区间 (θ_1, θ_2) 为什么叫随机区间呢，如何理解它呢？虽然被估参数 θ 未知，但是一个常数，没有随机性，但由于 $\theta_1 = \theta_1(X_1, X_2, \cdots, X_n)$ 和 $\theta_2 = \theta_2(X_1, X_2, \cdots, X_n)$ 都是随机变量，每次抽样后，对于样本值 $(x_1, x_2, \cdots, x_n)$，就得到一个区间 $(\theta_1(x_1, x_2, \cdots, x_n), \theta_2(x_1, x_2, \cdots, x_n))$，重复多次抽样就得到许多不同的区间. 在所有区间中，大约有 $100(1-\alpha)\%$ 的区间包含未知参数 θ，$100\alpha\%$ 的区间不包含 θ，由于 α 通常取 0.05 或 0.01，就意味着构造出的区间包含 θ 的概率较大，我们仍称 (θ_1, θ_2) 为 θ 的置信度为 $1-\alpha$ 的置信区间.

求置信区间 (θ_1, θ_2) 的一般步骤：

（1）以 θ 的某个点估计 $\hat{\theta}$ 出发，寻找一个统计量 $U = U(X_1, X_2, \cdots, X_n, \theta)$，除含 θ 外 U 不含其他未知参数且 U 的分布已知，与 θ 无关，U 也叫枢轴量.

（2）对于给定的置信度 $1-\alpha$，确定两个常数 a，b，使得
$$P\{a < U(X_1, X_2, \cdots, X_n, \theta) < b\} = 1-\alpha$$

（3）将 $P\{a < U(X_1, X_2, \cdots, X_n, \theta) < b\} = 1-\alpha$ 化成等价形式
$$P\{\theta_1(X_1, X_2, \cdots, X_n) < \theta < \theta_2(X_1, X_2, \cdots, X_n)\} = 1-\alpha$$
区间 (θ_1, θ_2) 即为所求置信区间.

上述步骤中最关键的是寻求枢轴量 U，而第二步中 a，b 的选择有技巧. 常选取 a，b 满足：$P\{U \leqslant a\} = P\{U > b\} = \dfrac{\alpha}{2}$，即 $b = U_{\frac{\alpha}{2}}$，$a = U_{1-\frac{\alpha}{2}}$. 这样选取对于概率密度函数是标准正态或 t

分布的 U，可使置信区间最短（在固定的 n 和 $1-\alpha$ 下）；对于概率密度函数是 χ^2 分布或 F 分布的 U，也可比较方便地确定 a，b.

二、总体均值的区间估计

1. 方差已知时，正态总体均值的区间估计

设总体 $X \sim N(\mu, \sigma^2)$，其中 σ^2 已知，不妨设 $\sigma^2 = \sigma_0^2$，$X_1, X_2, \cdots$，X_n 是来自总体 X 的样本，现对总体均值 μ 作区间估计.

（1）构造枢轴量

因为 $X_1, X_2, \cdots, X_n$ 是总体 X 的样本，自然用 $\bar{X}$ 对 μ 作区间估计.

而 $\bar{X} \sim N\left(\mu, \dfrac{\sigma_0^2}{n}\right)$，故 $U = \dfrac{\bar{X} - \mu}{\dfrac{\sigma_0}{\sqrt{n}}} \sim N(0, 1)$，

（2）给定置信度 $1-\alpha$，存在 $z_{\frac{\alpha}{2}}$ 使得
$$P\{-z_{\frac{\alpha}{2}} < U < z_{\frac{\alpha}{2}}\} = 1-\alpha,$$

（3）上式的等价形式是 $P\left\{\bar{X} - z_{\frac{\alpha}{2}} \dfrac{\sigma_0}{\sqrt{n}} < \mu < \bar{X} + z_{\frac{\alpha}{2}} \dfrac{\sigma_0}{\sqrt{n}}\right\} = 1-\alpha$，

故 μ 的置信度为 $1-\alpha$ 的置信区间为 $\left(\bar{X} - z_{\frac{\alpha}{2}} \dfrac{\sigma_0}{\sqrt{n}}, \ \bar{X} + z_{\frac{\alpha}{2}} \dfrac{\sigma_0}{\sqrt{n}}\right)$.

【例 1】 已知某炼铁厂的铁水含碳量（％）$X \sim N(\mu, 0.108^2)$，观测 5 炉铁水，其含碳量分别是：4.28，4.40，4.35，4.42，4.37，试求平均含碳量 μ 的置信度为 95％的置信区间.

【解】 置信度 $1-\alpha = 0.95$，$\alpha = 0.05$，$\dfrac{\alpha}{2} = 0.025$，$n = 5$，$\sigma_0 = 0.108$，

查附表得 $z_{0.025} = 1.96$，由样本值算得 $\bar{x} = 4.364$，

置信下限 $\bar{x} - z_{\frac{\alpha}{2}} \dfrac{\sigma_0}{\sqrt{n}} = 4.364 - 1.96 \times \dfrac{0.108}{\sqrt{5}} = 4.269$，

置信上限　$\bar{x}+z_{\frac{\alpha}{2}}\dfrac{\sigma_0}{\sqrt{n}}=4.364+1.96\times\dfrac{0.108}{\sqrt{5}}=4.459$，

所以，μ 的置信度为 95% 的置信区间是 $(4.269，4.459)$.

2. 方差未知时，正态总体均值的区间估计

设总体 $X\sim N(\mu，\sigma^2)$，其中 σ^2 未知，现对总体均值 μ 作区间估计.

设 $X_1，X_2，\cdots，X_n$ 是总体 X 的样本，则 $U=\dfrac{\bar{X}-\mu}{\dfrac{\sigma}{\sqrt{n}}}\sim N(0，1)$

而由第一章第五节可知 $V=\dfrac{(n-1)S^2}{\sigma^2}\sim\chi^2(n-1)$ 且 $\bar{X}$ 与 S^2 相互独立，

故　U 与 V 相互独立，从而由 t 分布的定义得

$$T=\dfrac{U}{\sqrt{\dfrac{V}{n-1}}}=\dfrac{\bar{X}-\mu}{\dfrac{S}{\sqrt{n}}}\sim t(n-1)，它就是枢轴量.$$

对于置信度 $1-\alpha$，存在 $t_{\frac{\alpha}{2}}(n-1)$，使得 $P\{-t_{\frac{\alpha}{2}}(n-1)<T<t_{\frac{\alpha}{2}}(n-1)\}=1-\alpha$，

即　$P\left\{\bar{X}-t_{\frac{\alpha}{2}}(n-1)\dfrac{S}{\sqrt{n}}<\mu<\bar{X}+t_{\frac{\alpha}{2}}(n-1)\dfrac{S}{\sqrt{n}}\right\}=1-\alpha$.

故 μ 的置信度为 $1-\alpha$ 的置信区间为 $\left(\bar{X}-t_{\frac{\alpha}{2}}(n-1)\dfrac{S}{\sqrt{n}}，\right.$

$\left.\bar{X}+t_{\frac{\alpha}{2}}(n-1)\dfrac{S}{\sqrt{n}}\right)$.

【例 2】 某车间生产的滚珠直径 $X\sim N(\mu，\sigma^2)$，现从某天生产的产品中抽取 6 个，测得直径（单位：mm）为：14.7，15.1，14.9，14.8，15.2，15.1，试求滚珠平均直径 μ 的置信度为 95% 的置信区间.

【解】 置信度 $1-\alpha=0.95$，$\alpha=0.05$，$\dfrac{\alpha}{2}=0.025$，查附表可得 $t_{0.025}(6-1)=2.5706$，

由样本值得　$\bar{x}=14.96$　$s^2=0.039$，

置信下限　$\bar{x}-t_{\frac{\alpha}{2}}(n-1)\dfrac{s}{\sqrt{n}}=14.96-2.5706\dfrac{\sqrt{0.039}}{\sqrt{6}}=14.76$，

置信上限　$\bar{x}+t_{\frac{\alpha}{2}}(n-1)\dfrac{s}{\sqrt{n}}=14.96+2.5706\dfrac{\sqrt{0.039}}{\sqrt{6}}=15.18.$

故该批滚珠的平均直径 μ 的置信度为 95% 的置信区间是 $(14.76，15.18)$.

3. 大样本下总体均值的区间估计

设总体 X 的分布是任意的，$EX=\mu$ 及 $DX=\sigma^2$ 均未知，$X_1,X_2,\cdots,X_n$ 是总体 X 的样本，现对总体均值 μ 作区间估计.

由中心极限定理，当 n 很大时，$\bar{X}$ 近似地服从正态分布，又 $E\bar{X}=\mu$，$D\bar{X}=\dfrac{\sigma^2}{n}$，所以 $U=\dfrac{\bar{X}-\mu}{\dfrac{\sigma}{\sqrt{n}}}$，近似地服从标准正态分布 $N(0，1)$. 当 n 很大时，由于 $S_n^2=\dfrac{1}{n}\sum\limits_{i=1}^{n}(X_i-\bar{X})^2$ 是 σ^2 的相合估计，将上式中 σ 换成 S_n 后对其分布影响不大. 故当 n 充分大时.

$U=\dfrac{\bar{X}-\mu}{\dfrac{S_n}{\sqrt{n}}}$ 仍近似地服从标准正态分布 $N(0，1)$.

对于置信度 $1-\alpha$，存在 $z_{\frac{\alpha}{2}}$ 使得 $P\{-z_{\frac{\alpha}{2}}<U<z_{\frac{\alpha}{2}}\}=1-\alpha$，

即 $P\left\{\bar{X}-z_{\frac{\alpha}{2}}\dfrac{S_n}{\sqrt{n}}<\mu<\bar{X}+z_{\frac{\alpha}{2}}\dfrac{S_n}{\sqrt{n}}\right\}=1-\alpha$，

这时，μ 的置信度为 $1-\alpha$ 的置信区间为 $\left(\bar{X}-z_{\frac{\alpha}{2}}\dfrac{S_n}{\sqrt{n}}，\bar{X}+z_{\frac{\alpha}{2}}\dfrac{S_n}{\sqrt{n}}\right)$.

需要注意的是，n 多大才算大样本呢？没有统一标准，一般 $n\geqslant50$，n 越大越好，S_n 也可用 S 代替.

【例3】　从一批电子元件中随机抽取 100 只，测得寿命的平均值 $\bar{x}=1200$ 小时，标准差 $s=50$，试求这些电子元件的平均寿命的置信区间（置信度为 90%）．

【解】　由题意 $n=100$，可以认为是大样本．

$1-\alpha=0.90$　$\alpha=0.1$　$\dfrac{\alpha}{2}=0.05$ 查表 $z_{0.05}=1.65$，

置信下限　$\bar{x}-z_{\frac{\alpha}{2}}\dfrac{s}{\sqrt{n}}=1200-1.65\times\dfrac{50}{\sqrt{100}}=1191.75$，

置信上限　$\bar{x}+z_{\frac{\alpha}{2}}\dfrac{s}{\sqrt{n}}=1200+1.65\times\dfrac{50}{\sqrt{100}}=1208.25$．

故电子元件平均寿命的 90% 的置信区间为（1191.75，1208.25）．

下面特别地考察 $X\sim B(1,p)$（两点分布或 0，1 分布），X 的分布律为

$P\{X=1\}=p$，$P\{X=0\}=1-p$，$X_1,X_2,\cdots,X_n$ 是来自 X 的样本，其中恰有 m 个"1"，现求参数 p 的区间估计．

这时　$\mu=EX=p$，$\bar{x}=\dfrac{1}{n}\sum\limits_{i=1}^{n}x_i=\dfrac{m}{n}$，

$$s_n^2=\frac{1}{n}\sum_{i=1}^{n}(x_i-\bar{x})^2=\frac{1}{n}\sum_{i=1}^{n}x_i^2-\bar{x}^2=\frac{m}{n}-\bar{x}^2$$

$$=\bar{x}-\bar{x}^2=\bar{x}(1-\bar{x})=\frac{m}{n}\left(1-\frac{m}{n}\right).$$

p 的置信度为 $1-\alpha$ 的置信区间为：

$$\left(\bar{x}-z_{\frac{\alpha}{2}}\sqrt{\frac{\overline{x(1-\bar{x})}}{n}},\bar{x}+z_{\frac{\alpha}{2}}\sqrt{\frac{\overline{x(1-\bar{x})}}{n}}\right)=$$

$$\left(\frac{m}{n}-z_{\frac{\alpha}{2}}\sqrt{\frac{1}{n}\frac{m}{n}\left(1-\frac{m}{n}\right)},\frac{m}{n}+z_{\frac{\alpha}{2}}\sqrt{\frac{1}{n}\frac{m}{n}\left(1-\frac{m}{n}\right)}\right).$$

【例4】　从一大批电子管中随机抽取出 100 个，发现有 4 件次品，试以 95% 的概率估计整批产品的次品率．

【解】　记次品为"1"，正品为"0"，次品率为 p，总体 $X\sim B(1,p)$．

由题意 $n=100$，$m=4$，$1-\alpha=0.95$ 查得 $z_{0.025}=1.96$

$$\bar{x}=\frac{m}{n}=0.04$$

置信下限 $\bar{x}-z_{\frac{\alpha}{2}}\sqrt{\dfrac{\bar{x}(1-\bar{x})}{n}}=0.04-1.96\times\sqrt{\dfrac{0.04\times0.96}{100}}=$
$0.002=0.2\%$，

置信上限 $\bar{x}+z_{\frac{\alpha}{2}}\sqrt{\dfrac{\bar{x}(1-\bar{x})}{n}}=0.04+1.96\times\sqrt{\dfrac{0.04\times0.96}{100}}=$
$0.078=7.8\%$.

故次品率的置信区间为 $(0.2\%，7.8\%)$.

三、正态总体方差的区间估计

设总体 $X\sim N(\mu，\sigma^2)$，$X_1,X_2,\cdots,X_n$ 是来自总体 X 的样本，现求方差 σ^2 的置信度为 $1-\alpha$ 的置信区间. 方差的区间估计在研究生产的稳定性与精度问题时有用.

下面分两种情况讨论.

1. 均值 μ 已知时，σ^2 的区间估计

显然 $X_i\sim N(\mu，\sigma^2)$，故 $\dfrac{X_i-\mu}{\sigma}\sim N(0，1)$

构造枢轴量 $\chi^2=\sum\limits_{i=1}^{n}\left(\dfrac{X_i-\mu}{\sigma}\right)^2$，

由 χ^2 分布定义知：$\chi^2\sim\chi^2(n)$.

对于置信度 $1-\alpha$，存在 $\chi^2_{\frac{\alpha}{2}}(n)$ 及 $\chi^2_{1-\frac{\alpha}{2}}(n)$ 使得
$P\{\chi^2_{1-\frac{\alpha}{2}}(n)<\chi^2<\chi^2_{\frac{\alpha}{2}}(n)\}=1-\alpha$ （图 2-1）

整理得 $P\left\{\dfrac{\sum\limits_{i=1}^{n}(X_i-\mu)^2}{\chi^2_{\frac{\alpha}{2}}(n)}<\sigma^2<\dfrac{\sum\limits_{i=1}^{n}(X_i-\mu)^2}{\chi^2_{1-\frac{\alpha}{2}}(n)}\right\}=1-\alpha$

故 σ^2 的置信度为 $1-\alpha$ 的置信区间为

$$\left(\dfrac{\sum\limits_{i=1}^{n}(X_i-\mu)^2}{\chi^2_{\frac{\alpha}{2}}(n)}，\dfrac{\sum\limits_{i=1}^{n}(X_i-\mu)^2}{\chi^2_{1-\frac{\alpha}{2}}(n)}\right)，$$

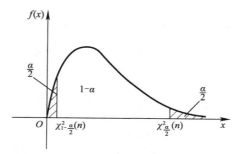

图 2-1

而且 σ 的置信度为 $1-\alpha$ 的置信区间为

$$\left(\sqrt{\frac{\sum_{i=1}^{n}(X_i-\mu)^2}{\chi_{\frac{\alpha}{2}}^2(n)}}, \sqrt{\frac{\sum_{i=1}^{n}(X_i-\mu)^2}{\chi_{1-\frac{\alpha}{2}}^2(n)}}\right).$$

2. 均值 μ 未知时，σ^2 的区间估计

σ^2 可用样本方差 S^2 作点估计，故从 S^2 出发寻找枢轴量. 由第一章第五节结论可知：

$\chi^2 = \dfrac{(n-1)S^2}{\sigma^2} \sim \chi^2(n-1)$，采用与情形 1 同样方法，可得

σ^2 的置信度为 $1-\alpha$ 的置信区间为：

$$\left(\frac{(n-1)S^2}{\chi_{\frac{\alpha}{2}}^2(n-1)}, \frac{(n-1)S^2}{\chi_{1-\frac{\alpha}{2}}^2(n-1)}\right)$$

而且 σ 的置信度为 $1-\alpha$ 的置信区间为：

$$\left(\sqrt{\frac{(n-1)S^2}{\chi_{\frac{\alpha}{2}}^2(n-1)}}, \sqrt{\frac{(n-1)S^2}{\chi_{1-\frac{\alpha}{2}}^2(n-1)}}\right).$$

【例5】 从自动机床加工的同类零件中抽取 16 件，测得长度值为（单位：mm）：

12.15，12.12，12.01，12.08，12.09，12.16，12.06，12.13，

12.07，12.11，12.08，12.01，12.03，12.01，12.03，12.06.

假设零件长度 $X \sim N(\mu, \sigma^2)$，试求零件长度方差 σ^2 的 90% 的置信区间.

【解】 由题意 $n=16$，$1-\alpha=0.90$，$\alpha=0.1$，$\dfrac{\alpha}{2}=0.05$

查表得 $\chi^2_{0.05}(16-1)=\chi^2_{0.05}(15)=24.996$ $\chi^2_{0.95}(16-1)=$
$\chi^2_{0.95}(15)=7.261$.

又 $\bar{x}=\dfrac{1}{n}\sum_{i=1}^{n}x_i=12.08$ $(n-1)s^2=\sum_{i=1}^{n}(x_i-\bar{x})^2=0.037$，

σ^2 的置信度为 90% 的置信区间为：

$$\left(\frac{(n-1)s^2}{\chi^2_{\frac{\alpha}{2}}(n-1)},\frac{(n-1)s^2}{\chi^2_{1-\frac{\alpha}{2}}(n-1)}\right)=\left(\frac{0.037}{24.996},\frac{0.037}{7.261}\right)$$

$$=(0.00148,0.005096).$$

四、两个总体均值差的区间估计

1. 两个正态总体均值差的区间估计

设有两个正态总体 $X\sim N(\mu_1,\sigma_1^2)$，$Y\sim N(\mu_2,\sigma_2^2)$，且 X 与 Y 相互独立，$X_1,X_2,\cdots,X_{n_1}$ 是 X 的样本，$Y_1,Y_2,\cdots,Y_{n_2}$ 是 Y 的样本，现对两个正态总体的均值差 $\mu_1-\mu_2$ 作区间估计，下面分两种情况讨论.

(1) σ_1^2，σ_2^2 均已知

我们从 $\mu_1-\mu_2$ 的样本均值之差 $\bar{X}-\bar{Y}$ 出发构造枢轴量.

显然 $\bar{X}\sim N\left(\mu_1,\dfrac{\sigma_1^2}{n_1}\right)$，$\bar{Y}\sim N\left(\mu_2,\dfrac{\sigma_2^2}{n_2}\right)$，

于是 $\bar{X}-\bar{Y}\sim N\left(\mu_1-\mu_2,\dfrac{\sigma_1^2}{n_1}+\dfrac{\sigma_2^2}{n_2}\right)$，

将其标准化得：$U=\dfrac{(\bar{X}-\bar{Y})-(\mu_1-\mu_2)}{\sqrt{\dfrac{\sigma_1^2}{n_1}+\dfrac{\sigma_2^2}{n_2}}}\sim N(0,1)$.

给定置信度 $1-\alpha$，存在 $z_{\frac{\alpha}{2}}$ 使得：

$P\{-z_{\frac{\alpha}{2}}<U<z_{\frac{\alpha}{2}}\}=1-\alpha$，

即

$$P\left\{(\bar{X}-\bar{Y})-z_{\frac{\alpha}{2}}\sqrt{\frac{\sigma_1^2}{n_1}+\frac{\sigma_2^2}{n_2}}<\mu_1-\mu_2<(\bar{X}-\bar{Y})+z_{\frac{\alpha}{2}}\sqrt{\frac{\sigma_1^2}{n_1}+\frac{\sigma_2^2}{n_2}}\right\}=1-\alpha,$$

从而得 $\mu_1 - \mu_2$ 的置信度为 $1-\alpha$ 的置信区间为：

$$\left(\bar{X} - \bar{Y} - z_{\frac{\alpha}{2}} \sqrt{\frac{\sigma_1^2}{n_1} + \frac{\sigma_2^2}{n_2}}, \bar{X} - \bar{Y} + z_{\frac{\alpha}{2}} \sqrt{\frac{\sigma_1^2}{n_1} + \frac{\sigma_2^2}{n_2}} \right).$$

（2）σ_1^2，σ_2^2 均未知，但 $\sigma_1^2 = \sigma_2^2 = \sigma^2$.

由上面推导，这时 $U = \dfrac{(\bar{X} - \bar{Y}) - (\mu_1 - \mu_2)}{\sqrt{\dfrac{1}{n_1} + \dfrac{1}{n_2}}\, \sigma} \sim N(0,\ 1)$

而 $\dfrac{(n_1 - 1)S_1^2}{\sigma^2} \sim \chi^2(n_1 - 1)$，$\dfrac{(n_2 - 1)S_2^2}{\sigma^2} \sim \chi^2(n_2 - 1)$，

其中，S_1^2 和 S_2^2 分别是两个样本的样体方差，由其独立性可知：

$$V = \frac{(n_1 - 1)S_1^2 + (n_2 - 1)S_2^2}{\sigma^2} \sim \chi^2(n_1 + n_2 - 2).$$

利用 U 和 V 可构造枢轴量：

$$T = \frac{U}{\sqrt{V/(n_1 + n_2 - 2)}} = \frac{(\bar{X} - \bar{Y}) - (\mu_1 - \mu_2)}{S_w \sqrt{\dfrac{1}{n_1} + \dfrac{1}{n_2}}} \sim$$

$$t(n_1 + n_2 - 2),$$

其中 $S_w = \sqrt{\dfrac{(n_1 - 1)S_1^2 + (n_2 - 1)S_2^2}{n_1 + n_2 - 2}}.$

给定置信度 $1 - \alpha$，可得 $\mu_1 - \mu_2$ 的置信区间为：

$$\left(\bar{X} - \bar{Y} - t_{\frac{\alpha}{2}}(n_1 + n_2 - 2)S_w \sqrt{\frac{1}{n_1} + \frac{1}{n_2}}, \right.$$

$$\left. \bar{X} - \bar{Y} + t_{\frac{\alpha}{2}}(n_1 + n_2 - 2)S_w \sqrt{\frac{1}{n_1} + \frac{1}{n_2}} \right).$$

2. 大样本下均值差的区间估计

设 X 和 Y 的分布任意，$EX = \mu_1$，$DX = \sigma_1^2$，$EY = \mu_2$，$DY = \sigma_2^2$，但 σ_1^2 和 σ_2^2 均未知，现要对 $\mu_1 - \mu_2$ 作区间估计.

利用中心极限定理可以证明：当 n 很大时，$U = \dfrac{(\bar{X} - \bar{Y}) - (\mu_1 - \mu_2)}{\sqrt{\dfrac{S_1^2}{n_1} + \dfrac{S_2^2}{n_2}}}$ 的近似分布为 $N(0,\ 1)$.

当 n_1，n_2 均大于 50 时，可看成大样本，于是可得 $\mu_1 - \mu_2$ 的置信水平为 $1-\alpha$ 的近似置信区间为 $\left(\bar{X} - \bar{Y} - z_{\frac{\alpha}{2}}\sqrt{\dfrac{S_1^2}{n_1} + \dfrac{S_2^2}{n_2}},\right.$

$\left. \bar{X} - \bar{Y} + z_{\frac{\alpha}{2}}\sqrt{\dfrac{S_1^2}{n_1} + \dfrac{S_2^2}{n_2}}\right).$

【例 6】 检查某地正常成年男子 156 名，正常成年女子 74 名，计算得男性红细胞样本均值为 465.13（万/mm³），样本方差为 3022.41（万/mm³）²；女性红细胞样本均值为 422.16（万/mm³），样本方差为 2453.80（万/mm³）²，用总体 X 表示成年男子的红细胞数，用总体 Y 表示成年女性的红细胞数，由经验可知：$X \sim N(\mu_1, \sigma_1^2)$，$Y \sim N(\mu_2, \sigma_2^2)$.

（1）若 $\sigma_1^2 = \sigma_2^2 = \sigma^2$，$\sigma^2$ 未知，求 $\mu_1 - \mu_2$ 的置信水平为 95% 的置信区间.

（2）若 σ_1^2 和 σ_2^2 均未知，求 $\mu_1 - \mu_2$ 的置信水平为 95% 的置信区间.

【解】 （1）$n_1 = 156$，$n_2 = 74$，$\bar{x} = 465.13$，$\bar{y} = 422.16$

$s_1^2 = 3022.41, s_2^2 = 2453.80$　$1-\alpha = 95\%$　$\therefore \alpha = 0.05.$

$$s_w = \sqrt{\frac{(n_1-1)s_1^2 + (n_2-1)s_2^2}{n_1 + n_2 - 2}}$$

$$= \sqrt{\frac{(156-1) \times 3022.41 + (74-1) \times 2453.80}{156 + 74 - 2}} = 53.29,$$

$$t_{\frac{\alpha}{2}}(n_1 + n_2 - 2) = t_{0.025}(228) \approx z_{0.025} = 1.96.$$

$\mu_1 - \mu_2$ 的置信水平为 95% 的置信区间为：

$$\left(\bar{x} - \bar{y} - t_{\frac{\alpha}{2}}(n_1 + n_2 - 2)s_w\sqrt{\frac{1}{n_1} + \frac{1}{n_2}},\right.$$

$$\left.\bar{x} - \bar{y} + t_{\frac{\alpha}{2}}(n_1 + n_2 - 2)s_w\sqrt{\frac{1}{n_1} + \frac{1}{n_2}}\right)$$

$$= \left(465.13 - 422.16 - 1.96 \times 52.39\sqrt{\frac{1}{156} + \frac{1}{74}},\right.$$

$$\left. 465.13 - 422.16 + 1.96 \times 52.39\sqrt{\frac{1}{156} + \frac{1}{74}}\right)$$

$$= (42.97 - 14.74, 42.97 + 14.74) = (28.23, 57.71).$$

(2) $\mu_1 - \mu_2$ 的置信水平为 95% 的近似置信区间为：

$$\left(\bar{x} - \bar{y} - z_{\frac{\alpha}{2}} \sqrt{\frac{s_1^2}{n_1} + \frac{s_2^2}{n_2}}, \bar{x} - \bar{y} + z_{\frac{\alpha}{2}} \sqrt{\frac{s_1^2}{n_1} + \frac{s_2^2}{n_2}} \right)$$

$$= \left(42.97 - 1.96 \sqrt{\frac{3022.41}{156} + \frac{2456.80}{74}}, 42.97 \right.$$

$$\left. + 1.96 \sqrt{\frac{3022.41}{156} + \frac{2456.80}{74}} \right)$$

$$= (42.97 - 14.20, 42.97 + 14.20) = (28.77, 57.17).$$

五、两个正态总体方差比的区间估计

设 $X \sim N(\mu_1, \sigma_1^2)$，$Y \sim N(\mu_2, \sigma_2^2)$，二者相互独立，$X_1$，$X_2, \cdots, X_{n_1}$ 是 X 的样本，$Y_1, Y_2, \cdots, Y_{n_2}$ 是 Y 的样本，它们的样本均值和样本方差分别为 $\bar{X}$，S_1^2 和 $\bar{Y}$，S_2^2，我们只考虑 μ_1，μ_2 均未知下，方差比 $\frac{\sigma_1^2}{\sigma_2^2}$ 的区间估计.

因为 $\frac{(n_1-1)S_1^2}{\sigma_1^2} \sim \chi^2(n_1-1)$，$\frac{(n_2-1)S_2^2}{\sigma_2^2} \sim \chi^2(n_2-1)$，且二者相互独立，则可构造枢轴量：

$$F = \frac{\dfrac{(n_1-1)S_1^2}{\sigma_1^2} / (n_1-1)}{\dfrac{(n_2-1)S_2^2}{\sigma_2^2} / (n_2-1)} = \frac{S_1^2 / S_2^2}{\sigma_1^2 / \sigma_2^2} \sim F(n_1-1, n_2-1),$$

故对给定的置信水平（度）$1-\alpha$，存在 $F_{1-\frac{\alpha}{2}}(n_1-1, n_2-1)$ 及 $F_{\frac{\alpha}{2}}(n_1-1, n_2-1)$，使得

$$P\{F \geqslant F_{\frac{\alpha}{2}}(n_1-1, n_2-1)\} = P\{F \leqslant F_{1-\frac{\alpha}{2}}(n_1-1, n_2-1)\} = \frac{\alpha}{2},$$

即 $P\{F_{1-\frac{\alpha}{2}}(n_1-1, n_2-1) < F < F_{\frac{\alpha}{2}}(n_1-1, n_2-1)\} = 1-\alpha$，

亦即 $P\left\{ \dfrac{S_1^2 / S_2^2}{F_{\frac{\alpha}{2}}(n_1-1, n_2-1)} < \dfrac{\sigma_1^2}{\sigma_2^2} < \dfrac{S_1^2 / S_2^2}{F_{1-\frac{\alpha}{2}}(n_1-1, n_2-1)} \right\} = 1-\alpha$.

所以 $\dfrac{\sigma_1^2}{\sigma_2^2}$ 的置信度为 $1-\alpha$ 的置信区间为：

$$\left(\frac{S_1^2/S_2^2}{F_{\frac{\alpha}{2}}(n_1-1,n_2-1)},\ \frac{S_1^2/S_2^2}{F_{1-\frac{\alpha}{2}}(n_1-1,n_2-1)}\right),$$

或为 $\left(F_{1-\frac{\alpha}{2}}(n_2-1,\ n_1-1)\dfrac{S_1^2}{S_2^2},\ F_{\frac{\alpha}{2}}(n_2-1,\ n_1-1)\dfrac{S_1^2}{S_2^2}\right).$

【例 7】 机床厂某日从两台机器加工的同一种零件中，分别抽取若干个样品，测得零件尺寸如下（单位：mm）：

第一台机器：6.2，5.7，6.5，6.0，6.3，5.8，5.7，6.0，6.0，5.8，6.0

第二台机器：5.6，5.9，5.6，5.7，5.8，6.0，5.5，5.7，5.5

根据经验，两台机器加工的零件尺寸均服从正态分布，为比较两台机器的加工精度，求方差比 $\dfrac{\sigma_1^2}{\sigma_2^2}$ 的置信度为 0.95 的区间估计.

【解】 用 X 表示第一台机器加工的零件尺寸，Y 表示第二台机器加工的零件尺寸，且 $X\sim N(\mu_1,\ \sigma_1^2)$，$Y\sim N(\mu_2,\ \sigma_2^2)$

由已知，$n_1=11$，$n_2=9$，$1-\alpha=0.95$，$\alpha=0.05$.

经计算 $\bar{x}=6.0$，$s_1^2=0.064$，$\bar{y}=5.7$，$s_2^2=0.03$，

查表得

$F_{0.025}(10,\ 8)=4.30$，

$F_{0.975}(10,\ 8)=\dfrac{1}{F_{0.025}(8,\ 10)}=\dfrac{1}{3.85}.$

$\dfrac{\sigma_1^2}{\sigma_2^2}$ 的置信度为 0.95 的置信区间为：

$$\left(\frac{0.064/0.03}{4.30},\ \frac{0.064/0.03}{\dfrac{1}{3.85}}\right)=(0.496,8.213).$$

对于参数的区间估计，采用表格的形式汇总于表 2-1.

（双侧）置信区间 表 2-1

估计对象	对总体（或样本）的要求	枢轴量及其分布	置信区间
均值 μ	正态总体 $\sigma^2=\sigma_0^2$ 已知	$U=\dfrac{\bar{X}-\mu}{\sigma_0/\sqrt{n}}\sim N(0,\ 1)$	$\left(\bar{X}-z_{\frac{\alpha}{2}}\dfrac{\sigma_0}{\sqrt{n}},\ \bar{X}+z_{\frac{\alpha}{2}}\dfrac{\sigma_0}{\sqrt{n}}\right)$

估计对象	对总体（或样本)的要求	枢轴量及其分布	置信区间
均值 μ	正态总体 σ^2 未知	$T=\dfrac{\bar{X}-\mu}{S/\sqrt{n}}\sim t(n-1)$	$\left(\bar{X}-t_{\frac{\alpha}{2}}(n-1)\dfrac{S}{\sqrt{n}},\right.$ $\left.\bar{X}+t_{\frac{\alpha}{2}}(n-1)\dfrac{S}{\sqrt{n}}\right)$
均值 μ	大样本 $\sigma^2=\sigma_0^2$ 已知	$U=\dfrac{\bar{X}-\mu}{\sigma_0/\sqrt{n}}\overset{近似}{\sim}N(0,1)$	$\left(\bar{X}-z_{\frac{\alpha}{2}}\dfrac{\sigma_0}{\sqrt{n}},\ \bar{X}+z_{\frac{\alpha}{2}}\dfrac{\sigma_0}{\sqrt{n}}\right)$
均值 μ	大样本 σ^2 未知	$U=\dfrac{\bar{X}-\mu}{S/\sqrt{n}}\overset{近似}{\sim}N(0,1)$	$\left(\bar{X}-z_{\frac{\alpha}{2}}\dfrac{S}{\sqrt{n}},\ \bar{X}+z_{\frac{\alpha}{2}}\dfrac{S}{\sqrt{n}}\right)$
方差 σ^2	正态总体	$\chi^2=\dfrac{(n-1)S^2}{\sigma^2}\sim\chi^2(n-1)$	$\left(\dfrac{(n-1)S^2}{\chi^2_{\frac{\alpha}{2}}(n-1)},\ \dfrac{(n-1)S^2}{\chi^2_{1-\frac{\alpha}{2}}(n-1)}\right)$
均值差 $\mu_1-\mu_2$	两个正态总体，方差已知	$U=\dfrac{\bar{X}-\bar{Y}-(\mu_1-\mu_2)}{\sqrt{\dfrac{\sigma_1^2}{n_1}+\dfrac{\sigma_2^2}{n_2}}}$ $\sim N(0,1)$	$\left(\bar{X}-\bar{Y}-z_{\frac{\alpha}{2}}\sqrt{\dfrac{\sigma_1^2}{n_1}+\dfrac{\sigma_2^2}{n_2}},\right.$ $\left.\bar{X}-\bar{Y}+z_{\frac{\alpha}{2}}\sqrt{\dfrac{\sigma_1^2}{n_1}+\dfrac{\sigma_2^2}{n_2}}\right)$
均值差 $\mu_1-\mu_2$	两个正态总体，方差相等	$T=\dfrac{\bar{X}-\bar{Y}-(\mu_1-\mu_2)}{S_w\sqrt{\dfrac{1}{n_1}+\dfrac{1}{n_2}}}$ $\sim t(n_1+n_2-2)$ $S_w=\sqrt{\dfrac{(n_1-1)S_1^2+(n_2-1)S_2^2}{n_1+n_2-2}}$	$(\bar{X}-\bar{Y}-\lambda,\ \bar{X}-\bar{Y}+\lambda)$ $\lambda=t_{\frac{\alpha}{2}}(n_1+n_2-2)S_w$ $\sqrt{\dfrac{1}{n_1}+\dfrac{1}{n_2}}$
均值差 $\mu_1-\mu_2$	大样本	$U=\dfrac{\bar{X}-\bar{Y}-(\mu_1-\mu_2)}{\sqrt{\dfrac{S_1^2}{n_1}+\dfrac{S_2^2}{n_2}}}$ $\overset{近似}{\sim}N(0,1)$	$(\bar{X}-\bar{Y}-\lambda,\ \bar{X}-\bar{Y}+\lambda)$ $\lambda=z_{\frac{\alpha}{2}}\sqrt{\dfrac{S_1^2}{n_1}+\dfrac{S_2^2}{n_2}}$
方差比 $\dfrac{\sigma_1^2}{\sigma_2^2}$	两个正态总体	$F=\dfrac{S_1^2/S_2^2}{\sigma_1^2/\sigma_2^2}\sim F(n_1-1,n_2-1)$	$\left(F_{1-\frac{\alpha}{2}}(n_2-1,n_1-1)\dfrac{S_1^2}{S_2^2},\right.$ $\left.F_{\frac{\alpha}{2}}(n_2-1,n_1-1)\dfrac{S_1^2}{S_2^2}\right)$

六、单侧置信区间

对于前面所讨论的参数的置信区间（θ_1，θ_2），其特点是 θ_1 和 θ_2 均有限，而实际问题中，我们有时只关心置信上限，如废品率越低越好，其置信区间可采用（$-\infty$，θ_2）的形式；有时，我们只关心置信下限，如设备、元件的平均使用寿命越长越好，其置信区间可采用（θ_1，$+\infty$）的形式，这二者都称为单侧置信区间，前者满足 $P(-\infty<\theta<\theta_2)=1-\alpha$，后者满足 $P(\theta_1<\theta<+\infty)=1-\alpha$.

求单侧置信区间的步骤和方法与前面求置信区间（θ_1，θ_2）类似，相对于单侧置信区间，前面所学的置信区间叫双侧置信区间，下面以 $X\sim N(\mu,\sigma^2)$，σ^2 未知，$X_1,X_2,\cdots,X_n$ 是来自 X 的样本为例，求 μ 的置信度为 $1-\alpha$ 的单侧置信区间.

μ 的枢轴量选取与以前相同，$T=\dfrac{\bar{X}-\mu}{\dfrac{S}{\sqrt{n}}}\sim t(n-1)$

给定置信度 $1-\alpha$，存在 $t_\alpha(n-1)$，使得 $P\{T<t_\alpha(n-1)\}=1-\alpha$

即 $P\left\{\dfrac{\bar{X}-\mu}{\dfrac{S}{\sqrt{n}}}<t_\alpha(n-1)\right\}=1-\alpha$，

亦即 $P\left(\bar{X}-t_\alpha(n-1)\dfrac{S}{\sqrt{n}}<\mu<+\infty\right)=1-\alpha$.

于是，μ 的一个单侧置信区间为：$\left(\bar{X}-t_\alpha(n-1)\dfrac{S}{\sqrt{n}},+\infty\right)$.

同理，μ 的另一个单侧置信区间为：$\left(-\infty,\bar{X}+t_\alpha(n-1)\dfrac{S}{\sqrt{n}}\right)$.

【例8】 从一批灯泡中随机地抽取 9 只做寿命试验，测得 $\bar{x}=1500$ 小时，$s=15$ 小时，设灯泡寿命 $X\sim N(\mu,\sigma^2)$，试求灯泡平均寿命的 95% 的单侧置信区间.

【解】 $n=9$，$\bar{x}=1500$，$s=15$，$1-\alpha=95\%$，$\alpha=0.05$

查表得 $t_{0.05}(9-1)=1.8595$,

故灯泡平均寿命的置信度为 95% 的单侧置信区间为:

$$\left(1500-1.8595\frac{15}{\sqrt{9}}, +\infty\right)=(1490.7, +\infty).$$

关于单侧置信区间, 汇总于表 2-2.

单侧置信区间 表 2-2

估计对象	对总体 (或样本)的要求	具有单侧置信上限	具有单侧置信下限
均值 μ	正态总体 σ^2 已知, $\sigma^2=\sigma_0^2$	$\left(-\infty, \bar{X}+z_\alpha\frac{\sigma_0}{\sqrt{n}}\right)$	$\left(\bar{X}-z_\alpha\frac{\sigma_0}{\sqrt{n}}, +\infty\right)$
均值 μ	正态总体 σ^2 未知	$\left(-\infty, \bar{X}+t_\alpha(n-1)\frac{S}{\sqrt{n}}\right)$	$\left(\bar{X}-t_\alpha(n-1)\frac{S}{\sqrt{n}}, +\infty\right)$
均值 μ	大样本	$\left(-\infty, \bar{X}+z_\alpha\frac{S}{\sqrt{n}}\right)$	$\left(\bar{X}-z_\alpha\frac{S}{\sqrt{n}}, +\infty\right)$
方差 σ^2	正态总体	$\left(-\infty, \frac{(n-1)S^2}{\chi^2_{1-\alpha}(n-1)}\right)$	$\left(\frac{(n-1)S^2}{\chi^2_\alpha(n-1)}, +\infty\right)$
均值差 $\mu_1-\mu_2$	两正态总体 方差相等	$\left(-\infty, \bar{X}-\bar{Y}+\lambda\right)$ $\lambda=t_\alpha(n_1+n_2-2)$ $S_w\sqrt{\frac{1}{n_1}+\frac{1}{n_2}}$	$(\bar{X}-\bar{Y}-\lambda, +\infty)$ $\lambda=t_\alpha(n_1+n_2-2)$ $S_w\sqrt{\frac{1}{n_1}+\frac{1}{n_2}}$
均值差 $\mu_1-\mu_2$	大样本	$\left(-\infty, \bar{X}-\bar{Y}+\right.$ $\left. z_\alpha\sqrt{\frac{S_1^2}{n_1}+\frac{S_2^2}{n_2}}\right)$	$\left(\bar{X}-\bar{Y}-\right.$ $\left. z_\alpha\sqrt{\frac{S_1^2}{n_1}+\frac{S_2^2}{n_2}}, +\infty\right)$
方差比 $\frac{\sigma_1^2}{\sigma_2^2}$	两个正态总体	$\left(-\infty, F_\alpha\right.$ $\left.(n_2-1, n_1-1)\frac{S_1^2}{S_2^2}\right)$	$\left(F_{1-\alpha}(n_2-1, n_1-1)\right.$ $\left.\frac{S_1^2}{S_2^2}, +\infty\right)$

习 题 二

1. 随机取 8 只活塞环, 测得它们的直径为 (单位: mm)

$$74.001 \qquad 74.005 \qquad 74.003 \qquad 74.000$$
$$74.001 \qquad 73.993 \qquad 74.006 \qquad 74.002$$

试求总体均值 μ 和方差 σ^2 的矩估计值, 并求样本方差 S^2.

2. 设总体 X 服从区间 $[0, \theta]$ 上的均匀分布, 其概率密度为

$$f(x, \theta) = \begin{cases} \dfrac{1}{\theta} & 0 \leqslant x \leqslant \theta \\ 0 & \text{其他} \end{cases}$$

$X_1, X_2, \cdots, X_n$ 为 X 的样本, 求参数 θ 的矩估计量.

3. 设 $X_1, X_2, \cdots, X_n$ 为总体的样本, 求下列总体未知参数的矩估计量和极大似然估计量.

(1) $f(x, \alpha) = \begin{cases} (\alpha+1)x^{\alpha} & 0 < x < 1 \\ 0 & \text{其他} \end{cases}$

其中 $\alpha > -1$ 为未知参数.

(2) $f(x) = \begin{cases} \dfrac{1}{\theta} e^{-\frac{x-\mu}{\theta}} & x \geqslant \mu \\ 0 & \text{其他} \end{cases}$

其中 $\theta > 0$, θ, μ 是未知参数.

4. 设 $X_1, X_2, \cdots, X_n$ 是来自总体 $N(0, \sigma^2)$ 的一个样本, 试求 σ^2 的极大似然估计量.

5. 设 X_1, X_2, X_3 为总体 X 的一个样本, 试证明: 统计量

$$T_1(X_1, X_2, X_3) = \frac{2}{5}X_1 + \frac{1}{5}X_2 + \frac{2}{5}X_3$$

$$T_2(X_1, X_2, X_3) = \frac{1}{6}X_1 + \frac{1}{3}X_2 + \frac{1}{2}X_3$$

$$T_3(X_1, X_2, X_3) = \frac{1}{7}X_1 + \frac{3}{14}X_2 + \frac{9}{14}X_3$$

都是总体 X 的数学期望 $EX = \mu$ 的无偏估计量, 并指出哪一个方差最小.

6. 已知总体 X 的概率密度函数为

$$f(x) = \begin{cases} e^{-(x-\theta)} & x > \theta \\ 0 & x \leqslant \theta \end{cases} \qquad \theta \text{ 为未知参数.}$$

$X_1, X_2, \cdots, X_n$ 为简单随机样本，求 θ 的极大似然估计量.

7. 设某种清漆的 9 个样品，其干燥时间（单位：h）分别为

6.0，5.7，5.8，6.5，7.0，6.0，5.6，6.1，5.0

设干燥时间总体 $T \sim N(\mu, \sigma^2)$，就下面两种情况求 μ 的置信度为 0.95 的双侧置信区间.

（1）$\sigma = 0.6\text{h}$　　　　（2）σ 未知

8. 就 7 题中的两种情况求 μ 的置信度为 0.95 的单侧置信上限.

9. 随机地取某种炮弹 9 发做试验. 求得炮口速度的样本标准差 $s = 11\text{m/s}$，设炮口速度服从正态分布 $N(\mu, \sigma^2)$，求炮口速度的标准差 σ 的置信度为 0.95 的双侧置信区间.

10. 现有两批导线，随机地从 A 批导线中抽取 4 根，从 B 批导线中抽取 5 根，测得电阻（Ω）值为

　　A 批：0.143，0.142，0.143，0.137；

　　B 批：0.140，0.142，0.136，0.138，0.140.

设两组导线电阻总体分别服从正态分布 $N(\mu_1, \sigma^2)$，$N(\mu_2, \sigma^2)$，方差相等，两样本相互独立，试求 $(\mu_1 - \mu_2)$ 的置信度为 0.95 的双侧置信区间.

11. 在题 10 中，求 $(\mu_1 - \mu_2)$ 的置信度为 0.95 的单侧置信下限.

12. 研究两种燃料的燃烧率，设两者分别服从正态分布 $N(\mu_1, 0.05^2)$，$N(\mu_2, 0.05^2)$，取样本容量 $n_1 = n_2 = 20$ 的两组独立样本，求得燃烧率的样本均值分别为 18，24，求两种燃料燃烧率总体均值差 $(\mu_1 - \mu_2)$ 的置信度为 0.99 的双侧置信区间.

13. 两化验员甲、乙各自独立地用相同的方法对某种聚合物的含氯量各做 10 次测量，分别求得测定值的样本方差为 $s_1^2 = 0.5419$，$s_2^2 = 0.6065$，设测定值总体，分别服从正态分布 $N(\mu_1, \sigma_1^2)$，$N(\mu_2, \sigma_2^2)$，试求方差比 $(\sigma_1^2 / \sigma_2^2)$ 的置信度为 0.95 的双侧置信区间.

第三章 假设检验

假设检验是统计推断的另一主要内容,它和参数估计构成数理统计的基本内容. 它的基本任务是根据样本提供的信息,对总体的某些性质,如分布类型、参数大小作出结论性判断,即在总体上作某项假设,用样本数据检验此项假设是否成立.

§1 假设检验的基本概念

一、假设检验问题

先看三个例子,了解假设检验问题.

【例1】 一工厂用包装机包装牛奶粉,额定标准为每袋净重量是 0.5kg,设包装所得奶粉的重量 $X \sim N(\mu, \sigma^2)$,据长期经验可知,其标准差为 $\sigma = 0.015$kg,某日开工后为检验包装机是否正常,随机抽取 9 袋,称得净重量为:0.499,0.514,0.508,0.512,0.498,0.515,0.516,0.513,0.524,试问包装机是否正常?

看机器是否正常,就是要根据样本数据判断 $\mu = \mu_0 = 0.5$,$\sigma = \sigma_0 = 0.015$ 是否成立?

【例2】 某厂有一批产品,共 2 万件,须经检验才能出厂,按规定标准,次品率不得超过 5%,今从中随机抽取了 100 件产品,发现有 8 件次品,问这批产品能否出厂?

看产品能否出厂,就是根据样本判断,次品率 $p \leqslant 5\%$ 是否成立?

【例3】 随机抽查得某班 10 位学生的英语课考试分数为:

74，82，96，70，90，84，88，79，71，94．能否认为该班学生的英语成绩服从正态分布？

以上三个例子是常见的假设检验问题，它们都是要对一些问题做出肯定或否定的回答，根据样本数据，对所关心的问题作出肯定或否定回答的过程叫做假设检验．一般可将假设检验分为两类：一类是对总体参数作出判断，即先对参数作某项假设，用总体中的样本检验此项假设是否成立，称这一类假设为参数假设检验，如例1、例2；另一类是对总体的分布类型作出判断，即先对总体的分布作某项假设，用来自总体的样本检验此项假设是否成立，称这一类假设检验为分布假设检验，也称非参数假设检验，例3是分布假设检验问题．

二、假设检验基本原理

1. 基本概念

在例1中，若标准差 $\sigma=\sigma_0=0.015$ 已知，要判断包装机是否正常，就是要根据样本判断 $\mu=0.5$ 还是 $\mu\neq0.5$，为此提出假设：H_0：$\mu=\mu_0=0.5$；H_1：$\mu\neq\mu_0$，这是两个对立的假设，H_0 称为原假设或零假设，H_1 称为备择假设或对立假设．

为了在 H_0 和 H_1 之间作出选择，需要建立一个检验规则．我们知道，样本均值 $\bar{X}$ 是总体均值 μ 的一个无偏估计．在 H_0 成立下，$\bar{X}$ 的观察值 $\bar{x}$ 与 μ_0 应相差不大．即若 H_0 成立，$|\bar{X}-\mu_0|$ 取小值的可能性较大．如果 H_0 不成立，即 H_1 成立时，$|\bar{X}-\mu_0|$ 取小值可能较小．如果能确定一个常数 k，当 $|\bar{X}-\mu_0|<k$ 时，则接受 H_0；当 $|\bar{X}-\mu_0|\geq k$ 时，则拒绝 H_0，即接受 H_1．

当 H_0 成立时，$\bar{X}\sim N\left(\mu_0,\dfrac{\sigma_0^2}{n}\right)$，因而 $U=\dfrac{\bar{X}-\mu_0}{\sigma_0/\sqrt{n}}\sim N(0,1)$，给定小概率 α（一般取 0.05，或 0.01，或 0.1）作一个小概率事件：$P\{|U|\geq z_{\frac{\alpha}{2}}\}=\alpha$，即

$$P\left\{|\bar{X}-\mu_0|\geqslant z_{\frac{a}{2}}\frac{\sigma_0}{\sqrt{n}}\right\}=\alpha, \quad k=z_{\frac{a}{2}}\frac{\sigma_0}{\sqrt{n}}$$

若取 $\alpha=0.05$，则 $k=z_{0.025}\dfrac{0.015}{\sqrt{9}}=1.96\times\dfrac{0.015}{3}=0.0098$，

故 $P\{|\bar{X}-\mu_0|\geqslant0.0098\}=0.05$，即括号内事件发生的概率仅为 0.05，即抽样 100 次，只会发生 5 次.

等价地，$P\{|\bar{X}-\mu_0|<0.0098\}=0.95$，即事件 $\{|\bar{X}-\mu_0|<0.0098\}$ 的概率是大概率事件，概率达到 0.95 即 95%，因此可建立以下比较合理的规则：

若 $|\bar{X}-\mu_0|<0.0098$，则接受 H_0，即包装机正常，

若 $|\bar{X}-\mu_0|\geqslant0.0098$，则拒绝 H_0，即接受 H_1，即包装机不正常.

本例中，一次抽样后，$\bar{x}=\dfrac{1}{9}(0.499+0.514+\cdots+0.524)=0.511$，

$|\bar{x}-\mu_0|=|0.511-0.5|=0.011>0.0098$，应拒绝 H_0，即这一天包装机不正常.

假设检验中的小概率值 α，称为显著水平或检验水平，α 的大小表示精度要求，α 越小，精度要求越高.

一般地，若 $|U|=\left|\dfrac{\bar{X}-\mu_0}{\sigma_0/\sqrt{n}}\right|<z_{\frac{a}{2}}$，或 $|\bar{X}-\mu_0|<z_{\frac{a}{2}}\dfrac{\sigma_0}{\sqrt{n}}$，则接受 H_0.

$(-z_{\frac{a}{2}},z_{\frac{a}{2}})$ 叫 H_0 关于 U 的接受域，区间 $|\bar{X}-\mu_0|<z_{\frac{a}{2}}\dfrac{\sigma_0}{\sqrt{n}}$ 称为 H_0 关于 $\bar{X}$ 的接受域，实际上，接受域为 $\left(\mu_0-z_{\frac{a}{2}}\dfrac{\sigma_0}{\sqrt{n}},\mu_0+z_{\frac{a}{2}}\dfrac{\sigma_0}{\sqrt{n}}\right)$；

若 $|U|\geqslant z_{\frac{a}{2}}$ 或 $|\bar{X}-\mu_0|\geqslant z_{\frac{a}{2}}\dfrac{\sigma_0}{\sqrt{n}}$，则拒绝 H_0. 所以，H_0 关于 U 的拒绝域为 $|U|\geqslant z_{\frac{a}{2}}$，即 $(-\infty,-z_{\frac{a}{2}}]\cup[z_{\frac{a}{2}},+\infty)$，$H_0$ 关

于 $\bar{X}$ 的拒绝域为 $|\bar{X}-\mu_0| \geqslant z_{\frac{\alpha}{2}}\dfrac{\sigma_0}{\sqrt{n}}$，即 $\left(-\infty, -z_{\frac{\alpha}{2}}\dfrac{\sigma_0}{\sqrt{n}}\right] \cup$ $\left[\mu_0+z_{\frac{\alpha}{2}}\dfrac{\sigma_0}{\sqrt{n}}, +\infty\right)$.

2. 假设检验的统计思想

假设检验制定检验规则用到的统计思想是小概率原理，即小概率事件在一次试验中几乎不可能发生. 如果一次试验中小概率事件发生了，认为是不合理现象，这种不合理并不是逻辑上的不合理，而是与小概率原理矛盾产生的不合理.

具体检验时还会用到反证法的思想，这是一种带有概率性质的反证法. 即先假定 H_0 成立，然后根据样本值看会产生什么后果，如果导致一个不合理现象出现，则认为原先的假定是错误的，即 H_0 是不成立的，应拒绝 H_0；如果没有出现不合理现象，则认为假定 H_0 成立是正确的，这时应接受 H_0. 这里用到了反证法，它区别于纯数学中的反证法. 这里所指的"不合理"并不是形式逻辑中的绝对矛盾，而是与小概率原理矛盾产生的不合理. 一般反证法要求在原假设下导出的结论是绝对成立的，若事实与之矛盾，就真正推翻了原假设. 而带有概率性质的反证法，是以"小概率原理"为基础，但小概率事件并非绝对不可能发生，只是发生的概率很小而已，因而这种反证法的说服力是在概率意义下来说的.

3. 假设检验的步骤

通过对上例的分析，假设检验的步骤如下：

（1）根据实际问题提出原假设 H_0 和备择假设 H_1.

（2）选择合适的检验统计量，这个统计量包含要检验的参数，同时其分布已知. 在 H_0 成立下导出它的分布.

（3）给定显著水平 α，构造小概率事件，也就作出了 H_0 的拒绝域.

（4）根据样本值和拒绝域，从而作出接受 H_0 或拒绝 H_0 的判断.

三、两类错误

用样本去推断总体，实际上是用部分推断总体，这个特点决定了推断会犯错误，假设检验会有以下两类错误：

1. 当原假设 H_0 为真时，却拒绝了 H_0，把这类错误叫"弃真"的错误，也称第一类错误. 显然，显著水平 α 正是犯第一类错误的概率，即 $P\{$拒绝 $H_0 | H_0$ 为真$\}=\alpha$.

例题中，$P\left\{|\bar{X}-\mu_0| \geqslant z_{\frac{\alpha}{2}} \dfrac{\sigma_0}{\sqrt{n}}\right\}=\alpha$.

2. 当原假设 H_0 不真时，却接受了 H_0，这是犯了"纳伪"或"取伪"的错误，也称第二类错误. 犯第二类错误的概率用 β 表示，则 $\beta=P\{$接受 $H_0 | H_0$ 为假$\}$，β 是图 3-1 中中间阴影部分面积.

例题中

$$\begin{aligned}
\beta &= P\left\{|\bar{X}-\mu_0| < z_{\frac{\alpha}{2}} \frac{\sigma_0}{\sqrt{n}} \,\Big|\, H_0 \text{ 为假}\right\} \\
&= P\left\{|\bar{X}-\mu_0| < z_{\frac{\alpha}{2}} \frac{\sigma_0}{\sqrt{n}} \,\Big|\, H_1 \text{ 为真}\right\} \\
&= P\left\{|\bar{X}-\mu_0| < z_{\frac{\alpha}{2}} \frac{\sigma_0}{\sqrt{n}} \,\Big|\, \mu=\mu_1 \neq \mu_0\right\} \\
&= P\left\{\mu_0-z_{\frac{\alpha}{2}} \frac{\sigma_0}{\sqrt{n}} < \bar{X} < \mu_0+z_{\frac{\alpha}{2}} \frac{\sigma_0}{\sqrt{n}} \,\Big|\, \mu=\mu_1\right\}.
\end{aligned}$$

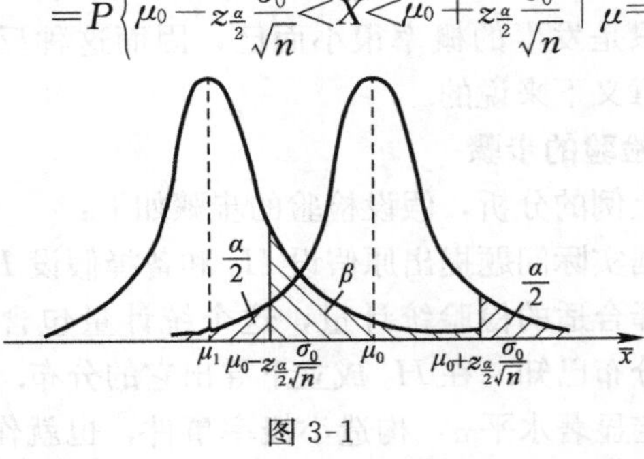

图 3-1

两类错误都不是我们希望的，我们希望 α 和 β 都很小，从图 3-1 可以看出，要使弃真错误的概率 α 减小，取伪错误的概率 β 必然增大；而要使 β 减小，α 必然又变大；要使 α 和 β 都有所减小，必须加大样本容量 n. 这是因为随着 n 的增大，提供的信息量大，$\bar{X}$ 的方差 $\dfrac{\sigma^2}{n}$ 就会变小，判断就更准确. 在样本容量 n 给定时，我们仅控制犯第一类错误的概率 α，而不管 β 的大小，这种检验就叫显著性检验.

四、假设检验的注意事项

1. 原假设 H_0 的选择原则

原假设 H_0 和备择假设 H_1 看似平等，实则不然. 因为显著性检验仅对犯第一类错误概率 α 加以控制，就体现了保护原假设 H_0 的原则. 拒绝 H_0 是有说服力的，接受 H_0 是无可奈何的. 当小概率事件在一次试验中发生了，就有证据拒绝 H_0；如果一次试验中小概率事件没有发生，只能说还未找到拒绝 H_0 的理由，因此接受 H_0 是没有说服力的. 在设立假设时，应把有把握的、不能轻易否定的命题作为原假设 H_0，而把没有把握、不能轻易肯定的命题作为备择假设，把拒绝后会导致严重后果的假设作为原假设. 如治感冒常用药是 A，而最近生产了一种新药 B，据称疗效优于 A，这时 H_0 应为"B 的疗效不优于 A"，H_1 为"B 药的疗效优于 A"，又例如，在司法审判制度中，原假设 H_0 应为"被告无罪"，备择假设 H_1 才是"被告有罪"，因为没有充分证据是不能轻易推翻原假设的，否则会造成冤假错案，而这样会有漏网之鱼.

2. 显著水平 α 的选取

我们总是希望犯错误的概率小些，α 越小，拒绝 H_0 越有说明力. α 一般取 0.1，0.05，0.01，当然取 $\alpha = 0.01$ 时拒绝 H_0 比取 $\alpha = 0.05$ 时拒绝 H_0 更有说服力. 但当 α 较小时，犯第二类错误的概率 β 又会变大，所以 α 的选取并不是越小越好，而要根据实际情况而定. 如检验废品率时，α 过小会使废品"蒙混过关"，α 过大又会使合格品疑为废品，再例如，药品中不合格品漏检会使人死亡或有其他严重后果，则 α 应取大些，如 0.1. 通常，$\alpha=0.05$ 比较合适.

3. 检验的 p 值

前面讨论假设检验时，都先给定显著水平 α，查出 α 对应的临界值，然后通过比较检验统计量的观察值与临界值的大小来决定拒绝还是接受 H_0. 但是，在一些通用统计软件（如 SPSS、SAS）中，常用 p 值大小进行判断.

什么是 p 值？为了说明此概念，再来考察一下例 1. 这个问题中，检验统计量为 $U=\dfrac{\bar{X}-\mu_0}{\sigma_0/\sqrt{n}}$，从一组样本观察值算得 U 的观察值为 $u=\dfrac{\bar{x}-\mu_0}{\sigma_0/\sqrt{n}}$. 我们把 $P\{|U|\geqslant|u|\}$ 称为该检验的 p 值，记为 p. 在显著水平 α 下，$H_0: \mu=\mu_0$ 的拒绝域为 $|u|\geqslant z_{\frac{\alpha}{2}}$，而 $|u|\geqslant z_{\frac{\alpha}{2}}$ 当且仅当 $p=P\{|U|\geqslant|u|\}\leqslant P\{|U|\geqslant z_{\frac{\alpha}{2}}\}=\alpha$，所以检验规则可改写为：

若 $p\leqslant\alpha$，则在显著水平 α 之下拒绝 H_0；

若 $p>\alpha$，则在显著水平 α 之下接受 H_0。

对于不同的备择假设，p 值的计算公式不同. 若将例 1 中的假设分别改为 $H_0': \mu\leqslant\mu_0$，$H_1': \mu>\mu_0$

和 $H_0'': \mu\geqslant\mu_0$，$H_1'': \mu<\mu_0$

则 p 值的计算公式分别为 $p=P\{U\geqslant u\}$ 和 $p=P\{U\leqslant u\}$

对于以后几节将要遇到的 t 检验，χ^2 检验和 F 检验亦可类似计算 p 值.

§2　一个正态总体参数的假设检验

设总体 $X\sim N(\mu, \sigma^2)$，$X_1, X_2, \cdots, X_n$ 是来自总体 X 的样本，其样本均值 $\bar{X}=\dfrac{1}{n}\sum\limits_{i=1}^{n}X_i$，样本方差 $S^2=\dfrac{1}{n-1}\sum\limits_{i=1}^{n}(X_i-\bar{X})^2$，现对总体均值 μ 和总体方差 σ^2 分以下几种情况分别检验.

一、一个正态总体均值 μ 的检验

1. 方差 $\sigma^2 = \sigma_0^2$ 已知时 μ 的检验——U 检验法

（1）要检验的假设为 $H_0: \mu = \mu_0$；$H_1: \mu \neq \mu_0$.

（2）检验统计量的选择　因为 $X_1, X_2, \cdots, X_n$ 是总体$X \sim N(\mu, \sigma_0^2)$ 的样本（其中，σ_0^2 是已知方差），

所以 $\bar{X} \sim N\left(\mu, \dfrac{\sigma_0^2}{n}\right)$，即 $U = \dfrac{\bar{X} - \mu}{\sigma_0/\sqrt{n}} \sim N(0, 1)$，

当 H_0 成立时，$\dfrac{\bar{X} - \mu_0}{\sigma_0/\sqrt{n}} \sim N(0, 1)$，$U = \dfrac{\bar{X} - \mu_0}{\sigma_0/\sqrt{n}}$ 叫检验统计量，

有时　$U = \dfrac{\bar{X} - \mu}{\sigma_0/\sqrt{n}}$ 也叫检验统计量.

（3）给定显著水平 α，构造小概率事件，即求拒绝域（图 3-2）：
$$P\{|U| \geqslant z_{\frac{\alpha}{2}}\} = \alpha.$$

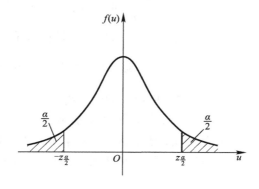

图 3-2

即 H_0 的拒绝域为：$|U| \geqslant z_{\frac{\alpha}{2}}$，即 $U \geqslant z_{\frac{\alpha}{2}}$ 或 $U \leqslant -z_{\frac{\alpha}{2}}$.

H_0 的拒绝域还有等价形式：$|\bar{X} - \mu_0| \geqslant z_{\frac{\alpha}{2}} \dfrac{\sigma_0}{\sqrt{n}}$，即

$$\bar{X} \geqslant \mu_0 + z_{\frac{\alpha}{2}} \dfrac{\sigma_0}{\sqrt{n}} \text{或} \bar{X} \leqslant \mu_0 - z_{\frac{\alpha}{2}} \dfrac{\sigma_0}{\sqrt{n}}.$$

（4）根据一组样本数据 $x_1, x_2, \cdots, x_n$ 作判断. 这时，样本均值为 $\bar{x}$，计算 $u = \dfrac{\bar{x} - \mu_0}{\sigma_0/\sqrt{n}}$. 若 $|u| \geqslant z_{\frac{\alpha}{2}}$，则拒绝 H_0；若 $|u| < z_{\frac{\alpha}{2}}$，则接受 H_0.

$\left(-\infty, -z_{\frac{\alpha}{2}}\right] \cup \left[z_{\frac{\alpha}{2}}, +\infty\right)$ 叫 H_0 的关于 U 的拒绝域，$\left(-z_{\frac{\alpha}{2}}, z_{\frac{\alpha}{2}}\right)$ 叫 H_0 的关于 U 的接受域.

若 $|\bar{x} - \mu_0| \geqslant z_{\frac{\alpha}{2}} \dfrac{\sigma_0}{\sqrt{n}}$，即 $\bar{x} \geqslant \mu_0 + z_{\frac{\alpha}{2}} \dfrac{\sigma_0}{\sqrt{n}}$ 或 $\bar{x} \leqslant \mu_0 - z_{\frac{\alpha}{2}} \dfrac{\sigma_0}{\sqrt{n}}$，则拒绝 H_0，

$\left(-\infty, \mu_0 - z_{\frac{\alpha}{2}} \dfrac{\sigma_0}{\sqrt{n}}\right] \cup \left[\mu_0 + z_{\frac{\alpha}{2}} \dfrac{\sigma_0}{\sqrt{n}}, +\infty\right)$ 叫 H_0 的关于 $\bar{X}$ 的拒绝域.

若 $|\bar{x} - \mu_0| < z_{\frac{\alpha}{2}} \dfrac{\sigma_0}{\sqrt{n}}$，即 $\mu_0 - z_{\frac{\alpha}{2}} \dfrac{\sigma_0}{\sqrt{n}} < \bar{x} < \mu_0 + z_{\frac{\alpha}{2}} \dfrac{\sigma_0}{\sqrt{n}}$，则接受 H_0，

区间 $\left(\mu_0 - z_{\frac{\alpha}{2}} \dfrac{\sigma_0}{\sqrt{n}}, \mu_0 + z_{\frac{\alpha}{2}} \dfrac{\sigma_0}{\sqrt{n}}\right)$ 叫 H_0 的关于 $\bar{X}$ 的接受域.

$-z_{\frac{\alpha}{2}}$ 和 $z_{\frac{\alpha}{2}}$ 分别叫 H_0 关于 U 的临界下限和临界上限.

$\mu_0 - z_{\frac{\alpha}{2}} \dfrac{\sigma_0}{\sqrt{n}}$ 和 $\mu_0 + z_{\frac{\alpha}{2}} \dfrac{\sigma_0}{\sqrt{n}}$ 也分别叫 H_0 关于 $\bar{X}$ 的临界下限和临界上限，临界上限和临界下限统称为临界限.

【例1】 设某种产品的抗拉强度 X 服从正态分布，已知方差 $\sigma^2 = 1.87^2$. 某日抽取容量为 6 的样本：32.56，29.66，31.64，30.04，31.37，32.53，问这天产品的平均抗拉强度是否为 32.5kg/cm²？（$\alpha = 0.05$）.

【解】 （1）提出假设：$H_0: \mu = 32.5$，$H_1: \mu \neq 32.5$

（2）检验统计量 U：$\quad U = \dfrac{\bar{X} - \mu_0}{\sigma_0/\sqrt{n}} = \dfrac{\bar{X} - 32.5}{1.87/\sqrt{6}} \sim N(0, 1)$

（3）给定显著水平 $\alpha = 0.05$，查表 $z_{\frac{\alpha}{2}} = z_{0.025} = 1.96$，$H_0$ 的拒绝域为 $|U| \geqslant z_{\frac{\alpha}{2}} = 1.96$，

或 $|\bar{X}-\mu_0|=|\bar{X}-32.5| \geqslant z_{\frac{\alpha}{2}} \dfrac{\sigma_0}{\sqrt{n}}=1.96 \times \dfrac{1.87}{\sqrt{6}}=1.496.$

（4）判断　由已知计算得 $\bar{x}=31.3$，则 $|\bar{x}-\mu_0|=|31.3-32.5|=1.2$

显然 $|\bar{x}-\mu_0|<1.96$，故接受 H_0，即这天产品的平均抗拉强度为 $32.5 \mathrm{kg/cm}^2$.

2. 方差 σ^2 未知时 μ 的检验——t 检验法

当方差未知时，$U=\dfrac{\bar{X}-\mu}{\sigma/\sqrt{n}} \sim N(0,1)$，但因含未知参数 σ 不能作为检验统计量了，这时自然想到用样本方差 S^2 代替 σ^2，用 S 代替 σ，构造新的检验统计量，其实 σ^2 未知在实际问题中更常见.

（1）$H_0：\mu=\mu_0$，$H_1：\mu\neq\mu_0$

（2）构造检验统计量

由第二章第三节可知，将 U 中 σ 换成 S 后的统计量

$$T=\dfrac{\bar{X}-\mu}{S/\sqrt{n}} \sim t(n-1)$$

在 H_0 成立下，检验统计量为 $T=\dfrac{\bar{X}-\mu_0}{S/\sqrt{n}} \sim t(n-1).$

（3）给定显著水平 α，构造 H_0 的拒绝域（图 3-3）

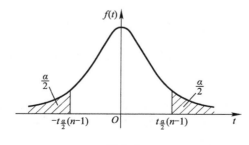

图 3-3

$$P\{|T| \geqslant t_{\frac{\alpha}{2}}(n-1)\} = \alpha.$$

H_0 的拒绝域为 $|T| \geqslant t_{\frac{\alpha}{2}}(n-1)$ 或 $|\bar{X} - \mu_0| \geqslant t_{\frac{\alpha}{2}}(n-1)\dfrac{S}{\sqrt{n}}$;

H_0 的接受域为 $|T| < t_{\frac{\alpha}{2}}(n-1)$ 或 $|\bar{X} - \mu_0| < t_{\frac{\alpha}{2}}(n-1)\dfrac{S}{\sqrt{n}}$.

（4）用样本值判断 计算 $|t| = \left| \dfrac{\bar{x} - \mu_0}{s/\sqrt{n}} \right|$ 或 $|\bar{x} - \mu_0|$，并查表 $t_{\frac{\alpha}{2}}(n-1)$

若 $|t| \geqslant t_{\frac{\alpha}{2}}(n-1)$ 或 $|\bar{x} - \mu_0| \geqslant t_{\frac{\alpha}{2}}(n-1)\dfrac{s}{\sqrt{n}}$，则拒绝 H_0,

若 $|t| < t_{\frac{\alpha}{2}}(n-1)$ 或 $|\bar{x} - \mu_0| < t_{\frac{\alpha}{2}}(n-1)\dfrac{s}{\sqrt{n}}$，则接受 H_0.

【例 2】 某切割机在正常工作时，切割每段金属棒的平均长度为 10.5cm，今从一批产品中随机抽取了 16 段进行测量，其数据如下（单位：cm）

| 10.4 | 10.5 | 10.1 | 10.6 | 10.4 | 10.5 | 10.2 | 10.3 |
| 10.7 | 10.2 | 10.7 | 10.5 | 10.6 | 10.8 | 10.9 | 10.3 |

假设切割的金属棒长度 $X \sim N(\mu, \sigma^2)$，试问该切割机是否正常（$\alpha = 0.05$）？

【解】 $H_0: \mu = 10.5$，$H_1: \mu \neq 10.5$

因 σ^2 未知，要用 t 检验法．已知 $n = 16$，$\alpha = 0.05$.

经计算 $\bar{x} = \dfrac{1}{16}(10.4 + 10.5 + \cdots + 10.9 + 10.3) \approx 10.48$,

$s^2 = \dfrac{1}{15}[(10.4 - 10.48)^2 + (10.5 - 10.48)^2 + \cdots + (10.3 - 10.48)^2] \approx 0.0523$.

这时 $t = \dfrac{\bar{x} - \mu_0}{s/\sqrt{n}} = \dfrac{10.48 - 10.5}{\sqrt{0.0523}}\sqrt{16} \approx \dfrac{-0.02}{0.2287} \times 4$

≈ -0.3498.

对于 $\alpha = 0.05$，查表得 $t_{0.025}(15) = 2.1315$

显然 $|t|=0.3498<t_{0.025}(15)$，故接受原假设，即认为切割机工作正常.

二、一个正态总体方差 σ^2 的假设检验——χ^2 检验法

设 $X_1, X_2, \cdots, X_n$ 是总体 $N(\mu, \sigma^2)$ 的一个样本，一般 μ，σ^2 均未知，现在对方差 σ^2 进行检验假设.

(1) 提出假设 $H_0: \sigma^2 = \sigma_0^2$，$H_1: \sigma^2 \neq \sigma_0^2$，$\sigma_0^2$ 为已知常数.

(2) 因为样本方差 S^2 是总体方差 σ^2 无偏估计，而由第二章第三节可知：$\dfrac{(n-1)S^2}{\sigma^2} \sim \chi^2(n-1)$.

在 H_0 成立下，$\chi^2 = \dfrac{(n-1)S^2}{\sigma_0^2} \sim \chi^2(n-1)$，这正是检验统计量.

(3) 给定显著水平 α，构造 H_0 的拒绝域

为了方便实际应用，常取 $P\{\chi^2 \geqslant \chi_{\frac{\alpha}{2}}^2(n-1)\} = P\{\chi^2 \leqslant \chi_{1-\frac{\alpha}{2}}^2(n-1)\} = \dfrac{\alpha}{2}$（见图 3-4）

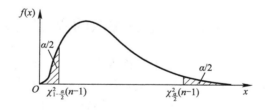

图 3-4

H_0 的拒绝域为 $\chi^2 \geqslant \chi_{\frac{\alpha}{2}}^2(n-1)$ 或 $\chi^2 \leqslant \chi_{1-\frac{\alpha}{2}}^2(n-1)$；

H_0 的接受域为 $\chi_{1-\frac{\alpha}{2}}^2(n-1) < \chi^2 < \chi_{\frac{\alpha}{2}}^2(n-1)$.

(4) 判断计算 $\chi^2 = \dfrac{(n-1)s^2}{\sigma_0^2} = \dfrac{\sum\limits_{i=1}^{n}(x_i-\bar{x})^2}{\sigma_0^2}$，由 χ^2 值大小就可作出拒绝 H_0 或接受 H_0 的判断.

【例3】 某纺织车间生产的细纱支数服从正态分布，规定标准差 σ 是 1.2，现从某日生产的细纱中随机抽取 25 缕纱进行

支数测量，算得标准差为 2.1，问细纱的均匀度有无显著变化（$\alpha = 0.1$）？

【解】 提出假设，$H_0: \sigma^2 = 1.2^2$，$H_1: \sigma^2 \neq 1.2^2$

在 H_0 成立下，检验统计量为 $\chi^2 = \dfrac{(n-1)S^2}{1.2^2} \sim \chi^2(24)$

$\alpha = 0.1$，查表 $\chi^2_{0.05}(24) = 36.415$，$\chi^2_{0.95}(24) = 13.848$。$n = 25$，$s = 2.1$.

由样本计算 $\chi^2 = \dfrac{(n-1)s^2}{1.2^2} = \dfrac{24 \times 2.1^2}{1.2^2} = 73.5 > 36.415$，

故在显著水平 $\alpha = 0.1$ 下拒绝 H_0，即细纱的均匀度有显著变化.

在总体 $N(\mu, \sigma^2)$ 中，当 μ 已知时，同理，还可以构造检验统计量 $\chi^2 = \sum_{i=1}^{n} \left(\dfrac{X_i - \mu}{\sigma} \right)^2 \sim \chi^2(n)$，在 $H_0: \sigma^2 = \sigma_0^2$ 成立下，

$\chi^2 = \sum_{i=1}^{n} \left(\dfrac{X_i - \mu}{\sigma_0} \right)^2 \sim \chi^2(n)$，这时 H_0 的拒绝域为 $\chi^2 \leqslant \chi^2_{1-\frac{\alpha}{2}}(n)$ 或 $\chi^2 \geqslant \chi^2_{\frac{\alpha}{2}}(n)$，$H_0$ 的接受域为：$\chi^2_{1-\frac{\alpha}{2}}(n) < \chi^2 < \chi^2_{\frac{\alpha}{2}}(n)$.

§3 两个正态总体参数的假设检验

本节讨论如何检验两个正态总体均值和方差的差异性.

设总体 $X \sim N(\mu_1, \sigma_1^2)$，$X_1, X_2, \cdots, X_{n_1}$ 是来自 X 的样本；总体 $Y \sim N(\mu_2, \sigma_2^2)$，$Y_1, Y_2, \cdots, Y_{n_2}$ 是来自 Y 的样本，且这两个样本相互独立，$\bar{X}$ 和 S_1^2 分别表示 X 的样本均值和样本方差，$\bar{Y}$ 和 S_2^2 分别表示 Y 的样本均值和方差，现分以下几种情况在显著水平 α 下，检验两个正态总体均值和方差的差异.

一、两个正态总体均值的假设检验

1. 当 σ_1^2，σ_2^2 已知时，均值 μ_1 和 μ_2 的检验——U 检验法

(1) 要检验的假设为：$H_0: \mu_1 = \mu_2$，$H_1: \mu_1 \neq \mu_2$

(2) 构造检验统计量 因为 $\bar{X} \sim N\left(\mu_1, \dfrac{\sigma_1^2}{n_1}\right)$，$\bar{Y} \sim N\left(\mu_2, \dfrac{\sigma_2^2}{n_2}\right)$，

且二者相互独立

所以 $\bar{X}-\bar{Y}\sim N\left(\mu_1-\mu_2,\ \dfrac{\sigma_1^2}{n_1}+\dfrac{\sigma_2^2}{n_2}\right)$

即 $U=\dfrac{\bar{X}-\bar{Y}-(\mu_1-\mu_2)}{\sqrt{\dfrac{\sigma_1^2}{n_1}+\dfrac{\sigma_2^2}{n_2}}}\sim N(0,\ 1)$

在 H_0 成立下，$U=\dfrac{\bar{X}-\bar{Y}}{\sqrt{\dfrac{\sigma_1^2}{n_1}+\dfrac{\sigma_2^2}{n_2}}}\sim N(0,\ 1)$，$U$ 就是检验统计量.

（3）给定显著水平 α，构造小概率事件，从而得到 H_0 的拒绝域.

$$P\{\mid U\mid\geqslant z_{\frac{\alpha}{2}}\}=\alpha$$

H_0 的拒绝域（关于 U）为：$|U|\geqslant z_{\frac{\alpha}{2}}$，即 $U\geqslant z_{\frac{\alpha}{2}}$ 或 $U\leqslant-z_{\frac{\alpha}{2}}$

H_0 关于 U 的接受域为 $|U|<z_{\frac{\alpha}{2}}$，即 $-z_{\frac{\alpha}{2}}<U<z_{\frac{\alpha}{2}}$.

等价地，还可得到 H_0 关于 $\bar{X}-\bar{Y}$ 的拒绝域为 $|\bar{X}-\bar{Y}|\geqslant z_{\frac{\alpha}{2}}$

$\sqrt{\dfrac{\sigma_1^2}{n_1}+\dfrac{\sigma_2^2}{n_2}}$，$H_0$ 关于 $\bar{X}-\bar{Y}$ 的接受域为：$|\bar{X}-\bar{Y}|<z_{\frac{\alpha}{2}}\sqrt{\dfrac{\sigma_1^2}{n_1}+\dfrac{\sigma_2^2}{n_2}}$.

（4）判断，根据样本数据计算 $\bar{x}$ 及 $\bar{y}$，$u=\dfrac{\bar{x}-\bar{y}}{\sqrt{\dfrac{\sigma_1^2}{n_1}+\dfrac{\sigma_2^2}{n_2}}}$ 或 $|\bar{x}-\bar{y}|$

若 $|u|\geqslant z_{\frac{\alpha}{2}}$，则拒绝 H_0；若 $|u|<z_{\frac{\alpha}{2}}$，则接受 H_0.

或者，若 $|\bar{x}-\bar{y}|\geqslant z_{\frac{\alpha}{2}}\sqrt{\dfrac{\sigma_1^2}{n_1}+\dfrac{\sigma_2^2}{n_2}}$，则拒绝 H_0；

若 $|\bar{x}-\bar{y}|<z_{\frac{\alpha}{2}}\sqrt{\dfrac{\sigma_1^2}{n_1}+\dfrac{\sigma_2^2}{n_2}}$，则接受 H_0.

2. $\sigma_1^2=\sigma_2^2=\sigma^2$ 未知时，均值 μ_1，μ_2 的假设检验——t 检验法

当 $\sigma_1^2=\sigma_2^2=\sigma^2$ 时，

$$U=\dfrac{\bar{X}-\bar{Y}-(\mu_1-\mu_2)}{\sqrt{\dfrac{\sigma_1^2}{n_1}+\dfrac{\sigma_2^2}{n_2}}}=\dfrac{\bar{X}-\bar{Y}-(\mu_1-\mu_2)}{\sqrt{\dfrac{1}{n_1}+\dfrac{1}{n_2}}\,\sigma}\sim N(0,\ 1),$$

由于 $S_1^2 = \dfrac{1}{n_1-1}\sum\limits_{i=1}^{n_1}(X_i-\bar{X})^2$ 和 $S_2^2 = \dfrac{1}{n_2-1}\sum\limits_{i=1}^{n_2}(Y_i-\bar{Y})^2$ 都是 σ^2 的估计，用二者构造 σ^2 的估计：$S_w^2 = \dfrac{(n_1-1)S_1^2+(n_2-1)S_2^2}{n_1+n_2-2}$

显然 $\dfrac{(n_1+n_2-2)S_w^2}{\sigma^2} = \dfrac{(n_1-1)S_1^2}{\sigma^2}+\dfrac{(n_2-1)S_2^2}{\sigma^2} \sim \chi^2(n_1+n_2-2)$

所以由第二章第三节知 $T = \dfrac{\bar{X}-\bar{Y}-(\mu_1-\mu_2)}{\sqrt{\dfrac{1}{n_1}+\dfrac{1}{n_2}}\,S_w} \sim t(n_1+n_2-$

2)，据此可做关于 μ_1 与 μ_2 是否相等的检验.

(1) 提出假设 H_0：$\mu_1 = \mu_2$，H_1：$\mu_1 \neq \mu_2$

(2) 构造检验统计量. 在 H_0 成立下，$T = \dfrac{\bar{X}-\bar{Y}-(\mu_1-\mu_2)}{\sqrt{\dfrac{1}{n_1}+\dfrac{1}{n_2}}\,S_w} \sim$

$t(n_1+n_2-2)$

(3) 给定显著水平 α

由于 $P\{|T| \geqslant t_{\frac{\alpha}{2}}(n_1+n_2-2)\} = \alpha$

所以 H_0 关于 T 的拒绝域为：

$|T| \geqslant t_{\frac{\alpha}{2}}(n_1+n_2-2)$，即 $T \geqslant t_{\frac{\alpha}{2}}(n_1+n_1-2)$ 或 $T \leqslant -t_{\frac{\alpha}{2}}(n_1+n_2-2)$.

H_0 关于 T 的接受域为：

$|T| < t_{\frac{\alpha}{2}}(n_1+n_2-2)$，即 $-t_{\frac{\alpha}{2}}(n_1+n_2-2) < T < t_{\frac{\alpha}{2}}(n_1+n_2-2)$.

等价地，H_0 关于 $\bar{X}-\bar{Y}$ 拒绝域和接受域分别为：

$|\bar{X}-\bar{Y}| \geqslant t_{\frac{\alpha}{2}}(n_1+n_2-2)S_w\sqrt{\dfrac{1}{n_2}+\dfrac{1}{n_2}}$ 及 $|\bar{X}-\bar{Y}| < t_{\frac{\alpha}{2}}(n_1+$

$n_2-2)S_w\sqrt{\dfrac{1}{n_1}+\dfrac{1}{n_2}}$.

(4) 进行判断. 一次抽样后，$t = \dfrac{\bar{x}-\bar{y}}{\sqrt{\dfrac{1}{n_1}+\dfrac{1}{n_2}}\,s_w}$ 其中

$$s_w^2 = \frac{(n_1-1)s_1^2 + (n_2-1)s_2^2}{n_1+n_2-2}$$

若 $|t| \geqslant t_{\frac{\alpha}{2}}(n_1+n_2-2)$，则拒绝 H_0；若
$|t| < t_{\frac{\alpha}{2}}(n_1+n_2-2)$，则接受 H_0.

或若 $|\bar{x}-\bar{y}| \geqslant t_{\frac{\alpha}{2}}(n_1+n_2-2)s_w\sqrt{\dfrac{1}{n_1}+\dfrac{1}{n_2}}$，则拒绝 H_0，否则接受 H_0.

【例1】　用老材料和新材料分别生产同一种电器元件，各取一些样品作疲劳寿命试验，测得数据如下（单位：小时）：

原材料　40　110　150　65　90　210　270

新材料　60　150　220　310　380　350　250　450　110　175

根据经验，材料的疲劳寿命服从对数正态分布，且假定原材料疲劳寿命的对数 $\lg\xi$ 与新材料疲劳寿命的对数 $\lg\eta$ 有相同的方差，问二者的疲劳寿命有无显著差异（$\alpha=0.1$）?

【解】　由题意　$\lg\xi \sim N(\mu_1, \sigma^2)$，　　$\lg\eta \sim N(\mu_2, \sigma^2)$

提出检验假设：$H_0: \mu_1=\mu_2$，$H_1: \mu_1 \neq \mu_2$

将原始数据取对数，可得 $\lg\xi$ 和 $\lg\eta$ 的样本数据：

$\lg\xi$　1.602　2.041　2.176　1.813　1.954　2.322　2.431

$\lg\eta$　1.778　2.176　2.342　2.491　2.580　2.544　2.398　2.653　2.041　2.243

这时 $n_1=7$　$n_2=10$，$\alpha=0.1$

$$\bar{x} = \frac{1}{7}(1.602+2.041+\cdots+2.431) = 2.0484$$

$$\bar{y} = \frac{1}{10}(1.778+2.176+\cdots+2.243) = 2.3246$$

$$s_1^2 = \frac{1}{7-1}[(1.602-2.0484)^2+\cdots+(2.431-2.0484)^2] =$$

$$\frac{0.501}{6} = 0.0835$$

$$s_2^2 = \frac{1}{10-1}[(1.778-2.3246)^2+\cdots+(2.243-2.3246)^2] =$$

$$\frac{0.663}{9} = 0.073667$$

$$s_w^2 = \frac{0.501 + 0.663}{7 + 10 - 2} = 0.0776$$

$$t = \frac{\bar{x} - \bar{y}}{\sqrt{\frac{1}{n_1} + \frac{1}{n_2}} s_w} = \frac{2.0484 - 2.3246}{\sqrt{\frac{1}{7} + \frac{1}{10}} \sqrt{0.0776}} = -2.01,$$

查表得 $t_{0.05}(15) = 1.7531$

显然 $|t| > t_{0.05}(15)$，则拒绝 H_0，即有 90% 的把握认为两种材料的疲劳寿命有显著差异.

3. 当 σ_1^2，σ_2^2 均未知，且 $\sigma_1^2 \neq \sigma_2^2$ 时，均值 μ_1，μ_2 的假设检验——配对 t 检验法

在实际问题中，有些数据是天然成对的，有时为了需要可取 $n = n_1 = n_2$，使两样本变成配对数据，这时就可解决当 $\sigma_1^2 \neq \sigma_1^2$ 时，检验假设 $H_0: \mu_1 = \mu_2$ 的问题了.

因为 $X \sim N(\mu_1, \sigma_1^2)$，$Y \sim N(\mu_2, \sigma_2^2)$ 且相互独立，

令 $Z = X - Y$，则 $Z \sim N(\mu_1 - \mu_2, \sigma_1^2 + \sigma_2^2)$，

记 $\mu = \mu_1 - \mu_2$，$\sigma_1^2 + \sigma_2^2 = \sigma^2$，

这时 $Z \sim N(\mu, \sigma^2)$，Z_1，Z_2，$\cdots$，Z_n 是其样本，其中 $Z_i = X_i - Y_i$，$(i = 1, 2, \cdots, n)$，

检验假设 $H_0: \mu_1 = \mu_2$，$H_1: \mu_1 \neq \mu_2$ 就归结为检验假设：

$H_0: \mu = 0$，$H_1: \mu \neq 0$ 且方差 σ^2 未知.

虽然当 H_0 成立时，$T = \dfrac{\bar{Z}}{S/\sqrt{n}} \sim t(n-1)$，$S^2$ 是 Z 的样本方差，由此检验统计量可很容易求得 H_0 的拒绝域和接受域.

【例2】 为了鉴别甲、乙两种型号分离机在析出某种元素效能上的高低，今取 9 批溶液，每批分两份，分别给甲、乙两机处理，其析出效果数据如下：

型号	1	2	3	4	5	6	7	8	9
甲 X	4.0	3.5	4.1	4.1	5.5	4.6	6.0	5.1	4.3
乙 Y	3.0	3.0	4.1	3.8	2.1	4.9	5.3	3.3	2.7
Z = X - Y	1.0	0.5	0	0.3	3.4	-0.3	0.7	1.8	1.6

假定 $X \sim N(\mu_1, \sigma_1^2)$，$Y \sim N(\mu_2, \sigma_2^2)$. 试问甲、乙两种机器在析出这种元素效能上有无显著差异？（$\alpha = 0.05$）.

【解】　令 $Z = X - Y$，则 $Z \sim N(\mu, \sigma^2)$，μ，σ^2 均未知

$H_0: \mu = 0$，$H_1: \mu \neq 0$

已知 $n = 9$，$\alpha = 0.05$，查得 $t_{0.025}(8) = 2.306$.

经计算得　$\bar{z} = 1.0$，$s^2 = 1.285$，

$$|t| = \left| \frac{1.0}{\sqrt{1.285/\sqrt{9}}} \right| \approx 2.6455 > 2.306.$$

故在显著水平 0.05 下拒绝 H_0，即认为两机析出效能有显著差异.

以上检验假设 $H_0: \mu_1 = \mu_2$，$H_1: \mu_1 \neq \mu_2$ 的方法可以很容易地推广到检验假设：

$H_0: \mu_1 - \mu_2 = \delta$，$H_1: \mu_1 - \mu_2 \neq \delta$，其中 δ 是一个已知常数.

二、两个正态总体方差的假设检验——F 检验法

在方差未知情形两个正态总体均值检验中，假定了两个总体的方差相等. 两个总体方差相等除可由大量经验或专业知识判断外，就要根据样本来检验假设：$H_0: \sigma_1^2 = \sigma_2^2$，$H_1: \sigma_1^2 \neq \sigma_2^2$，判断 H_0 是否真的成立.

（1）$H_0: \sigma_1^2 = \sigma_2^2$，$H_1: \sigma_1^2 \neq \sigma_2^2$

（2）构造检验统计量　因为 $\dfrac{(n_1-1)S_1^2}{\sigma_1^2} \sim \chi^2(n_1-1)$，$\dfrac{(n_2-1)S_2^2}{\sigma_2^2} \sim \chi^2(n_2-1)$

所以　$F = \dfrac{\dfrac{(n_1-1)S_1^2}{\sigma_1^2}/(n_1-1)}{\dfrac{(n_2-1)S_2^2}{\sigma_2^2}/(n_2-1)} = \dfrac{\dfrac{S_1^2}{\sigma_1^2}}{\dfrac{S_2^2}{\sigma_2^2}} \sim F(n_1-1, n_2-1)$

在 H_0 成立下，$F = \dfrac{S_1^2}{S_2^2} \sim F(n_1-1, n_2-1)$

（3）给定显著水平 α，常取

$P\{F \leqslant F_{1-\frac{\alpha}{2}}(n_1-1,\ n_2-1)\} = P\{F \geqslant F_{\frac{\alpha}{2}}(n_1-1,\ n_2-1)\} = \frac{\alpha}{2}$，$H_0$ 的拒绝域为 $F \leqslant F_{1-\frac{\alpha}{2}}(n_1-1,\ n_2-1)$ 或 $F \geqslant F_{\frac{\alpha}{2}}(n_1-1,\ n_2-1)$.

（4）判断　由样本值计算得，$F = \dfrac{s_1^2}{s_2^2}$

若 $F \leqslant F_{1-\frac{\alpha}{2}}(n_1-1,\ n_2-1)$ 或 $F \geqslant F_{\frac{\alpha}{2}}(n_1-1,\ n_2-1)$，则拒绝 H_0，

若 $F_{1-\frac{\alpha}{2}}(n_1-1,\ n_2-1) < F < F_{\frac{\alpha}{2}}(n_1-1,\ n_2-1)$，则接受 H_0.

【例3】　在例1中，检验"$H_0: \mu_1 = \mu_1$"时作了"$\sigma_1^2 = \sigma_2^2 = \sigma^2$"的假定，在显著水平 0.05 下检验其正确与否.

【解】　$H_0: \sigma_1^2 = \sigma_2^2$，$H_1: \sigma_1^2 \neq \sigma_2^2$

由已知及例1可知，$n_1 = 7$，$n_2 = 10$，$\alpha = 0.05$，$s_1^2 = 0.0835$，$s_2^2 = 0.073667$，

所以　$F = \dfrac{s_1^2}{s_2^2} \approx 1.1335$，查表得 $F_{0.025}(6,\ 9) = 4.32$，

而　$F_{0.975}(6,\ 9) = \dfrac{1}{F_{0.025}(9,\ 6)} = \dfrac{1}{5.52} \approx 0.1812$，

显然　$F_{0.975}(6,\ 9) < F < F_{0.025}(6,\ 9)$，

故接受 H_0，即假定两个对数正态总体方差相等是正确的.

§4　单侧假设检验

实际问题中，常会遇到下列形式的假设检验

（1）$H_0: \mu \leqslant \mu_0$，$H_1: \mu > \mu_0$

（2）$H_0: \mu \geqslant \mu_0$，$H_1: \mu < \mu_0$

（3）$H_0: \sigma^2 \leqslant \sigma_0^2$，$H_1: \sigma^2 > \sigma_0^2$

（4）$H_0: \sigma^2 \geqslant \sigma_0^2$，$H_1: \sigma^2 < \sigma_0^2$

（5）$H_0: \mu_1 \leqslant \mu_2$，$H_1: \mu > \mu_2$

（6）$H_0: \mu_1 \geqslant \mu_2$，$H_1: \mu_1 < \mu_2$

（7）H_0：$\sigma_1^2 \leqslant \sigma_2^2$，$H_1$：$\sigma_1^2 > \sigma_2^2$

（8）H_0：$\sigma_1^2 \geqslant \sigma_2^2$，$H_1$：$\sigma_1^2 < \sigma_2^2$

这些检验备择假设 H_1 中，参数的范围在原假设 H_0 参数的一侧称为单侧假设检验，那么前几节讨论的假设检验就叫双侧假设检验.

单侧假设检验的方法和步骤类似于双侧假设检验，主要区别有两点：（1）将双侧假设检验中的第二步当 H_0 成立时，导出检验统计量，改为当参数取 H_0 中等号时，导出检验统计量；（2）给定显著水平 α 后，小概率事件由单侧检验中的 H_1 来确定. 下面仅举几个例子介绍单侧假设检验的方法及步骤，其余均可类似处理.

【例1】 从一批灯泡中随机抽取 25 只进行寿命试验，计算得样本均值 $\bar{x} = 1700$ 小时，标准差 $s = 400$，假定灯泡寿命 $X \sim N(\mu, \sigma^2)$，问：

（1）在显著水平 $\alpha = 0.05$ 下能否断定这批灯泡达到了出厂标准 1800 小时？

（2）在显著水平 $\alpha = 0.01$ 下，能否认为这批灯泡的标准差显著地高于 350 小时？

【解】 （1）这是方差 σ^2 未知时，均值 μ 的单侧假设检验

1）提出假设 H_0：$\mu \geqslant 1800$，H_1：$\mu < 1800$ （$\mu_0 = 1800$）

2）构造检验统计量 $\quad T = \dfrac{\bar{X} - \mu}{S / \sqrt{n}} \sim t(n-1)$

在 $\mu = \mu_0$ 时，$T = \dfrac{\bar{X} - \mu_0}{S / \sqrt{n}} \sim t(n-1)$

3）给定显著水平 α，由 H_1 构造小概率事件.

因为 $\bar{X}$ 是 μ 的一个估计，当 H_1：$\mu < \mu_0$ 成立时，T 有偏小趋势，存在 $t_\alpha(n-1)$，使得 $P\{T \leqslant -t_\alpha(n-1)\} = \alpha$

即 H_0 的拒绝域为：$T \leqslant -t_\alpha(n-1)$，或 $\bar{X} \leqslant \mu_0 - t_\alpha(n-1)\dfrac{S}{\sqrt{n}}$

4）判断　由样本值计算 $t = \dfrac{\bar{x} - \mu_0}{\dfrac{s}{\sqrt{n}}}$，

若 $t \leqslant -t_\alpha(n-1)$ 或 $\bar{x} \leqslant \mu_0 - t_\alpha(n-1)\dfrac{s}{\sqrt{n}}$，则拒绝 H_0，即接受 H_1；

若 $t > -t_\alpha(n-1)$ 或 $\bar{x} > \mu_0 - t_\alpha(n-1)\dfrac{s}{\sqrt{n}}$，则接受 H_0．

本例中，$t = \dfrac{\bar{x} - \mu_0}{\dfrac{s}{\sqrt{n}}} = \dfrac{1700 - 1800}{\dfrac{400}{\sqrt{25}}} = -1.25$，$t_{0.05}(24) = 1.7109$，

显然 $t > -t_{0.05}(24)$，故接受 H_0，即这批灯泡达到出厂标准 1800 小时．

（2）要检验 $H_0：\sigma^2 \leqslant \sigma_0^2 = 350^2$，$H_1：\sigma^2 > 350^2$

$$\chi^2 = \frac{(n-1)S^2}{\sigma^2} \sim \chi^2(n-1)，$$

在 $\sigma^2 = \sigma_0^2$ 下，检验统计量为 $\chi^2 = \dfrac{(n-1)S^2}{\sigma_0^2} \sim \chi^2(n-1)$．

给定显著水平 α，在 H_1 成立下，χ^2 往往偏大．

存在 $\chi_\alpha^2(n-1)$，使得 $P\{\chi^2 \geqslant \chi_\alpha^2(n-1)\} = \alpha$．

H_0 的拒绝域为 $\chi^2 \geqslant \chi_\alpha^2(n-1)$，$H_0$ 的接受域为 $\chi^2 < \chi_\alpha^2(n-1)$．

本题中　$\chi^2 = \dfrac{(n-1)s^2}{\sigma_\alpha^2} = \dfrac{(25-1) \times 400^2}{350^2} = 31.3469$．

对 $\alpha = 0.01$，查表得 $\chi_{0.01}^2(24) = 42.980$，因为 $\chi^2 < \chi_{0.01}^2(24)$，故接受 H_0，即这批灯泡的方差不高于 350^2．

【例2】　改进某种金属的热处理方法，要检验抗拉强度（单位：Pa）有无显著提高，在改进前取 12 个试样，测量并计算得 $\bar{y} = 28.2$，$(n_2 - 1)s_2^2 = 66.64$，在改革后又取 12 个试样，测量并计算得 $\bar{x} = 31.75$，$(n_1 - 1)s_1^2 = 112.25$．假定热处理前后金属的抗拉强度分别服从正态分布且方差相等，问改革后金属的抗拉

强度有无显著提高（$\alpha = 0.05$）？

【解】 按题意欲检验假设

$$H_0 : \mu_1 \leqslant \mu_2, H_1 : \mu_1 > \mu_2$$

由第二章第三节可知 $T = \dfrac{\bar{X} - \bar{Y} - (\mu_1 - \mu_2)}{\sqrt{\dfrac{1}{n_1} + \dfrac{1}{n_2}} S_w} \sim t(n_1 + n_2 - 2)$

其中 $S_w = \sqrt{\dfrac{(n_1 - 1)S_1^2 + (n_2 - 1)S_2^2}{n_1 + n_2 - 2}}$

在 $\mu_1 = \mu_2$ 时，$T = \dfrac{\bar{X} - \bar{Y}}{\sqrt{\dfrac{1}{n_1} + \dfrac{1}{n_2}} S_w} \sim t(n_1 + n_2 - 2)$

当 H_1 成立时，T 有偏大趋势，故对于显著水平 α，存在 $t_\alpha(n_1 + n_2 - 2)$，使得 $P\{T \geqslant t_\alpha(n_1 + n_2 - 2)\} = \alpha$
故 H_0 的拒绝域为 $T \geqslant t_\alpha(n_1 + n_2 - 2)$.
H_0 的接受域为 $T < t_\alpha(n_1 + n_2 - 2)$.

本题中，由样本算得 T 值为

$$t = \frac{\bar{x} - \bar{y}}{\sqrt{\dfrac{1}{n_1} + \dfrac{1}{n_2}} S_w} = \frac{31.75 - 28.2}{\sqrt{\dfrac{1}{12} + \dfrac{1}{12}} \sqrt{\dfrac{112.5 + 66.64}{12 + 12 - 2}}} = 2.646,$$

对于 $\alpha = 0.05$，查表得 $t_{0.05}(22) = 1.7171$

显然 $t > t_{0.05}(22)$，故拒绝 H_0，接受 H_1，即认为改进热处理方法后，金属的抗拉强度有显著提高.

§5 非正态总体参数的假设检验

前三节的检验中总要求总体服从正态分布，但在实际问题中，有时会对非正态总体的参数作假设检验，这时很难求检验统计量及分布. 这时利用中心极限定理，采用大样本对非正态总体参数进行检验. 大样本一般要求 $n > 50$，甚至 $n > 100$.

一、一个总体均值的假设检验

设 $X_1, X_2, \cdots\cdots, X_n$ 是总体 X 的样本，总体 X 的分布是任意分布，均值 $EX = \mu$ 和方差 $DX = \sigma^2$ 存在，n 很大，要检验假设：

$$H_0: \mu = \mu_0, \quad H_1: \mu \neq \mu_0$$

由于 X 不是正态分布，求检验统计量及其分布比较困难，但当 n 足够大，即大样本时，利用中心极限定理及第二章第三节的推导，当 H_0 成立时，$U = \dfrac{\bar{X} - \mu_0}{\sigma/\sqrt{n}}$ 近似服从 $N(0, 1)$. 当 σ^2 未知时，可用 S^2 代替 σ^2，这时 $U = \dfrac{\bar{X} - \mu_0}{S/\sqrt{n}}$ 近似服从 $N(0, 1)$. 以 U 作为检验统计量，检验问题归结为 U 检验.

【例1】 某厂生产一批产品，国家规定当次品率 p 不超过 0.05 时才可出厂，否则不能出厂. 现从这批产品中抽查 100 件，发现有 8 件次品. 问在显著水平 0.02 下，这批产品能否出厂？

【解】 设 X 是产品的质量指标，$X = \begin{cases} 1 & 产品为次品 \\ 0 & 产品为正品 \end{cases}$

显然 $X \sim B(1, p)$ 即 0-1 分布，p 为次品率，$EX = p$，$DX = p(1-p)$.

本题要检验假设

$H_0: p \leqslant p_0 = 0.05$，$H_1: p > p_0$，这里方差 DX 未知，可用样本方差

$$S^2 = \frac{1}{n}\sum_{i=1}^{n}(X_i - \bar{X})^2 = \bar{X}(1 - \bar{X}) \text{ 代替.}$$

在 $p = p_0$ 成立时，$U = \dfrac{\bar{X} - p_0}{S/\sqrt{n}} = \dfrac{\bar{X} - p_0}{\sqrt{\dfrac{\bar{X}(1-\bar{X})}{n}}}$ 近似服从 $N(0, 1)$.

对于显著水平 α，在 H_1 成立下，U 有偏大趋向.

故存在 z_α，使得 $P\{U \geqslant z_\alpha\} = \alpha$，

所以，H_0 的拒绝域为：$U \geqslant z_\alpha$，或为 $\bar{X} \geqslant p_0 + z_\alpha \sqrt{\dfrac{\bar{X}(1-\bar{X})}{n}}$.

本题中，$n=100$，$\bar{x} = \dfrac{8}{100}$，$\alpha = 0.02$，$z_{0.02} = 2.05$

$$u = \frac{\bar{x} - p_0}{\sqrt{\dfrac{\bar{x}(1-\bar{x})}{n}}} = \frac{0.08 - 0.05}{\sqrt{\dfrac{0.08 \times 0.92}{100}}} = 1.106 < 2.05.$$

故接受 H_0，即认为这批产品的次品率不超过 0.05，因而产品可以出厂.

这个题目的结论与常规思维大相径庭，因为据矩估计法和极大似然估计法可知，次品率 $\hat{p} = \dfrac{8}{100} = 0.08$，超过规定的次品率 0.05，竟然通过检验得出在显著水平 0.02 下次品率不超过 0.05，即接受原假设 H_0，究其原因在于 H_0 是受保护的假设，H_0 是不能轻易被否定，拒绝它要有充分证据. 尽管从抽样看，实际次品率有偏大的可能，但还不足以推翻原假设. 可进一步试算：

若 $n=100$，次品数 $m=9$，$u_1 = \dfrac{0.09 - 0.05}{\sqrt{\dfrac{0.09 \times (1-0.09)}{100}}}$

$= 1.3976 < 2.05$，

若 $n=100$，次品数 $m=10$，$u_2 = 1.6667 < 2.05$，

若 $n=100$，次品数 $m=11$，$u_3 = 1.9176 < 2.05$，

若 $n=100$，次品数 $m=12$，$u_4 = 2.1541 > 2.05$.

所以，对于 $\alpha = 0.02$，当从 100 件产品中抽到 12 件及以上次品时，才有充分理由拒绝 H_0，即次品率超过 0.05.

二、两个总体均值的假设检验

设有两个总体 X 和 Y，$EX = \mu_1$，$DX = \sigma_1^2$，$EY = \mu_2$，$DY =$

σ_2^2 均存在，$X_1, X_2, \cdots, X_{n_1}$ 是 X 的样本，$Y_1, Y_2, \cdots, Y_{n_2}$ 是 Y 的样本，其样本均值分别为 $\bar{X}$、S_1^2 及 $\bar{Y}$、S_2^2，n_1, n_2 均很大.

由中心极限定理易证 $U = \dfrac{\bar{X} - \bar{Y} - (\mu_1 - \mu_2)}{\sqrt{\dfrac{\sigma_1^2}{n_1} + \dfrac{\sigma_2^2}{n_2}}}$ 近似服从

$N(0, 1)$，

当 σ_1^2 和 σ_2^2 未知时，可用 S_1^2 和 S_2^2 分别代替 σ_1^2 和 σ_2^2，

则 $U = \dfrac{\bar{X} - \bar{Y} - (\mu_1 - \mu_2)}{\sqrt{\dfrac{S_1^2}{n_1} + \dfrac{S_2^2}{n_2}}}$ 近似服从 $N(0, 1)$.

在检验假设
$$H_0: \mu_1 = \mu_2, \quad H_1: \mu_1 \neq \mu_2 \tag{1}$$
$$H_0: \mu_1 \geqslant \mu_2, \quad H_1: \mu_1 < \mu_2 \tag{2}$$
$$H_0: \mu_1 \leqslant \mu_2, \quad H_1: \mu_1 > \mu_2 \tag{3}$$

时，以统计量 U 可作为检验统计量，以上三个检验的拒绝域分别为：

$$|U| = \frac{|\bar{X} - \bar{Y}|}{\sqrt{\dfrac{S_1^2}{n_1} + \dfrac{S_2^2}{n_2}}} \geqslant z_{\frac{\alpha}{2}}, \quad U \leqslant -z_\alpha, U \geqslant z_\alpha.$$

【例2】 某厂甲乙两个车间都生产同一型号铆钉，现从甲、乙车间各抽出 80 个铆钉，测量它们的直径（单位：mm）经计算得：甲车间：$\bar{x} = 3.969$，$s_1^2 = 0.283$，乙车间：$\bar{y} = 3.982$，$s_2^2 = 0.291$，试问两车间生产的铆钉直径的平均值 μ_1 和 μ_2 有无显著差异（$\alpha = 0.05$）？

【解】 由题意 $H_0: \mu_1 = \mu_2$，$H_1: \mu_1 \neq \mu_2$
$n_1 = n_2 = 80$，这是大样本非正态总体均值的假设检验.

$$u = \frac{\bar{x} - \bar{y}}{\sqrt{\dfrac{s_1^2}{n_1} + \dfrac{s_2^2}{n_2}}} = \frac{3.969 - 3.982}{\sqrt{\dfrac{0.283 + 0.291}{80}}} = -0.1535,$$

对于 $\alpha = 0.05$，$z_{0.05} = 1.96$，显然 $|u| < z_{0.05}$.

故接受 H_0，即认为两个车间生产的铆钉直径的均值无显著

差异.

将假设检验的内容汇总于表 3-1.

假设检验汇总表　　　　　　　　　　　　表 3-1

H_0	H_1	适用范围	检验方法	检验统计量及分布	拒绝域
$\mu=\mu_0$	$\mu\neq\mu_0$	正态总体 $N(\mu,\sigma^2)$, $\sigma^2=\sigma_0^2$ 已知	U 检验	$U=\dfrac{\bar{X}-\mu_0}{\sigma_0/\sqrt{n}}\sim N(0,1)$	$|U|\geqslant z_{\frac{\alpha}{2}}$
$\mu\leqslant\mu_0$	$\mu>\mu_0$				$U=\dfrac{\bar{X}-\mu_0}{\sigma_0/\sqrt{n}}\geqslant z_\alpha$
$\mu\geqslant\mu_0$	$\mu<\mu_0$				$U=\dfrac{\bar{X}-\mu_0}{\sigma_0/\sqrt{n}}\leqslant-z_\alpha$
$\mu=\mu_0$	$\mu\neq\mu_0$	正态总体 $N(\mu,\sigma^2)$, σ^2 未知	t 检验	$T=\dfrac{\bar{X}-\mu_0}{S/\sqrt{n}}\sim t(n-1)$	$|T|=\left|\dfrac{\bar{X}-\mu_0}{S/\sqrt{n}}\right|\geqslant t_{\frac{\alpha}{2}}(n-1)$
$\mu\leqslant\mu_0$	$\mu>\mu_0$				$T=\dfrac{\bar{X}-\mu_0}{S/\sqrt{n}}\geqslant t_\alpha(n-1)$
$\mu\geqslant\mu_0$	$\mu<\mu_0$				$T=\dfrac{\bar{X}-\mu_0}{S/\sqrt{n}}\leqslant-t_\alpha(n-1)$
$\mu_1=\mu_2$	$\mu_1\neq\mu_2$	两个正态总体 $N(\mu_1,\sigma_1^2)$, $N(\mu_2,\sigma_2^2)$, σ^1,σ_2^2 已知	U 检验	$U=\dfrac{\bar{X}-\bar{Y}}{\sqrt{\dfrac{\sigma_1^2}{n_1}+\dfrac{\sigma_2^2}{n_2}}}\sim N(0,1)$	$|U|=\dfrac{|\bar{X}-\bar{Y}|}{\sqrt{\dfrac{\sigma_1^2}{n_1}+\dfrac{\sigma_2^2}{n_2}}}\geqslant z_{\frac{\alpha}{2}}$
$\mu_1\leqslant\mu_2$	$\mu_1>\mu_2$				$U=\dfrac{|\bar{X}-\bar{Y}|}{\sqrt{\dfrac{\sigma_1^2}{n_1}+\dfrac{\sigma_2^2}{n_2}}}\geqslant z_\alpha$
$\mu_1\geqslant\mu_2$	$\mu_1<\mu_2$				$U=\dfrac{\bar{X}-\bar{Y}}{\sqrt{\dfrac{\sigma_1^2}{n_1}+\dfrac{\sigma_2^2}{n_2}}}\leqslant-z_\alpha$
$\mu_1=\mu_2$	$\mu_1\neq\mu_2$	两正态总体 $N(\mu_1,\sigma_1^2)$, $N(\mu_2,\sigma_2^2)$, σ_1^2,σ_2^2 未知 $\sigma_1^2=\sigma_2^2$	t 检验	$T=T=\dfrac{\bar{X}-\bar{Y}}{S_w\sqrt{\dfrac{1}{n_1}+\dfrac{1}{n_2}}}$ $\sim t(n_1+n_2-2)$ $S_w=$ $\sqrt{\dfrac{(n_1-1)S_1^2+(n_2-1)S_2^2}{n_1+n_2-2}}$	$|T|\geqslant t_{\frac{\alpha}{2}}(n_1+n_2-2)$
$\mu_1\leqslant\mu_2$	$\mu_1>\mu_2$				$T>t_\alpha(n_1+n_2-2)$
$\mu_1\geqslant\mu_2$	$\mu_1<\mu_2$				$T<-t_\alpha(n_1+n_2-2)$

续表

H_0	H_1	适用范围	检验方法	检验统计量及分布	拒绝域
$\sigma^2=\sigma_0^2$	$\sigma^2\neq\sigma_0^2$	一个正态总体 $N(\mu,$ $\sigma^2)$，μ，σ^2 未知	χ^2 检验	$\chi^2=\dfrac{(n-1)S^2}{\sigma_0^2}\sim\chi^2(n-1)$	$\chi^2\geqslant\chi_{\frac{a}{2}}^2(n-1)$ 或 $\chi^2\leqslant\chi_{1-\frac{a}{2}}^2(n-1)$
$\sigma^2\leqslant\sigma_0^2$	$\sigma^2>\sigma_0^2$				$\chi^2\geqslant\chi_a^2(n-1)$
$\sigma^2\geqslant\sigma_0^2$	$\sigma^2<\sigma_0^2$				$\chi^2\leqslant\chi_{1-a}^2(n-1)$
$\sigma_1^2=\sigma_2^2$	$\sigma_1^2\neq\sigma_2^2$	两个正态总体 $N(\mu_1,$ $\sigma_1^2)$ 和 $N(\mu_2,\sigma_2^2)$ μ_1，μ_2，σ_1^2，σ_2^2 未知	F 检验	$F=\dfrac{S_1^2}{S_2^2}\sim F(n_1-1,\ n_2-1)$	$F\geqslant F_{\frac{a}{2}}$ (n_1-1,n_2-1) 或 $F\leqslant F_{1-\frac{a}{2}}$ (n_1-1,n_2-1)
$\sigma_1^2\leqslant\sigma_2^2$	$\sigma_1^2>\sigma_2^2$				$F\geqslant F_a(n_1-1,n_2-1)$
$\sigma_1^2\geqslant\sigma_2^2$	$\sigma_1^2<\sigma_2^2$				$F\leqslant F_{1-a}$ (n_1-1,n_2-1)
$\mu=\mu_0$	$\mu\neq\mu_0$	非正态总体大样本情形	U 检验	$U=\dfrac{\bar{X}-\mu_0}{S/\sqrt{n}}\sim N(0,\ 1)$	$|U|\geqslant z_{\frac{a}{2}}$
$\mu\leqslant\mu_0$	$\mu>\mu_0$				$U\geqslant z_a$
$\mu\geqslant\mu_0$	$\mu<\mu_0$				$U\leqslant-z_a$
$\mu_1=\mu_2$	$\mu_1\neq\mu_2$	非正态总体大样本情形	U 检验	$U=\dfrac{\bar{X}-\bar{Y}}{\sqrt{\dfrac{S_1^2}{n_1}+\dfrac{S_2^2}{n_2}}}\sim N(0,\ 1)$	$|U|\geqslant z_{\frac{a}{2}}$
$\mu_1\leqslant\mu_2$	$\mu_1>\mu_2$				$U\geqslant z_a$
$\mu_1\geqslant\mu_2$	$\mu_1<\mu_2$				$U\leqslant-z_a$

§6 分布假设检验

前几节介绍的假设检验，几乎都假定了总体服从正态分布，只是对分布的参数进行检验，这类检验通常称为参数假设检验。但在实际问题当中，总体的分布形式往往知之甚少，这就需要根据样本对总体的分布作假设检验，这就是分布假设检验，也称非参数假设检验。分布假设检验方法很多，我们仅介绍 χ^2 检验法。

一、多项分布的 χ^2 检验法

设总体 X 是仅取 k 个可能取值的离散型随机变量，X 的可能取值为 $x_1, x_2, \cdots, x_k$，且 $P(X = x_i) = p_i$ $i = 1, 2, \cdots, k$，$\sum\limits_{i=1}^{k} p_i = 1$.

设 $X_1, X_2, \cdots, X_n$ 是总体 X 的样本，样本中取值为 x_i 的观察值的个数为 m_i，即 m_i 为事件 $\{X = x_i\}$ 的频数，现要检验假设
$$H_0 : P\{X = x_i\} = p_i \quad i = 1, 2, \cdots, k.$$ 其中 p_i 是已知数.

我们知道频率是概率的反映，如果 H_0 成立，由贝努里大数定律可知，频率 $\dfrac{m_i}{n}$ 与 p_i 之间不应差异太大；如果差异太大，可认为 H_0 不成立，利用实际频数 m_i 对理论频数 np_i 偏差的加权平均构造皮尔逊（K·Pearson）检验统计量

$$\chi^2 = \sum_{i=1}^{k} \frac{(m_i - np_i)^2}{np_i}$$

皮尔逊证明了当 $n \to \infty$ 时，χ^2 近似服从 $\chi^2(k-1)$.

故当 $\chi^2 \geqslant \chi_\alpha^2(k-1)$ 时，拒绝 H_0；当 $\chi^2 < \chi_\alpha^2(k-1)$ 时，接受 H_0.

【例1】 将一枚骰子掷了 120 次，结果如下：

点数	1	2	3	4	5	6
频数	21	28	19	24	16	12

问这枚骰子是否均匀（$\alpha = 0.05$）？

【解】 （1）提出假设 $p_i = P(X = i) = \dfrac{1}{6}$ $i = 1, 2, \cdots, 6$.

（2）$\chi^2 = \sum\limits_{i=1}^{6} \dfrac{(m_i - np_i)^2}{np_i} = \dfrac{\left(21 - 120 \times \frac{1}{6}\right)^2}{120 \times \frac{1}{6}} + \dfrac{\left(28 - 120 \times \frac{1}{6}\right)^2}{120 \times \frac{1}{6}}$

$+ \dfrac{\left(19 - 120 \times \frac{1}{6}\right)^2}{120 \times \frac{1}{6}} + \dfrac{\left(24 - 120 \times \frac{1}{6}\right)^2}{120 \times \frac{1}{6}} + \dfrac{\left(16 - 120 \times \frac{1}{6}\right)^2}{120 \times \frac{1}{6}} +$

$$\frac{\left(12-120\times\frac{1}{6}\right)^2}{120\times\frac{1}{6}}=8.1$$

（3）对于 $\alpha=0.05$，查表得 $\chi^2_{0.05}(6-1)=11.07$，显然 $\chi^2<\chi^2_{0.05}(5)$，故接受 H_0^*，即认为骰子六个面是均匀的.

二、分布中含有未知数参数的 χ^2 检验法

常见的问题是要检验总体分布是否具有某种确定类型，即要检验假设：

$$H_0 : F(x) = F_0(x,\theta_1,\theta_2,\cdots,\theta_r).$$

其中，函数 F_0 的形式已知，参数 $\theta_1,\theta_2,\cdots,\theta_r$ 已知或未知，按以下步骤进行检验

（1）提出假设

当 $F_0(x,\theta_1,\theta_2,\cdots,\theta_r)$ 中 $\theta_1,\theta_2,\cdots,\theta_r$ 完全已知时，

$$H_0 : \quad F(x) = F_0(x,\theta_1,\theta_2,\cdots,\theta_r).$$

当 $F_0(x,\theta_1,\theta_2,\cdots,\theta_r)$ 中参数 $\theta_1,\theta_2,\cdots,\theta_r$ 未知时，先在总体分布函数为 $F_0(x,\theta_1,\theta_2,\cdots,\theta_r)$ 条件下，求出参数 $\theta_1,\theta_2,\cdots,\theta_r$ 的极大似然估计值 $\hat{\theta}_1,\hat{\theta}_2,\cdots,\hat{\theta}_r$，这时检验问题转化为：$H_0^* : F(x)=F(x,\hat{\theta}_1,\hat{\theta}_2,\cdots,\hat{\theta}_r)$.

（2）将实轴划分为 k 个互不相交的区间 $(-\infty, a_1]$，$(a_1, a_2]$，$\cdots$，$(a_{k-1}, +\infty]$，区间个数 k 及分点 $a_1,a_2,\cdots,a_{k-1}$ 选取视具体情况而定.

当 $\theta_1,\theta_2,\cdots,\theta_r$ 已知时，记

$$p_1 = P\{X \leqslant a_1\} = F_0(a_1,\theta_1,\theta_2,\cdots,\theta_r)$$
$$p_i = P\{a_{i-1} < X \leqslant a_i\} = F_0(a_i,\theta_1,\theta_2,\cdots,\theta_r)$$
$$\qquad - F_0(a_{i-1},\theta_1,\theta_2,\cdots,\theta_r) \quad i=2,\cdots,k-1$$
$$p_k = P\{X > a_{k-1}\} = 1 - F_0(a_{k-1},\theta_1,\theta_2,\cdots,\theta_r)$$

当 $\theta_1,\theta_2,\cdots,\theta_r$ 未知时，当估计了参数的极大似然估计 $\hat{\theta}_1$，

$\hat{\theta}_2, \cdots, \hat{\theta}_r$ 后，再计算：

$$\hat{p}_1 = F_0(a_1, \hat{\theta}_1, \hat{\theta}_2, \cdots, \hat{\theta}_r)$$

$$\hat{p}_i = F_0(a_i, \hat{\theta}_1, \hat{\theta}_2, \cdots, \hat{\theta}_r)$$

$$- F_0(a_{i-1}, \hat{\theta}_1, \hat{\theta}_2, \cdots, \hat{\theta}_r) \quad i = 2, \cdots, k-1$$

$$\hat{p}_k = 1 - F_0(a_{k-1}, \hat{\theta}_1, \hat{\theta}_2, \cdots, \hat{\theta}_r).$$

（3）构造检验统计量

当参数 $\theta_1, \theta_2, \cdots, \theta_r$ 已知时，$\chi^2 = \sum_{i=1}^{k} \dfrac{(m_i - np_i)^2}{np_i}$

当参数 $\theta_1, \theta_2, \cdots, \theta_r$ 未知时，$\hat{\chi}^2 = \sum_{i=1}^{k} \dfrac{(m_i - n\hat{p}_i)^2}{n\hat{p}_i}$

其中，m_i 表示样本值 $x_1, x_2, \cdots x_n$ 落在区间 $(a_{i-1}, a_i]$ 内的个数.

皮尔逊还证明了，当 n 充分大时，χ^2 近似服从 $\chi^2(k-1)$，$\hat{\chi}^2$ 近似服从 $\chi^2(k-r-1)$.

（4）给定显著水平 α，若 $\chi^2 \geqslant \chi_\alpha^2(k-1)$，则拒绝 H_0；若 $\chi^2 < \chi_\alpha^2(k-1)$，则接受 H_0.

若 $\hat{\chi}^2 \geqslant \chi_\alpha^2(k-r-1)$，则拒绝 H_0^*；若 $\hat{\chi}^2 < \chi_\alpha^2(k-r-1)$，则接受 H_0^*.

进行 χ^2 检验时，一般要求 $n \geqslant 50$，要求每个区间上样本值实际频数 $m_i \geqslant 5$ 或 $np_i \geqslant 5$，对于不符合要求的相邻区间可进行合并.

【例2】 灯泡的光通量 X 是随机变量. 今从一批灯泡中抽取 120 只，测得其光通量数据如下，问光通量 X 是否服从正态分布？（$\alpha = 0.05$）

216	203	197	208	206	209	206	208	202	203
206	313	318	207	208	202	194	203	213	211
193	213	208	208	204	206	204	206	208	209
213	203	206	196	201	208	207	213	208	207

续表

210	208	211	211	214	220	211	203	216	224
211	209	218	214	219	211	208	221	211	218
218	190	219	211	208	199	214	207	207	214
206	217	214	201	212	213	211	212	216	206
210	216	204	221	208	209	214	214	199	204
211	201	216	211	209	208	209	202	211	207
205	202	206	216	206	213	206	207	200	198
200	202	203	208	216	206	222	213	209	219

【解】 (1) $H_0: X \sim N(\mu, \sigma^2)$，$\mu$，$\sigma^2$ 未知

μ 和 σ^2 的极大似然估计值分别为：$\hat{\mu} = \bar{x} = 208.8$　$\hat{\sigma}^2 = s^2 = 6.3^2$ 这时，$H_0^{\bar{x}}: X \sim N(208.8, 6.3^2)$

(2) 这 120 个数据中，最小值为 190，最大值是 224，取 $a = 189.5$，$b = 225.5$，可考虑分成 12 组，$34/12 = 2.83$，所以以 3 为区间长度，这 12 个区间分别为：

$(-\infty, 192.5]$，$(192.5, 195.5]$，$(195.5, 198.5]$，$(198.5, 201.5]$，$(201.5, 204.5]$，$(204.5, 207.5]$，$(207.5, 210.5]$，$(210.5, 213.5]$，$(213.5, 216.5]$，$(216.5, 219.5]$，$(219.5, 222.5]$，$(222.5, +\infty)$

计算每个区间上的实际频数 m_i，列表于下，合并 m_i 小于 5 的区间于相邻区间．这时，区间个数 $k = 9$，计算各个区间上的 $\hat{p}_i$ 及 $n\hat{p}_i$，$i = 1, 2, \cdots, 9$．

$$\hat{p}_1 = P\{X \leqslant 198.5\} = P\left(\frac{X - 208.8}{6.3} \leqslant \frac{198.5 - 208.8}{6.3}\right)$$

$$= \Phi\left(\frac{198.5 - 208.8}{6.3}\right) = 0.0516,$$

$$\hat{p}_2 = P\{198.5 < X \leqslant 201.5\} = \Phi\left(\frac{201.5 - 208.8}{6.3}\right)$$

$$- \Phi\left(\frac{198.5 - 208.8}{6.3}\right) = 0.0714,$$

$$\cdots\cdots \quad \cdots\cdots$$

$$\hat{p}_9 = P\{X > 219.5\} = 1 - P\{X \leqslant 219.5\}$$

$$=1-\Phi\left(\frac{219.5-208.8}{6.3}\right)=0.0446.$$

区间	m_i		$\hat{p}_i$	$n\hat{p}_i$
$(-\infty, 192.5]$	1			
$(192.5, 195.5]$	2	6	0.0516	6.192
$(195.5, 198.5]$	3			
$(198.5, 201.5]$	9		0.0714	8.568
$(201.5, 204.5]$	13		0.1254	15.048
$(204.5, 207.5]$	20		0.1685	20.22
$(207.5, 210.5]$	23		0.1896	22.752
$(210.5, 213.5]$	22		0.1670	20.04
$(213.5, 216.5]$	14		0.1154	13.848
$(216.5, 219.5]$	8		0.0666	7.992
$(219.5, 222.5]$	4	5	0.0446	5.352
$(222.5, +\infty)$	1			

（3）计算 $\hat{\chi}^2 = \sum_{i=1}^{9} \frac{(m_i - m\hat{p}_i)^2}{n\hat{p}_i} = 0.517.$

（4）对于 $\alpha = 0.05$，$\chi_{0.05}^2(9-2-1) = \chi_{0.05}^2(6) = 12.592.$

显然 $\chi^2 < \chi_{0.05}^2(6)$，故接受 H_0^*，即认为光通量总体服从正态分布.

习 题 三

1. 某批矿砂的 5 个样品中镍含量（%）经测定为：

$$3.25，3.27，3.24，3.26，3.24$$

设镍含量测定值服从正态分布. 问在 $\alpha = 0.01$ 下能否接受假设：这批矿砂的平均镍含量为 3.25.

2. 已知维尼纶纤度在正常条件下服从正态分布 $N(\mu, \sigma^2)$，已知 $\sigma = 0.048$，某日抽取 5 根纤维，测得其纤度为：1.32，1.55，1.36，1.40，1.44. 试问该日纤度总体的方差 σ^2 有无显

著性变化？（$\alpha=0.10$）

3. 五名测量人员彼此独立地测量同一土地，分别测得其面积为（km²）

$$1.27, 1.24, 1.20, 1.29, 1.23.$$

设测量值服从正态分布，由样本值能否说明这块土地的面积不超过 1.25km²？（$\alpha=0.05$）

4. 机器包装精盐，假设每袋盐的净重服从正态分布，规定每袋盐的标准重量为 500g，标准差不得超过 10g. 某天开工后，从装好的各袋盐中随机地抽取 9 袋，测得其净重（单位：g）为

$$497, 507, 510, 475, 484, 488, 524, 491, 515.$$

问这时包装机工作是否正常？（$\alpha=0.05$）

5. 某厂生产的铜丝，要求其拉断力的方差不超过 16kg²，今从某日生产的铜丝中随机地抽取 9 根，测得其拉断力为（单位：kg）

$$289, 286, 285, 284, 286, 285, 286, 298, 292.$$

设拉断力总体服从正态分布，问该日生产的铜丝的拉断力方差是否合乎标准？（$\alpha=0.05$）

6. 现有两箱灯泡，从第一箱中抽取 9 支测试，算得平均寿命为 1532h，标准差为 423h；从第二箱中抽取 18 只测试，算得平均寿命为 1412h，标准差为 380h. 设两箱灯泡寿命都服从正态分布，且方差相等，问是否可以认为这两箱灯泡是同一批生产的？（$\alpha=0.05$）

7. 有甲、乙两台机床加工同样产品，从这两台机床加工的产品中随意地取若干件，测得产品直径（单位：mm）为

机床甲　20.5, 19.8, 19.7, 20.4, 20.1, 20.0, 19.0, 19.9

机床乙　19.7, 20.8, 20.5, 19.8, 19.4, 20.6, 19.2

试比较甲、乙两台机床加工产品直径有无显著差异（$\alpha=5\%$）？假定两台机床加工产品的直径都服从正态分布，且总体方差相等.

8. 测定某种溶液中的水分，由它的 10 个测定值算出，$\bar{x}=$

0.452%，$s=0.037\%$．设测定值总体服从正态分布．试在 5% 显著水平下，分别检验假设

（1）H_0：$\mu=0.5\%$；

（2）H_0：$\sigma=0.04\%$．

9. 测得两批电子器材的电阻样本值为

A 批 x（欧姆）：0.140，0.138，0.143，0.142，0.144，0.137

B 批 y（欧姆）：0.135，0.140，0.142，0.136，0.138，0.140

设两批器材的电阻分别服从正态分布 $N(\mu_1, \sigma_1^2)$ 与 $N(\mu_2, \sigma_2^2)$．

（1）检验假设 H_0：$\sigma_1^2=\sigma_2^2$，$\alpha=0.05$；

（2）检验假设 H_0：$\mu_1=\mu_2$，$\alpha=0.05$．

10. 在某细纱机上进行断头率测定，试验锭子总数为 440 个，测得各锭子的断头次数记录如下：

每锭断头数： 0， 1，2，3，4，5，6，7，8

实测锭数：263，112，38，19，3，1，1，0，3

试检验各锭子的断头数是否服从泊松分布（$\alpha=5\%$）？

11. 对某汽车零件制造厂所生产的汽缸螺栓口径抽样检验，测得 100 个数据分组列表如下：

组限	$10.93\sim10.95$	$10.95\sim10.97$	$10.97\sim10.99$	$10.99\sim11.01$
频数	5	8	20	34
组限	$11.01\sim11.03$	$11.03\sim11.05$	$11.05\sim11.07$	$11.07\sim11.09$
频数	17	6	6	4

试检验螺栓口径 X 是否具有正态分布（$\alpha=5\%$）？

第四章 回归分析

回归分析是研究变量间相关关系的一种数理统计方法，是用途最广泛的统计方法之一．我们先了解什么是相关关系．

变量之间的关系是现实世界普遍存在的关系．变量间的关系可分为两类：一类是确定性关系，如正方形面积 S 与边长 x 的关系为 $S=x^2$，自由落体下落的高度 h 与下落时间 t 之间的关系为 $h=\frac{1}{2}gt^2$，这是高等数学中研究得很透彻的函数关系．其特点是当自变量给定时，因变量随之唯一确定．另一类关系是非确定性关系，如人的身高和体重之间的关系，血压与年龄之间的关系，农作物的施肥量与产量之间的关系．一般来说，身高者体重也大，年龄越大，血压越高，施肥量大亩产量也大，但不能从一个变量的值确定另一个变量的值．变量间的这种关系叫相关关系，回归分析就是研究相关关系的一门数理统计方法．

回归分析中因变量是随机变量，自变量是在一定范围可以控制的普通变量，经常用 x 表示．只有一个自变量的回归分析叫一元回归分析，多个自变量的回归分析叫多元回归分析．

为了表达方便，本章约定一个随机变量及其观察值用同一个字母表示，不再以大小写区分．

§1 一元线性回归分析

一、一元线性回归模型

我们讨论随机变量 y 和普通变量 x 之间的相关关系．

对于 x 的每一个确定值，y 的取值具有不确定性，但 Ey 存在，它是 x 的函数，记为 $\mu(x)$，$\mu(x)$ 叫做 y 对于 x 的回归函数，简称为 y 对 x 的回归.

对于 x 的一组不全相同的值 $x_1, x_2, \cdots, x_n$ 作独立试验，得到 y 的 n 个观察结果 $y_1, y_2, \cdots, y_n$，就得到 n 对观察结果：(x_1, y_1)，(x_2, y_2)，$\cdots$，(x_n, y_n)，称之为样本容量为 n 样本. 一元回归分析的任务就是利用样本数据来估计 $\mu(x)$.

为了估计 $\mu(x)$ 的形式，通常将 (x_i, y_i)，$i=1,2,\cdots,n$ 描在直角坐标系中，得到散点图. 散点图可以帮助我们粗略地了解 y 与 x 之间的相关关系. 若 n 个点大致落在一条直线附近，可考虑 $\mu(x)=a+bx$，这就是一元线性回归模型，b 叫回归系数.

一元线性回归模型有以下几种形式：

$$Ey = a + bx \tag{4.1}$$

若记 $Ey=\hat{y}$，则式（4.1）变为：$\hat{y}=a+bx$ 　　　　（4.2）

若记 $y-\hat{y}=\varepsilon$ 则 $y=\hat{y}+\varepsilon$，即 $y=a+bx+\varepsilon$ 　　（4.3）

通常假定 $\varepsilon \sim N(0, \sigma^2)$，$\varepsilon$ 叫随机误差项，σ^2 叫误差方差.

若将 (x_i, y_i) 代入式（4.3），则有

$$y_i = a + bx_i + \varepsilon_i, \quad i=1,2,\cdots,n. \tag{4.4}$$

其中，ε_1，ε_2，$\cdots$，ε_n 相互独立，且 $\varepsilon_i \sim N(0, \sigma^2)$.

一元线性回归分析主要解决以下三个问题：

（1）利用样本数据估计未知参数 a，b，σ^2，得到回归方程 $\hat{y}=\hat{a}+\hat{b}x$.

（2）对回归系数 b 作假设检验，从而判断 y 与 x 之间是否存在线性相关关系.

（3）当时 $x=x_0$，对因变量 y_0 进行预测，包括点预测和区间预测.

二、参数的最小二乘估计

1. a，b 的最小二乘估计

样本 (x_i, y_i)，$i=1, 2, \cdots, n$ 满足：$y_i=a+bx_i+\varepsilon_i$，$\varepsilon_i \sim$

$N(0,\sigma^2)$，且各 ε_i 相互独立. $\varepsilon_i = y_i - a - bx_i = y_i - \hat{y}_i$ 可度量点 (x_i, y_i) 与回归直线 $\hat{y} = a + bx$ 的远近程度，ε_i 叫离差.

作离差平方和：$Q(a,b) = \sum\limits_{i=1}^{n} \varepsilon_i^2 = \sum\limits_{i=1}^{n}(y_i - \hat{y}_i)^2 = \sum\limits_{i=1}^{n}(y_i - a - bx_i)^2$ 选取 a，b 的估计值 $\hat{a}$，$\hat{b}$，使得离差平方和 $Q(a, b)$ 达到最小，

即 $\quad Q(\hat{a},\hat{b}) = \min\limits_{a,b} Q(a,b) = \min\limits_{a,b} \sum\limits_{i=1}^{n}(y_i - a - bx_i)^2$

这时，$\hat{a}$，$\hat{b}$ 叫做 a，b 的最小二乘估计，此方法叫最小二乘法.

分别求 Q 对 a 和 b 的偏导数，并令其等于 0，有

$$\begin{cases} \dfrac{\partial Q}{\partial a} = -2\sum\limits_{i=1}^{n}(y_i - a - bx_i) = 0 \\ \dfrac{\partial Q}{\partial b} = -2\sum\limits_{i=1}^{n}(y_i - a - bx_i)x_i = 0 \end{cases}$$

得方程组 $\begin{cases} na + b\sum\limits_{i=1}^{n} x_i = \sum\limits_{i=1}^{n} y_i \\ a\sum\limits_{i=1}^{n} x_i + b\sum\limits_{i=1}^{n} x_i^2 = \sum\limits_{i=1}^{n} x_i y_i \end{cases}$

称此方程组为正规方程组或标准方程组.

解之，即得 a，b 的估计值 $\hat{a}$，$\hat{b}$，即

$$\begin{cases} \hat{a} = \bar{y} - \hat{b}\bar{x} \\ \hat{b} = \dfrac{\sum\limits_{i=1}^{n}(x_i - \bar{x})(y_i - \bar{y})}{\sum\limits_{i=1}^{n}(x_i - \bar{x})^2} \end{cases} \quad \text{其中 } \bar{x} = \frac{1}{n}\sum\limits_{i=1}^{n} x_i, \bar{y} = \frac{1}{n}\sum\limits_{i=1}^{n} y_i.$$

记 $\quad l_{xx} = \sum\limits_{i=1}^{n}(x_i - \bar{x})^2 = \sum\limits_{i=1}^{n} x_i^2 - \frac{1}{n}\left(\sum\limits_{i=1}^{n} x_i\right)^2$

$\quad\quad l_{yy} = \sum\limits_{i=1}^{n}(y_i - \bar{y})^2 = \sum\limits_{i=1}^{n} y_i^2 - \frac{1}{n}\left(\sum\limits_{i=1}^{n} y_i\right)^2$

$\quad\quad l_{xy} = \sum\limits_{i=1}^{n}(x_i - \bar{x})(y_i - \bar{y}) = \sum\limits_{i=1}^{n} x_i y_i - \frac{1}{n}\left(\sum\limits_{i=1}^{n} x_i\right)\left(\sum\limits_{i=1}^{n} y_i\right)$

这时有公式：
$$\begin{cases} \hat{b}=\dfrac{l_{xy}}{l_{xx}} \\[2mm] \hat{a}=\bar{y}-\hat{b}\bar{x} \end{cases}$$

得到了 y 关于 x 的线性回归方程 $\hat{y}=\hat{a}+\hat{b}x$，也称之为 y 对 x 的经验回归方程.

2. σ^2 的估计

由于 $\sigma^2=D\varepsilon=E\varepsilon^2$，故可用 $\dfrac{1}{n}\sum\limits_{i=1}^{n}\varepsilon_i^2$ 对 σ^2 做矩值计，其中 $\varepsilon_i=y_i-\hat{a}-\hat{b}x_i$，记 $Q=\sum\limits_{i=1}^{n}\varepsilon_i^2=\sum\limits_{i=1}^{n}(y_i-\hat{a}-\hat{b}x_i)^2$，$Q$ 叫剩余（离差）平方和或残差平方和. 可以证明 $\hat{\sigma}^2=\dfrac{Q}{n-2}=\dfrac{\sum\limits_{i=1}^{n}(y_i-\hat{a}-\hat{b}x_i)^2}{n-2}$ 是 σ^2 的无偏估计，为计算方便，将 Q 作如下变形：

$$Q=\sum\limits_{i=1}^{n}(y_i-\hat{a}-\hat{b}x_i)^2=\sum\limits_{i=1}^{n}(y_i-\bar{y}+\hat{b}\bar{x}-\hat{b}x_i)^2$$

$$=\sum\limits_{i=1}^{n}[(y_i-\bar{y})-\hat{b}(x_i-\bar{x})]^2$$

$$=\sum\limits_{i=1}^{n}(y_i-\bar{y})^2-2\hat{b}\sum\limits_{i=1}^{n}(y_i-\bar{y})(x_i-\bar{x})+\hat{b}^2\sum\limits_{i=1}^{n}(x_i-\bar{x})^2$$

$$=l_{yy}-2\hat{b}l_{xy}+\hat{b}^2l_{xx}=l_{yy}-\hat{b}^2l_{xx}$$

$\therefore\ \hat{\sigma}^2=\dfrac{l_{yy}-\hat{b}^2l_{xx}}{n-2}$，$\hat{\sigma}$ 称为估计标准差.

【例1】 下表给出了 12 个父亲和他们长子的身高数据（x_i, y_i）（$i=1,2,\cdots,12$），求儿子身高 y 关于父亲身高 x 的回归方程.

单位：in

父亲的身高 x	65	63	67	64	68	62	70	66	68	67	69	71
儿子的身高 y	68	66	68	65	69	66	68	65	71	67	68	70

【解】 先作散点图，如图 4-1 所示.

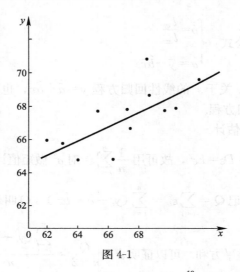

图 4-1

此例中，$n=12$，由上表数据算得 $\sum\limits_{i=1}^{12} x_i = 800$ $\sum\limits_{i=1}^{12} y_i = 811$ $\sum\limits_{i=1}^{12} x_i^2 = 53418$ $\sum\limits_{i=1}^{12} x_i y_i = 54107$.

这时 $l_{xx} = \sum\limits_{i=1}^{12} x_i^2 - \frac{1}{12} \left(\sum\limits_{i=1}^{12} x_i \right)^2 = 53418 - \frac{1}{12} \times 800^2 = 84\frac{2}{3}$

$l_{xy} = \sum\limits_{i=1}^{12} x_i y_i - \frac{1}{12} \left(\sum\limits_{i=1}^{12} x_i \right) \left(\sum\limits_{i=1}^{12} y_i \right) = 54107 - \frac{1}{12} \times 800 \times 811 = 40\frac{1}{3}$

$\therefore \hat{b} = \frac{l_{xy}}{l_{xx}} \approx 0.476 \quad \hat{a} = \bar{y} - \hat{b}\bar{x} \approx 35.82$

因此，y 关于 x 的回归方程为：$\hat{y} = 35.82 + 0.476x$.

三、估计量的分布

1. $\hat{b} \sim N\left(b, \frac{\sigma^2}{l_{xx}}\right)$ $\hat{b} = \dfrac{\sum\limits_{i=1}^{n} (x_i - \bar{x})(y_i - \bar{y})}{\sum\limits_{i=1}^{n} (x_i - \bar{x})^2} = \dfrac{\sum\limits_{i=1}^{n} (x_i - \bar{x}) y_i}{\sum\limits_{i=1}^{n} (x_i - \bar{x})^2} =$

$\displaystyle\sum_{i=1}^{n} c_i y_i$ ，这里，$c_i = \dfrac{x_i - \bar{x}}{\displaystyle\sum_{i=1}^{n}(x_i - \bar{x})^2}$ ，$\hat{b}$ 是 $y_1, y_2, \cdots, y_n$ 的线性组

合，而 $y_1, y_2, \cdots, y_n$ 相互独立，且 $y_i \sim N(a + bx_i,\ \sigma^2)$ ，故 $\hat{b}$ 也服从正态分布，其均值为

$$E\hat{b} = \sum_{i=1}^{n} c_i E y_i = \sum_{i=1}^{n} c_i (a + bx_i) = b \frac{\displaystyle\sum_{i=1}^{n}(x_i - \bar{x}) x_i}{\displaystyle\sum_{i=1}^{n}(x_i - \bar{x})^2}$$

$$= b \frac{\displaystyle\sum_{i=1}^{n}(x_i - \bar{x})(x_i - \bar{x})}{\displaystyle\sum_{i=1}^{n}(x_i - \bar{x})^2} = b.$$

又因为 $D y_i = \sigma^2$ ，

所以 $D\hat{b} = \displaystyle\sum_{i=1}^{n} c_i^2 D y_i = \dfrac{\displaystyle\sum_{i=1}^{n}(x_i - \bar{x})^2}{\left[\displaystyle\sum_{i=1}^{n}(x_i - \bar{x})^2\right]^2} \sigma^2 = \dfrac{\sigma^2}{\displaystyle\sum_{i=1}^{n}(x_i - \bar{x})^2} = \dfrac{\sigma^2}{l_{xx}}$ ，

故 $\hat{b} \sim N\left(b,\ \dfrac{\sigma^2}{l_{xx}}\right)$.

2. $\dfrac{(n-2)\hat{\sigma}^2}{\sigma^2} \sim \chi^2(n-2)$ ，且 $\hat{\sigma}^2$ 分别与 $\hat{a}$ ，$\hat{b}$ 独立. （证明略）

四、一元线性回归的假设检验

对于任意一组数据 $(x_i,\ y_i)$ ，$(i = 1, 2, \cdots, n)$ ，根据参数的最小二乘法都可以确定一个回归方程 $\hat{y} = \hat{a} + \hat{b}x$ ，这个方程有没有实际价值，还需要检验 y 与 x 之间是否真的满足 $\hat{y} = a + bx$ ？下面介绍三种检验方法.

1. 相关系数检验法

先作离差平方和分解

$$l_{yy} = \sum_{i=1}^{n}(y_i - \bar{y})^2 = \sum_{i=1}^{n}\left[(y_i - \hat{y}_i) + (\hat{y}_i - \bar{y})\right]^2$$

$$= \sum_{i=1}^{n} (y_i - \hat{y}_i)^2 + \sum_{i=1}^{n} (\hat{y}_i - \bar{y})^2 + 2 \sum_{i=1}^{n} (y_i - \hat{y}_i)(\hat{y}_i - \bar{y}).$$

可以验证，上式最后一项为 0，并记 $U = \sum_{i=1}^{n} (\hat{y}_i - \bar{y})^2$，$Q =$

$\sum_{i=1}^{n} (y_i - \hat{y}_i)^2$

则 $l_{yy} = Q + U$

它反映了在总的离差平方和 l_{yy} 中，l_{yy} 由剩余离差平方和 Q 和回归离差平方和 U 组成，而 Q 表示除了 x 对 y 的影响以外的其他随机因素引起 y 的波动，而 U 表示由于 x 与 y 之间线性关系所引起 y 的波动. 因此，U 越大，说明 y 与 x 的线性关系越显著.

$$\frac{U}{l_{yy}} = \frac{\sum_{i=1}^{n} (\hat{y}_i - \bar{y})^2}{l_{yy}} = \frac{\sum_{i=1}^{n} [\hat{b}(x_i - \bar{x})]^2}{l_{yy}} = \frac{\hat{b}^2 l_{xx}}{l_{yy}} = \left(\frac{l_{xy}}{\sqrt{l_{xx} l_{yy}}} \right)^2$$

定义相关系数 r 为： $r = \dfrac{l_{xy}}{\sqrt{l_{xx} l_{yy}}}$

显然 $|r| \leqslant 1$，相关系数 r 表示 y 与 x 的线性关系的密切程度，$|r|$ 越大，线性回归的效果越好，y 与 x 之间的线性关系越显著.

2. F 检验法

一元线性回归中，回归方程 $\hat{y} = a + bx$ 是否成立，就是要检验以下假设是否成立：

H_0： $b = 0$

在离差平方和分解 $l_{yy} = Q + U$ 中，l_{yy} 的自由度为 $n-1$，Q 的自由度为 $n-2$，所以，U 的自由度为 1.

因为 $\hat{b} \sim N \left(b, \dfrac{\sigma^2}{l_{xx}} \right)$

当假设 H_0： $b = 0$ 成立时，$\hat{b} \sim N \left(0, \dfrac{\sigma^2}{l_{xx}} \right)$

则 $\dfrac{\hat{b}}{\sigma}\sqrt{l_{xx}}\sim N\ (0,1)$

所以 $\dfrac{U}{\sigma^2}=\dfrac{\hat{b}^2 l_{xx}}{\sigma^2}=\left(\dfrac{\hat{b}}{\sigma}\sqrt{l_{xx}}\right)^2\sim\chi^2\ (1)$

又由前面结论知，$\dfrac{Q}{\sigma^2}=\dfrac{(n-2)\hat{\sigma}^2}{\sigma^2}\sim\chi^2(n-2)$

又因为 $\hat{\sigma}^2$ 与 $\hat{b}$ 相互独立，所以 U 与 Q 也相互独立.

这时构造检验统计量　$F=\dfrac{\dfrac{U}{\sigma^2}/1}{\dfrac{Q}{\sigma^2}/(n-2)}\sim F(1,\ n-2)$，

即　$F=\dfrac{U/1}{Q/(n-1)}\sim F(1,\ n-2)$.

F 值的计算可列以下方差分析表.

方差分析表

方差来源	平方和	自由度	均方	F 值
回归	U	1	$U/1$	$F=\dfrac{U}{Q/(n-2)}$
残差	Q	$n-2$	$Q/(n-2)$	
总和	l_{yy}	$n-1$		

对于显著水平 α，若 $F\geqslant F_{\alpha}(1,\ n-2)$，则拒绝 H_0，即认为回归方程显著成立，即 y 与 x 之间线性关系显著；若 $F<F_{\alpha}(1,\ n-2)$，则接受 H_0，即认为回归方程不显著成立，即 y 与 x 之间线性关系不显著.

3. t——检验法

由前面可知：$\hat{b}\sim N\left(b,\ \dfrac{\sigma^2}{l_{xx}}\right)$，

所以 $\dfrac{\hat{b}-b}{\sigma/\sqrt{l_{xx}}}\sim N(0,\ 1)$，又 $\dfrac{(n-2)\hat{\sigma}^2}{\sigma^2}\sim\chi^2(n-2)$，二者显然相互独立，

则 $T=\dfrac{\hat{b}-b}{\hat{\sigma}}\sqrt{l_{xx}}\sim t(n-2)$

在 H_0：$b=0$ 成立时，$T=\dfrac{\hat{b}}{\hat{\sigma}}\sqrt{l_{xx}}\sim t(n-2)$，这就是检验统计量.

给定显著水平 α，若 $|t|=\dfrac{|\hat{b}|}{\hat{\sigma}}\sqrt{l_{xx}}\geqslant t_{\frac{\alpha}{2}}(n-2)$，则拒绝 H_0，即认为回归方程显著成立，即 y 与 x 之间线性关系显著；若 $|t|=\dfrac{|\hat{b}|}{\hat{\sigma}}\sqrt{l_{xx}}<t_{\frac{\alpha}{2}}(n-2)$，则接受 H_0，即认为回归方程不显著成立. 其实，上述三个检验回归方程的方法是等价的，实际检验时采用其中一种即可.

当回归方程不显著成立时，可能有以下几种原因：

（1）影响 y 的因素除了 x 外，还有不可忽略的其他因素；

（2）y 与 x 有关系，但不是线性关系；

（3）y 与 x 无相关关系.

只要出现以上情况之一，就需重新建立新的方程.

【例 2】 为了研究某一化学反应过程中温度 x 对产品得率 y 的影响，测得数据如下：

温度 x(℃)	100	120	110	130	140	150	160	170	180	190
得率 y(%)	45	54	51	64	66	70	74	78	85	89

（1）求 y 关于 x 的回归方程.

（2）检验回归方程的显著性（$\alpha=0.05$）.

【解】 （1）先画 (x_i,y_i) $i=1,2,\cdots,10$ 的散点图，大致在一条直线附近，可设回归方程为：$\hat{y}=a+bx$

经计算，$\bar{x}=\dfrac{1}{10}\sum\limits_{i=1}^{10}x_i=145$，$\bar{y}=\dfrac{1}{10}\sum\limits_{i=1}^{10}y_i=67.3$

$l_{xx}=\sum\limits_{i=1}^{10}x_i^2-\dfrac{1}{10}\Big(\sum\limits_{i=1}^{10}x_i\Big)^2=218500-\dfrac{1}{10}\times1450^2=8250$

$$l_{xy} = \sum_{i=1}^{10} x_i y_i - \frac{1}{10} \left(\sum_{i=1}^{10} x_i \right) \left(\sum_{i=1}^{10} y_i \right)$$

$$= 101570 - \frac{1}{10} \times 1450 \times 673 = 3985$$

$$l_{yy} = \sum_{i=1}^{10} y_i^2 - \frac{1}{10} \left(\sum_{i=1}^{10} y_i \right)^2 = 47225 - \frac{1}{10} \times 673^2 = 1932.1$$

所以 $\hat{b} = \dfrac{l_{xy}}{l_{xx}} = \dfrac{3985}{8250} = 0.483$

$\hat{a} = \bar{y} - \hat{b}\bar{x} = 67.3 - 0.483 \times 145 = -2.735$,

所求回归直线方程为　$\hat{y} = -2.735 + 0.483x$.

（2）回归方程显著性检验

可用以下三种方法之一检验.

1）相关系数法：$r = \dfrac{l_{xy}}{\sqrt{l_{xx} l_{yy}}} = \dfrac{3985}{\sqrt{8250 \times 1932.1}} = 0.998$

故回归方程显著成立.

2）t 检验法

$$\hat{\sigma} = \sqrt{\frac{Q}{n-2}} = \sqrt{\frac{l_{yy} - \hat{b}^2 l_{xx}}{n-2}}$$

$$= \sqrt{\frac{1932.1 - 0.483^2 \times 8250}{10 - 2}} = 0.9644,$$

$$|t| = \frac{|\hat{b}|}{\hat{\sigma}} \sqrt{l_{xx}} = \frac{0.483}{0.9664} \sqrt{8250} = 45.394,$$

对于 $\alpha = 0.05$，$t_{\frac{\alpha}{2}}(n-2) = t_{0.025}(10-2) = t_{0.025}(8) = 2.306$，
显然 $|t| > t_{0.025}(8)$，故拒绝 H_0，即回归方程显著成立.

3）F 检验法

$$U = \hat{b}^2 l_{xx} = 0.483^2 \times 8250 \approx 1924.6$$

$$Q = l_{yy} - U = 1932.1 - 1924.6 \approx 7.5$$

查表　$F_{0.05}(1, n-2) = F_{0.05}(1, 8) = 5.32$

方差分析表如下

方差来源	平方和	自由度	均方	F 值
回归 U	1924.6	1	1924.6	2047.4
剩余 Q	7.5	8	0.94	
总和 l_{yy}	1932.1	9		

显然 $F > F_{0.05}(1, 8)$，故拒绝 H_0，说明回归方程显著成立.

五、预测

在建立了一元线性回归方程 $\hat{y} = \hat{a} + \hat{b}x_0$，并且检验方程显著成立后，自然希望利用回归方程来预测当 $x = x_0$ 时，对应的 y_0 值的大小及 y_0 的取值范围，这就是点预测和区间预测.

1. 点预测

将 $x = x_0$ 代入回归方程，得 $\hat{y}_0 = \hat{a} + \hat{b}x_0$

$\hat{y}_0$ 就是 y_0 的点预测.

2. 区间预测

当 $x = x_0$ 时，$y_0 = a + bx_0 + \varepsilon_0$，$\varepsilon_0 \sim N(0, \sigma^2)$，

即 $y_0 \sim N(a + bx_0, \sigma^2)$.

可以证明：$\hat{y}_0 \sim N\left(a + bx_0, \left[\dfrac{1}{n} + \dfrac{(x_0 - \bar{x})^2}{l_{xx}}\right]\sigma^2\right)$.

因为 $y_0, y_1, y_2, \cdots, y_n$ 相互独立，而 $\hat{y}_0$ 是 $y_1, y_2, \cdots y_n$ 的线性组合，所以 y_0 与 $\hat{y}_0$ 相互独立，

且 $y_0 - \hat{y}_0 \sim N\left(0, \left[1 + \dfrac{1}{n} + \dfrac{(x_0 - \bar{x})^2}{l_{xx}}\right]\sigma^2\right)$，

即 $\dfrac{y_0 - \hat{y}_0}{\sigma\sqrt{1 + \dfrac{1}{n} + \dfrac{(x_0 - \bar{x})^2}{l_{xx}}}} \sim N(0, 1)$，

再利用 $\dfrac{(n-2)\hat{\sigma}^2}{\sigma^2} \sim \chi^2(n-2)$，$y_0 - \hat{a} - \hat{b}x_0$ 与 $\hat{\sigma}^2$ 相互独立，

可知 $T = \dfrac{y_0 - \hat{y}_0}{\hat{\sigma}\sqrt{1 + \dfrac{1}{n} + \dfrac{(x_0 - \bar{x})^2}{l_{xx}}}} \sim t(n-2)$.

给定置信度 $1-\alpha$，有 $P\{|T| < t_{\frac{\alpha}{2}}(n-2)\} = 1-\alpha$

即

$$P\left\{\hat{y}_0 - t_{\frac{\alpha}{2}}(n-2)\hat{\sigma}\sqrt{1 + \frac{1}{n} + \frac{(x_0 - \bar{x})^2}{l_{xx}}} < y_0 < \hat{y}_0 + t_{\frac{\alpha}{2}}(n-2)\hat{\sigma}\right.$$

$$\left.\sqrt{1 + \frac{1}{n} + \frac{(x_0 - \bar{x})^2}{l_{xx}}}\right\} = 1-\alpha$$

故 y_0 的置信度为 $1-\alpha$ 的置信区间为 $(\hat{y}_0 - \delta(x_0)，\hat{y}_0 + \delta(x_0))$,

其中 $\delta(x_0) = t_{\frac{\alpha}{2}}(n-2)\hat{\sigma}\sqrt{1 + \dfrac{1}{n} + \dfrac{(x_0 - \bar{x})^2}{l_{xx}}}$.

特别地，当 n 很大，x_0 在 $\bar{x}$ 附近时，$t_{\frac{\alpha}{2}}(n-2) \approx z_{\frac{\alpha}{2}}$，$\delta(x_0) \approx z_{\frac{\alpha}{2}}\hat{\sigma}$.

当 $1-\alpha = 0.95$ 时，$z_{\frac{\alpha}{2}} = z_{0.025} = 1.96 \approx 2$，

当 $1-\alpha = 0.997$ 时，$z_{\frac{\alpha}{2}} = z_{0.0015} = 2.97 \approx 3$，

y_0 的置信度为 95% 的置信区间为 $(\hat{y}_0 - 2\hat{\sigma}，\hat{y}_0 + 2\hat{\sigma})$.

y_0 的置信度为 99.7% 的置信区间为 $(\hat{y}_0 - 3\hat{\sigma}，\hat{y}_0 + 3\hat{\sigma})$.

【例3】 求在例2中，当温度 $x_0 = 155℃$ 时，得率 y_0 的点预测和区间预测。（$\alpha = 0.05$）

【解】 $\hat{y}_0 = -2.735 + 0.483 \times 155 = 72.13$，

$x_0 - \bar{x} = 155 - 145 = 10$，$\hat{\sigma} = 0.9964$，$t_{0.025}(10-2) = 2.306$，

$\delta(x_0) = 2.306 \times 0.9664\sqrt{1 + \dfrac{1}{10} + \dfrac{10^2}{8250}} \approx 2.35$.

y_0 的 95% 的预测区间为 $(72.13 - 2.35，72.13 + 2.35) = (69.78，74.48)$.

§2 可线性化的一元曲线回归

在工程技术中，经常会遇到随机变量 y 与普通变量 x 之间

不是线性相关关系，而是某种非线性关系．这时，通过适当的变换，可将其转化为一元线性回归，下面介绍常用的可线性化的曲线回归．

1. 双曲线 $\dfrac{1}{y}=a+\dfrac{b}{x}$ （图 4-2）

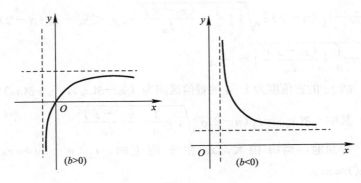

图 4-2

令 $y^*=\dfrac{1}{y}$，$x^*=\dfrac{1}{x}$，得线性方程 $\quad y^*=a+b^*x$

利用一元线性回归，估计出 $\hat{a}$，$\hat{b}$，就可得曲线回归：$\dfrac{1}{\hat{y}}=\hat{a}+\dfrac{\hat{b}}{x}$

2. 幂函数 $y=cx^b$，$c>0$，$x>0$ （图 4-3）

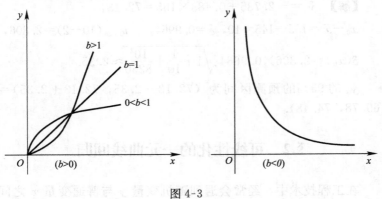

图 4-3

取对数得　$\ln y = \ln c + b\ln x$

令　$y^* = \ln y$，$a = \ln c$，$x^* = \ln x$，得线性方程　$y^* = a + bx^*$

利用一元线性回归估计出 $\hat{a}$，$\hat{b}$，则 $\hat{c} = e^{\hat{a}}$

可得曲线回归：$\hat{y} = \hat{c}x^{\hat{b}}$

3. 指数函数 $y = ce^{bx}$，$c > 0$（图 4-4）

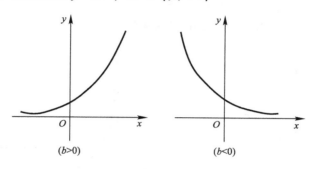

$(b>0)$　　　　　　　$(b<0)$

图 4-4

取对数　$\ln y = \ln c + bx$

令　$y^* = \ln y$　$a = \ln c$，得线性方程　$y^* = a + bx$

利用一元线性回归估计出 $\hat{a}$，$\hat{b}$，则 $\hat{c} = e^{\hat{a}}$

这时曲线回归方程为　$\hat{y} = \hat{c}e^{\hat{b}x}$

4. 倒指数函数 $y = ce^{\frac{b}{x}}$，$c > 0$（图 4-5）

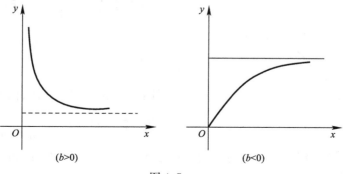

$(b>0)$　　　　　　　$(b<0)$

图 4-5

取对数　$\ln y = \ln c + \dfrac{b}{x}$

令 $y^* = \ln y$，$a = \ln c$，$x^* = \dfrac{1}{x}$，得线性方程 $y^* = a + bx^*$

利用一元线性回归估计出 $\hat{a}$，$\hat{b}$，则 $\hat{c} = e^{\hat{a}}$

这时曲线回归方程为　$\hat{y} = \hat{c} e^{\frac{\hat{b}}{x}}$

5. 对数函数 $y = a + b\ln x$（图 4-6）

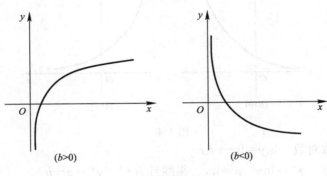

图 4-6

令 $x^* = \ln x$，则有 $y = a + bx^*$

利用一元线性回归估计出 $\hat{a}$，$\hat{b}$，则得曲线回归方程 $\hat{y} = \hat{a} + \hat{b}\ln x$

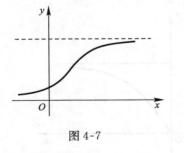

图 4-7

6. S 形曲线 $y = \dfrac{1}{a + be^{-x}}$（图 4-7）

令 $y^* = \dfrac{1}{y}$，$x^* = e^{-x}$，则有 $y^* = a + bx^*$

利用一元线性回归估计出 $\hat{a}$，$\hat{b}$，则得曲线回归方程 $\hat{y} = \dfrac{1}{\hat{a} + \hat{b}e^{-x}}$.

【例题】　一只红铃虫的产卵数 y 与温度 x 有关，测得数据如下：

温度 x(℃)	21	23	25	27	29	32	35
产卵数 y	7	11	21	24	66	115	325

试求 y 关于 x 的回归方程.

【解】 作散点图如图 4-8 所示.

从散点图可以看出，可用指数曲线 $y = ce^{bx}$ 来拟合 y 与 x 之间的关系.

取对数得

$$\ln y = \ln c + bx$$

令 $y^* = \ln y$，$a = \ln c$，得线性方程

$y^* = a + bx + \varepsilon$，$\varepsilon \sim N(0, \sigma^2)$.

将原始数据变成如下数据

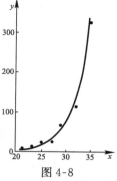

图 4-8

x	21	23	25	27	29	32	35
$y^* = \ln y$	1.9459	2.3979	3.0445	3.1781	4.1897	4.7449	5.7838

经计算可得，$\displaystyle\sum_{i=1}^{n} x_i = 192$，$\bar{x} = \dfrac{1}{7} \times 192 = 27.4286$

$\displaystyle\sum_{i=1}^{7} x_i^2 = 5414$，$\displaystyle\sum_{i=1}^{7} y_i^* = 25.2848$，$\bar{y}^* = 3.6121$，

$\displaystyle\sum_{i=1}^{7} x_i y_i^* = 733.7079$

$l_{xx} = 147.7143 \quad l_{x_{y^*}} = 40.1820$

$\hat{b} = \dfrac{l_{x_{y^*}}}{l_{xx}} = 0.2720$，$\quad \hat{a} = \bar{y}^* - \hat{b}\bar{x} = -3.8485$

于是，y^* 关于 x 的回归方程为：$\hat{y}^* = -3.8485 + 0.2720x$.

化为 y 关于 x 的回归方程为：$\hat{y} = 0.02131e^{0.272x}$.

有时，同一个问题可以用不同回归方程来拟合，对曲线回归如何衡量回归曲线的优劣呢？常采用以下两个指标：

（1）复相关系数 $R = \sqrt{1 - \dfrac{\displaystyle\sum_{i=1}^{n} (y_i - \hat{y}_i)^2}{\displaystyle\sum_{i=1}^{n} (y_i - \bar{y})^2}}$

（2）剩余标准差 $\quad \hat{\sigma} = \sqrt{\dfrac{\displaystyle\sum_{i=1}^{n}(y_i - \hat{y}_i)^2}{n-2}}$

用 R 与 $\hat{\sigma}$ 中任一个决定回归方程的优劣均可，R 大者为优或 $\hat{\sigma}$ 小者为优.

§3 多元线性回归分析

一、多元线性回归模型

很多实际问题中，影响因变量 y 的因素不止一个，这就是多元回归分析问题. 设有 p 个自变量 x_1，x_2，$\cdots$，$x_p(p \geqslant 2)$，当给定一个组值 $x_1, x_2, \cdots, x_p$ 时，随机变量 y 的值不确定，但 y 的均值 Ey 存在，它是 $x_1, x_2, \cdots, x_p$ 的函数，记为 $\mu(x_1, x_2, \cdots, x_n)$，如果 $\mu(x_1, x_2, \cdots, x_p)$ 是自变量的线性函数，$\mu(x_1, x_2, \cdots, x_p) = \beta_0 + \beta_1 x_1 +, \cdots, \beta_p x_p$，就可得到多元（$p$ 元）线性回归模型方程：

$$Ey = \beta_0 + \beta_1 x_1 + \cdots + \beta_p x_p \tag{4.5}$$

称 $\beta_1, \beta_2, \cdots, \beta_p$ 为回归系数，β_0 为常数项.

若令 $\hat{y} = Ey$，则有：$\hat{y} = \beta_0 + \beta_1 x_1 + \cdots + \beta_p x_p$ $\tag{4.6}$

令 $y - Ey = \varepsilon$，则有：$y = \beta_0 + \beta_1 x_1 + \cdots + \beta_p x_p + \varepsilon$ $\tag{4.7}$

其中，ε 是随机误差项，常设 $\varepsilon \sim N(0, \sigma^2)$

若将 $(x_1, x_2, \cdots, x_p, y)$ 的 n 组观察值或样本值 $(x_{i1}, x_{i2}, \cdots, x_{ip}, y_i)$ 代入方程（4.7）有：

$$\begin{cases} y_1 = \beta_0 + \beta_1 x_{11} + \beta_2 x_{12} + \cdots + \beta_p x_{1p} + \varepsilon_1 \\ y_2 = \beta_0 + \beta_1 x_{21} + \beta_2 x_{22} + \cdots + \beta_p x_{2p} + \varepsilon_2 \\ \qquad\qquad \cdots\cdots \\ y_n = \beta_0 + \beta_1 x_{n1} + \beta_2 x_{n2} + \cdots + \beta_p x_{np} + \varepsilon_n \end{cases} \tag{4.8}$$

其中，$\varepsilon_1, \varepsilon_2, \cdots, \varepsilon_n$ 相互独立且 $\varepsilon_i \sim N(0, \sigma^2)$，$i = 1, 2, \cdots, n$.

为了表达方便，引入以下记号

$$Y = \begin{bmatrix} y_1 \\ y_2 \\ \vdots \\ y_n \end{bmatrix}, X = \begin{bmatrix} 1 & x_{11} & x_{12} & \cdots & x_{1p} \\ 1 & x_{21} & x_{22} & \cdots & x_{2p} \\ \vdots & \vdots & \vdots & & \vdots \\ 1 & x_{n1} & x_{n2} & \cdots & x_{np} \end{bmatrix}, \boldsymbol{\beta} = \begin{bmatrix} \beta_0 \\ \beta_1 \\ \vdots \\ \beta_p \end{bmatrix}, \boldsymbol{\varepsilon} = \begin{bmatrix} \varepsilon_1 \\ \varepsilon_2 \\ \vdots \\ \varepsilon_n \end{bmatrix}$$

这时，式（4.8）可写成矩阵形式：

$$Y = X\boldsymbol{\beta} + \boldsymbol{\varepsilon} \tag{4.9}$$

其中，$\boldsymbol{\varepsilon} \sim N_n(\mathbf{0}, \sigma^2 \boldsymbol{I}_n)$.

二、参数的最小二乘估计

作离差平方和

$$Q = Q(\beta_0, \beta_1, \cdots, \beta_p) = \sum_{i=1}^{n}(y_i - \hat{y}_i)^2$$

$$= \sum_{i=1}^{n}(y_1 - \beta_0 - \beta_1 x_{i1} - \cdots - \beta_p x_{ip})^2$$

选择 $\beta_0, \beta_1, \cdots, \beta_p$ 的估计值 $\hat{\beta}_0, \hat{\beta}_1, \cdots, \hat{\beta}_p$，使得 $Q(\beta_0, \beta_1, \cdots, \beta_p)$ 达到最小，即 $Q(\hat{\beta}_0, \hat{\beta}_1, \cdots, \hat{\beta}_p) = \min(\beta_0, \beta_1, \cdots, \beta_p)$，这种估计参数的方法叫最小二乘法，$\hat{\beta}_0, \hat{\beta}_1, \cdots, \hat{\beta}_p$ 称作 $\beta_0, \beta_1, \cdots, \beta_p$ 的最小二乘估计.

分别求 Q 关于 $\beta_0, \beta_1, \cdots, \beta_p$ 的偏导数，并令其为 0，有

$$\begin{cases} \dfrac{\partial Q}{\partial \beta_0} = \sum_{i=1}^{n} 2(y_i - \beta_0 - \beta_1 x_{i1} - \cdots - \beta_p x_{ip})(-1) = 0 \\[3mm] \dfrac{\partial Q}{\partial \beta_1} = \sum_{i=1}^{n} 2(y_i - \beta_0 - \beta_1 x_{i1} - \cdots - \beta_p x_{ip})(-x_{i1}) = 0 \\[2mm] \quad\quad \cdots \quad \cdots \quad \cdots \\[2mm] \dfrac{\partial Q}{\partial \beta_p} = \sum_{i=1}^{n} 2(y_i - \beta_0 - \beta_1 x_{i1} - \cdots - \beta_p x_{ip})(-x_{ip}) = 0 \end{cases}$$

改写为

$$\begin{cases} n\hat{\beta}_0 + (\sum_{i=1}^{n} x_{i1})\hat{\beta}_1 + (\sum_{i=1}^{n} x_{i2})\hat{\beta}_2 + \cdots + (\sum_{i=1}^{n} x_{ip})\hat{\beta}_p = \sum_{i=1}^{n} y_i \\ (\sum_{i=1}^{n} x_{i1})\hat{\beta}_0 + (\sum_{i=1}^{n} x_{i1}^2)\hat{\beta}_1 + (\sum_{i=1}^{n} x_{i1}x_{i2})\hat{\beta}_2 + \cdots + (\sum_{i=1}^{n} x_{i1}x_{ip})\hat{\beta}_p \\ = \sum_{i=1}^{n} x_{i1}y_i \\ \qquad\qquad \cdots \quad \cdots \quad \cdots \\ (\sum_{i=1}^{n} x_{ip})\hat{\beta}_0 + (\sum_{i=1}^{n} x_{ip}x_{i1})\hat{\beta}_1 + (\sum_{i=1}^{n} x_{ip}x_{i2})\hat{\beta}_2 + \cdots + (\sum_{i=1}^{n} x_{ip}^2)\hat{\beta}_p \\ = \sum_{i=1}^{n} x_{ip}y_i \end{cases}$$

$$(4.10)$$

式 (4.10) 写成矩阵形式为：$(\boldsymbol{X}^T\boldsymbol{X})\hat{\boldsymbol{\beta}} = \boldsymbol{X}^T\boldsymbol{Y}$

当 $(\boldsymbol{X}^T\boldsymbol{X})^{-1}$ 存在时，$\hat{\boldsymbol{\beta}} = (\boldsymbol{X}^T\boldsymbol{X})^{-1}\boldsymbol{X}^T\boldsymbol{Y}$ (4.11)

这里，$\hat{\boldsymbol{\beta}} = (\hat{\beta}_0, \hat{\beta}_1, \cdots, \hat{\beta}_p)^T$ 是 $\boldsymbol{\beta} = (\beta_0, \beta_2, \cdots, \beta_p)^T$ 的最小二乘估计，式 (4.10) 称为正规方程 (组).

这时，多元线性回归方程为：$\hat{y} = \hat{\beta}_0 + \hat{\beta}_1 x_1 + \cdots + \hat{\beta}_p x_p$，此方程也称为经验回归平面方程.

其实，正规方程组 (4.10) 也可写成以下形式：

$$\hat{\beta}_0 = \bar{y} - \sum_{i=1}^{p} \hat{\beta}_i \bar{x}_i \qquad \sum_{j=1}^{p} l_{ij}\hat{\beta}_j = l_{iy} \quad i = 1, 2, \cdots, p \qquad (4.12)$$

记式 (4.12) 中系数为 $L = (l_{ij})_{p \times p}$

这时，$\hat{\beta}_1, \cdots, \hat{\beta}_p$ 可由下式求出：$\begin{pmatrix} \hat{\beta}_1 \\ \hat{\beta}_2 \\ \vdots \\ \hat{\beta}_p \end{pmatrix} = L^{-1} \begin{pmatrix} l_{1y} \\ l_{2y} \\ \vdots \\ l_{py} \end{pmatrix}$

而 $\hat{\beta}_0 = \bar{y} - \hat{\beta}_1 \bar{x}_1 - \cdots - \hat{\beta}_p \bar{x}_p$. 其中 $\bar{x}_j = \dfrac{1}{n} \sum_{i=1}^{n} x_{ij}$，$j = 1, 2, \cdots, p$.

类似于一元线性回归，σ^2 可用无偏估计量 $\hat{\sigma}^2$ 来估计：

$$\hat{\sigma}^2 = \frac{\sum_{i=1}^{n}(y_i - \hat{y}_i)^2}{n-p-1} = \sum_{i=1}^{n}(y_i - \hat{\beta}_0 - \hat{\beta}_1 x_{i1} - \cdots - \hat{\beta}_p x_{ip})^2 / (n-p-1)，\text{其实，}$$

$$\hat{\sigma}^2 = (\sum_{i=1}^{n} y_i^2 - \hat{\beta}_0 \sum_{i=1}^{n} y_i - \hat{\beta}_1 \sum_{i=1}^{n} x_{i1} y_i - \cdots - \hat{\beta}_p \sum_{i=1}^{n} x_{ip} y_i) / (n-p-1)，\hat{\sigma} \text{ 叫剩余标准差.}$$

【例1】 养猪场经常要根据猪的身长和肚围估算猪的重量，现测量了 14 头猪的身长 x_1（cm），肚围 x_2（cm）与体重 y（kg）的数据，试求 y 关于 x_1，x_2 的线性回归方程.

x_1	41	45	51	52	59	62	69	72	78	80	90	92	98	103
x_2	49	58	62	71	62	74	71	74	79	84	85	94	91	95
y	28	39	41	44	43	50	51	57	63	66	70	76	80	84

【解】 设二元线性回归方程为 $\hat{y} = \beta_0 + \beta_1 x_1 + \beta_2 x_2$

$Y = (28, 39, 41, \cdots, 80, 84)^T$

$\beta = (\beta_0, \beta_1, \beta_2)^T$

$\varepsilon = (\varepsilon_1, \varepsilon_2, \cdots, \varepsilon_{13}, \varepsilon_{14})^T$

$$X = \begin{bmatrix} 1 & 1 & 1 & \cdots & 1 & 1 \\ 41 & 45 & 51 & \cdots & 98 & 103 \\ 49 & 58 & 62 & \cdots & 91 & 95 \end{bmatrix}^T$$

这里 Y 是（14×1）向量，β 是（3×1）向量，ε 是（14×1）向量，X 是（14×3）矩阵.

由公式 $\hat{\beta} = (X^T X)^{-1} X^T Y$，经计算可得

$$(\hat{\beta}_0 \quad \hat{\beta}_1 \quad \hat{\beta}_1)^T = (-15.936 \quad 0.522 \quad 0.474)^T$$

故所求回归方程为：$\hat{y} = -15.936 + 0.522 x_1 + 0.474 x_2$

本题中 $\hat{\beta}_1$ 的含义是：身长每增加 1cm，猪的体重平均增加 0.522kg；$\hat{\beta}_2$ 的含义是：肚围每增加 1cm，猪的体重平均增加 0.474kg.

三、$\hat{\boldsymbol{\beta}}$ 的性质

1. $E\hat{\boldsymbol{\beta}} = \boldsymbol{\beta}$

2. $Cov(\hat{\boldsymbol{\beta}}) = \sigma^2 (\boldsymbol{X}^T\boldsymbol{X})^{-1}$

其中，$\hat{\boldsymbol{\beta}}$ 的协方差阵为：

$$Cov(\hat{\boldsymbol{\beta}}) = \begin{pmatrix} D\beta_0 & Cov(\beta_0,\beta_1) & \cdots & Cov(\beta_0,\beta_p) \\ Cov(\beta_1,\beta_0) & D\beta_1 & \cdots & Cov(\beta_1,\beta_p) \\ \cdots & \cdots & \cdots & \cdots \\ Cov(\beta_p,\beta_0) & Cov(\beta_p,\beta_1) & \cdots & D\beta_p \end{pmatrix}$$

3. 每个 $\hat{\beta}_i (i=0,1,\cdots,p)$ 均是 $y_1,y_2,\cdots,y_n$ 的线性组合，而样本 $y_1,y_2,\cdots,y_n$ 均服从正态分布，故 $\hat{\beta}_1,\hat{\beta}_2,\cdots,\hat{\beta}_p$ 也服从正态分布，且 $\hat{\beta}_i \sim N(\beta_i,\sigma^2 c_{ii})$，$i=1,2,\cdots,p$，其中 c_{ii} 表示 $(\boldsymbol{X}^T\boldsymbol{X})^{-1}$ 的主对角线上的元素.

4. $\dfrac{(n-p-1)\hat{\sigma}^2}{\sigma^2} \sim \chi^2(n-p-1)$ 且与 $\hat{\beta}_i$ 独立.

以上性质类似于一元线性回归中估计量的性质，不加证明地给出.

四、多元线性回归的假设检验

1. 回归方程的显著性检验

对于任意 n 组数据 $(x_{i1},x_{i2},\cdots,x_{ip},y_i)$，$i=1,2,\cdots,n$ 根据最小二乘法都可以确定一个多元（p 元）回归方程 $\hat{y} = \hat{\beta}_0 + \hat{\beta}_1 x_1 + \cdots + \hat{\beta}_p x_p$，这个方程是否成立，即 y 与 $x_1,x_2,\cdots,x_p$ 这组自变量的整体是否的确存在线性关系，还需要用类似于一元回归中的几种方法进行检验.

类似于一元线性回归，对多元线性回归也作离差平方和分解：

$$l_{yy} = \sum_{i=1}^{n} (y_i - \bar{y})^2 = \sum_{i=1}^{n} (y_i - \hat{y}_i)^2 + \sum_{i=1}^{n} (\hat{y}_i - \bar{y})^2 = Q + U$$

$Q = \sum_{i=1}^{n} (y_i - \hat{y}_i)^2$ 叫剩余离差平方和，它反映了除 x_1，

$x_2, \cdots, x_p$ 以外其他随机因素所引起的 y 的波动. $U = \sum_{i=1}^{n} (\hat{y}_i - \bar{y})^2$ 叫回归离差平方和，它表示由于线性回归所引起 y 的波动. 与一元回归一样，U 越大，Q 就越小，表示 y 与 $x_1, x_2, \cdots, x_p$ 的线性关系就越显著.

（1）复相关系数法　令 $R^2 = \dfrac{U}{l_{yy}} = 1 - \dfrac{Q}{l_{yy}}$

$R = \sqrt{1 - \dfrac{Q}{l_{yy}}}$，显然 $0 \leqslant R \leqslant 1$，$R$ 越接近于 1，说明回归方程越显著成立.

（2）F 检验法

要检验 $\hat{y} = \beta_0 + \beta_1 x_1 + \cdots + \beta_p x_p$ 是否成立，就是要检验以下假设是否成立，

即 $H_0: \beta_1 = \beta_2 = \cdots = \beta_p = 0$.

在 H_0 成立下，可以证明 $\dfrac{Q}{\sigma^2} \sim \chi^2(n-p-1)$，$\dfrac{U}{\sigma^2} \sim \chi^2(p)$，且二者相互独立，

这时，$F = \dfrac{\dfrac{U}{\sigma^2}/p}{\dfrac{Q}{\sigma^2}/(n-p-1)} \sim F(p, n-p-1)$

即 $F = \dfrac{U/p}{Q/(n-p-1)} \sim F(p, n-p-1)$.

给定显著水平 α，可查表得 $F_\alpha(p, n-p-1)$，一次抽样后计算出 F 的数值.

若 $F \geqslant F_\alpha(p, n-p-1)$，则拒绝 H_0，即认为回归系数不全为 0，即线性方程显著成立；

若 $F < F_\alpha(p, n-p-1)$，则接受 H_0，即认为回归系数全为

0，即认为线性方程不显著成立.

F 值的计算可列以下方差分析表

方差分析表

方差来源	平方和	自由度	均方	F 值
回归	U	p	U/p	$F = \dfrac{U/p}{Q/(n-p-1)}$
残差	Q	$n-p-1$	$Q/(n-p-1)$	
总和	l_{yy}	$n-1$		

计算统计量 F 时，常按下列顺序进行

$$l_{yy} = \sum_{i=1}^{n} (y_i - \bar{y})^2 = \sum_{i=1}^{n} y_i^2 - \frac{1}{n} \left(\sum_{i=1}^{n} y_i \right)^2$$

$$Q = \sum_{i=1}^{n} (y_i - \hat{y}_i)^2$$

$$= \sum_{i=1}^{n} y_i^2 - \hat{\beta}_0 \sum_{i=1}^{n} y_i - \hat{\beta}_1 \sum_{i=1}^{n} x_{i1} y_i - \cdots - \hat{\beta}_p \sum_{i=1}^{n} x_{ip} y_i$$

$$U = l_{yy} - Q$$

$$F = \frac{U/p}{Q/(n-p-1)}$$

【例 2】 检验例 1 中线性回归方程的显著性，$\alpha = 0.05$.

【解】 $n = 14$，$p = 2$，$\alpha = 0.05$

先算 $\quad \displaystyle\sum_{i=1}^{14} y_i^2 = 48578, \quad \sum_{i=1}^{14} y_i = 792$

$$\sum_{i=1}^{14} x_{i1} y_i = 60520, \quad \sum_{i=1}^{14} x_{i2} y_i = 62380.$$

这时 $\quad \displaystyle l_{yy} = \sum_{i=1}^{14} y_i^2 - \frac{1}{14} \left(\sum_{i=1}^{14} y_i \right)^2 = 48578 - \frac{1}{14} \times 792^2$

$$\approx 3773.429,$$

$$Q = \sum_{i=1}^{14} y_i^2 - \hat{\beta}_0 \sum_{i=1}^{14} y_i - \hat{\beta}_1 \sum_{i=1}^{14} x_{i1} y_i - \hat{\beta}_2 \sum_{i=1}^{14} x_{i2} y_i$$

$= 48578 - (-15.936) \times 792 - 0.522 \times 60520 - 0.474 \times 62380$

$= 39.752$

$U = l_{yy} - Q = 3733.677$

计算 F 值的方差分析表如下

方差来源	平方和	自由度	均方	F 值
回归	3733.677	2	1866.839	516.558
残差	39.752	11	3.614	
总和	3773.429	13		

查附表得 $F_{0.05}(2,11) = 3.98$

显然 $F > F_{0.05}(2,11)$，所以线性回归方程显著成立.

2. 回归系数的显著性检验

当回归方程显著成立时，只是说自变量 $x_1, x_2, \cdots, x_p$ 这个整体对 y 有显著影响，但并不能肯定每一个变量对 y 有显著影响，回归系数的检验就是要检验每个自变量对 y 是否有显著影响. 这样，就可保留影响显著的自变量，剔除次要的、可有可无的自变量.

要检验 x_i 对 y 有无显著影响，就是要检验假设 $H_0: \beta_i = 0$ 是否成立.

因为　$\hat{\beta}_i \sim N(\beta_i, \sigma^2 c_{ii})$，所以　$\dfrac{\hat{\beta}_i - \beta_i}{\sqrt{c_{ii}}\, \sigma} \sim N(0, 1)$

而 $\dfrac{(n-p-1)\hat{\sigma}^2}{\sigma^2} \sim \chi^2(n-p-1)$ 且与 $\hat{\beta}_i$ 独立，

根据 t 分布定义，$T_i = \dfrac{\hat{\beta}_i - \beta_i}{\sqrt{c_{ii}}\, \sigma} \Big/ \sqrt{\dfrac{(n-p-1)\hat{\sigma}^2}{\sigma^2} \Big/ (n-p-1)}$

$= \dfrac{\hat{\beta}_i - \beta_i}{\sqrt{c_{ii}}\, \hat{\sigma}} \sim t(n-p-1)$,

故在 H_0 成立下，$T_i = \dfrac{\hat{\beta}_i}{\sqrt{c_{ii}}\, \hat{\sigma}} \sim t(n-p-1)$.

给定显著水平 α，查表可得 $t_{\frac{\alpha}{2}}(n-p-1)$，由样本数据可得 T_i 的数值 t_i，

若 $|t_i| \geqslant t_{\frac{\alpha}{2}}(n-p-1)$，则拒绝 H_0，即 x_i 对 y 有显著影响；

若 $|t_i| < t_{\frac{\alpha}{2}}(n-p-1)$，则接受 H_0，即 x_i 对 y 无显著影响，这时可建立剔除此自变量的新的回归方程，再进行检验.

五、预测

当由样本求得的回归方程 $\hat{y} = \hat{\beta}_0 + \hat{\beta}_1 x_1 + \cdots + \hat{\beta}_p x_p$ 经过检验，回归效果和各个回归系数都是显著的，这时就可用来预测了.

当 $x_1 = x_{01}, x_2 = x_{02}, \cdots, x_p = x_{0p}$ 时，所对应的 y_0 的点预测为：

(1) $\hat{y}_0 = \hat{\beta}_0 + \hat{\beta}_1 x_{01} + \cdots + \hat{\beta}_p x_{0p}$，

而 y_0 的置信概率为 $1-\alpha$ 的区间预测为：

(2) $(\hat{y}_0 - t_{\frac{\alpha}{2}}(n-p-1)\hat{\sigma}d_0, \ \hat{y}_0 + t_{\frac{\alpha}{2}}(n-p-1)\hat{\sigma}d_0)$，

其中 $d_0 = \sqrt{1 + \dfrac{1}{n} + \displaystyle\sum_{i=1}^{p}\sum_{j=1}^{p} c_{ij}(x_{0i} - \bar{x}_i)(x_{0j} - \bar{x}_j)}$.

当 n 很大且 x_{0i} 接近于 $\bar{x}_i$ 时，$d_0 \approx 1$. 这时，y_0 的置信度为 $1-\alpha$ 的区间预测近似地为：

$(\hat{y}_0 - z_{\frac{\alpha}{2}}\hat{\sigma}, \ \hat{y}_0 + z_{\frac{\alpha}{2}}\hat{\sigma})$.

习 题 四

1. 某医院用光电比色计检验尿汞时，测得尿汞含量（mg/L）与消光系数读数的结果如下：

尿汞含量 x	2	4	6	8	10
消光系数 y	64	138	205	285	360

试求消光系数 y 关于尿汞含量 x 的一元线性回归方程.

2. 考察温度 x(℃) 对产量 y(kg) 的影响，测量 10 组数据如下：

x	20	25	30	35	40	45	50	55	60	65
y	13.2	15.1	16.4	17.1	17.9	18.7	19.6	21.2	22.5	24.3

（1）求 y 对 x 的线性回归方程及相关系数 r；

（2）检验回归效果的显著性（$\alpha = 0.05$）；

（3）当 $x = 42$℃时，求 y_0 的预测值及 95％ 的区间预测.

3. 流经某地区的一条河的径流量 y 与该地区降雨 x 之间有关，多次测得数据如下：

x	110	184	145	122	165	143	78	129	62	130	168
y	25	81	36	33	70	54	20	44	1.4	41	75

设径流量 y 是正态变量，方差与 x 无关，求 y 关于 x 的一元线性回归方程，并求 σ^2 的估计值，再求 $x_0 = 155$ 时，y_0 的点预测 $\hat{y}_0$ 及区间预测（$\alpha = 0.05$）.

4. 在彩色显像中，由以往的经验知道，形成染料光学密度 y 与析出银的光学密度 x 之间有以下类型的关系式：$y = \alpha e^{-\frac{b}{x}}$（$b > 0$）. 现有 11 对数据：

x	0.05	0.06	0.07	0.10	0.14	0.20	0.25	0.31	0.38	0.43	0.47
y	0.10	0.14	0.23	0.37	0.59	0.79	1.00	1.12	1.19	1.25	1.29

求 y 关于 x 的曲线回归方程.

5. 某种商品的需求量 y，消费者的平均收入 x_1 及商品价格 x_2 的统计数据如下表所示：

x_1	1000	600	1200	500	300	400	1300	1100	1300	300
x_2	5	7	6	6	8	7	5	4	3	9
y	100	75	80	70	50	65	90	100	110	60

（1）求 y 对 x_1，x_2 的线性回归方程；（2）检验回归方程的

显著性（$\alpha=0.01$）.

6. 某化工产品得率 y 与反应温度 x_1、反应时间 x_2 及某反应物浓度 x_3 有关，设对于给定的 x_1,x_2,x_3 得率 y 服从正态分布，且方差与 x_1,x_2,x_3 无关，今测得试验结果如下表所示. 其中，x_1,x_2,x_3 均为 2 水平且均以编码形式表达.

x_1	-1	-1	-1	-1	1	1	1	1
x_2	-1	-1	1	1	-1	-1	1	1
x_3	-1	1	-1	1	-1	1	-1	1
y	7.6	10.3	9.2	10.2	8.4	11.1	9.8	12.6

（1）求 y 关于 x_1,x_2,x_3 的多元线性回归方程；

（2）在 $\alpha=0.05$ 下，检验回归方程的显著性.

第五章　方　差　分　析

　　方差分析是数理统计的基本方法之一，是生产实践和科学研究中分析数据的一种重要方法．例如，农作物的产量受种子品种、施肥量及肥料品种、土质、水分及管理方法等因素的影响；再例如，化工生产中，化工产品的质量和数量受原料成分、催化剂、反应温度、压力、反应时间、设备型号及操作技术等的影响．方差分析就是要根据试验数据，分析和推断哪些因素对我们要考察的指标有显著影响，哪些对它没有显著影响．

　　我们把要考察的指标称为试验指标或试验结果，影响试验指标的条件称为因素，因素常用 A、B、C 等表示．讨论一种因素对试验指标有无显著影响的分析，叫单因素方差分析或一元方差分析；讨论两种因素对试验指标有无显著影响的分析，叫双因素方差分析或二元方差分析．

　　方差分析由英国统计学家费歇尔创立，最初用于生物和农业试验，后来方差分析的应用领域越来越广泛，内容也不断丰富．本章主要讨论较为简单的情形：单因素方差分析和双因素方差分析．

§1　单因素方差分析

一、实例

　　【例1】　为了比较四种不同肥料对小麦亩产量的影响，取一片土壤肥沃程度和水利灌溉条件差不多的土地，分成 16 块，肥料品种记为：A_1，A_2，A_3，A_4，每种肥料施在四块土地上，得亩产量数据如下：

肥料品种	亩产量			
A_1	981	964	917	669
A_2	607	693	506	400
A_3	780	645	801	735
A_4	905	773	780	890

问施肥品种对小麦亩产量有无显著影响？

【例2】 对三种不同农药在相同条件下分别进行杀虫试验，试验结果如下：

农药品种	杀虫率（%）			
A_1	87	89	82	
A_2	65	58		
A_3	90	88	91	76

问农药品种对杀虫率有无显著影响？

在例1和例2中，试验指标分别是亩产量和杀虫率，肥料品种和农药品种是因素（或称因子），这里只有一个影响因素。把因素在试验中所处的状态称为水平，例1中，肥料品种这个因素有四个水平。例2中，农药品种这个因素有三个水平。可以看出，在因素 A 的不同水平下，试验数据之间存在有差异，即使在因素 A 的同一水平下，试验数据之间同样存在差异，那么试验结果之间的差异到底是由于因素的水平变化所引起的呢，还是由于随机误差的干扰所引起的？这就是方差分析要解决的问题。

二、数学模型

一般地，设因素 A 有 r 个水平 A_1，A_2，$\cdots$，A_r，在水平 A_i 下的总体为 X_i，作如下假定：

（1）设水平 A_i 所对应的总体 $X_i \sim N(\mu_i, \sigma^2)$，$i = 1, 2, \cdots, r$.

（2）在总体 X_i 下取容量为 n_i 的样本：
$$\{X_{i1}, X_{i2}, \cdots, X_{in_i}\}, i=1,2,\cdots,r.$$
且这 r 个样本相互独立.

$\{x_{i1}, x_{i2}, \cdots, x_{in_i}\}$ 本应该表示样本 $\{X_{i1}, X_{i2}, \cdots, X_{in_i}\}$ 的观察值，但本章为了表达方便，将样本和样本观察值不再区分大小写，统一用小写表示，随机变量和其观察值也不再区分大小写，统一用小写表示. 以后 x_{ij} $(i=1,2,\cdots,r; j=1,2,\cdots,n_i)$ 既表示随机变量又表示其观察值，其他同理.

试验结果可用下表表示：

因素 A	试验结果（样本）			
A_1	x_{11}	x_{12}	$\cdots$	x_{1n_1}
A_2	x_{21}	x_{22}	$\cdots$	x_{2n_2}
$\vdots$	$\vdots$	$\vdots$	$\cdots$	$\vdots$
A_i	x_{i1}	x_{i2}	$\cdots$	x_{in_i}
$\vdots$	$\vdots$	$\vdots$	$\cdots$	$\vdots$
A_r	x_{r1}	x_{r2}	$\cdots$	x_{rn_r}

单因素方差分析模型为：$\begin{cases} x_{ij}=\mu_i+\varepsilon_{ij} \\ \varepsilon_{ij}\sim N(0,\ \sigma^2) \end{cases}$ $(i=1,2,\cdots,r;$
$j=1,2,\cdots,n_i)$ （1）

且 ε_{ij} 相互独立 $(i=1,2,\cdots,r; j=1,2,\cdots,n_i)$.

我们的任务是检验假设 $H_0:\mu_1=\mu_2=\cdots=\mu_r$，$H_1:\mu_1,\mu_2,\cdots,\mu_r$ 不全相等.

令 $\mu=\dfrac{1}{n}\sum_{i=1}^{r}n_i\mu_i$，其中 $n=\sum_{i=1}^{r}n_i$，μ 叫总平均.

$\alpha_i=\mu_i-\mu$，称 α_i 为水平 A_i 的效应，$i=1,2,\cdots,r$.

这时，单因素方差模型又可表示为：
$$\begin{cases} x_{ij}=\mu+\alpha_i+\varepsilon_{ij} \\ \sum_{i=1}^{r}n_i\alpha_i=0 \quad (i=1,2,\cdots,r; j=1,2,\cdots,n_i) \\ \varepsilon_{ij}\sim N(0,\sigma^2) \end{cases}$$
（2）

且 ε_{ij} 相互独立 $(i=1,2,\cdots,r;j=1,2,\cdots,n_i)$.

这时，假设检验变为：$H_0:\alpha_1=\alpha_2=\cdots=\alpha_r=0$，$H_1:\alpha_1,\alpha_2,\cdots,\alpha_r$ 不全为零.

三、离差平方和分解与显著性检验

记 $\bar{x}_i=\dfrac{1}{n_i}\sum_{j=1}^{n_i}x_{ij}$ $(i=1,2,\cdots,r)$，

$\bar{x}=\dfrac{1}{n}\sum_{i=1}^{r}\sum_{j=1}^{n_i}x_{ij}$，$\bar{x}_i$ 是第 i 个总体 X_i 的样本均值，称为组内平均，$\bar{x}$ 称为总平均.

总离差平方和为

$$S_T=\sum_{i=1}^{r}\sum_{j=1}^{n_i}(x_{ij}-\bar{x})^2=\sum_{i=1}^{r}\sum_{j=1}^{n_i}\left[(x_{ij}-\bar{x}_i)+(\bar{x}_i-\bar{x})\right]^2$$

$$=\sum_{i=1}^{r}\sum_{j=1}^{n_i}(x_{ij}-\bar{x}_i)^2+\sum_{i=1}^{r}\sum_{j=1}^{n_i}(\bar{x}_i-\bar{x})^2+2\sum_{i=1}^{r}\sum_{j=1}^{n_i}(x_{ij}-\bar{x}_i)(\bar{x}_i-\bar{x})$$

$$=\sum_{i=1}^{r}\sum_{j=1}^{n_i}(x_{ij}-\bar{x}_i)^2+\sum_{r=1}^{r}\sum_{j=1}^{n_i}(\bar{x}_i-\bar{x})^2$$

$$=\sum_{i=1}^{r}\sum_{j=1}^{n_i}(x_{ij}-\bar{x}_i)^2+\sum_{i=1}^{r}n_i(\bar{x}_i-\bar{x})^2$$

$$=S_E+S_A$$

其中，$S_E=\sum_{i=1}^{r}\sum_{j=1}^{n_i}(x_{ij}-\bar{x}_i)^2$ 称为组内平方和或组内误差平方和，简称组内差，它反映了随机误差所造成的数据波动；

$S_A=\sum_{i=1}^{r}\sum_{j=1}^{n_i}(\bar{x}_i-\bar{x})^2=\sum_{i=1}^{r}n_i(\bar{x}_i-\bar{x})^2$ 称为组间平方和，简称组间差，它反映了因素水平的改变引起的数据波动.

S_T 有一个约束条件：$\bar{x}=\dfrac{1}{n}\sum_{i=1}^{r}\sum_{j=1}^{n_i}x_{ij}$，故 S_T 的自由度为 $n-1$.

S_E 有 r 个条件约束：$\bar{x}_i = \dfrac{1}{n_i} \sum\limits_{j=1}^{n_i} x_{ij} (i = 1, 2, \cdots, r)$，故 S_E 的自由度为 $n - r$.

$S_A = \sum\limits_{r=1}^{r} n_i (\bar{x}_i - \bar{x})^2$ 中 r 个 $\bar{x}_i$ 受一个约束：$\dfrac{1}{n} \sum\limits_{i=1}^{r} n_i \bar{x}_i = \bar{x}$，故 S_A 的自由度为 $r - 1$.

下面利用 S_T，S_E，S_A 构造检验统计量.

$$\frac{S_E}{\sigma^2} = \frac{\sum\limits_{i=1}^{r} \sum\limits_{j=1}^{n_i} (x_{ij} - \bar{x}_i)^2}{\sigma^2} = \sum\limits_{i=1}^{r} \frac{\sum\limits_{j=1}^{n_i} (x_{ij} - \bar{x}_i)^2}{\sigma^2}$$

由第一章第五节可知 $\dfrac{\sum\limits_{j=1}^{n_i} (x_{ij} - \bar{x}_i)^2}{\sigma^2} \sim \chi^2 (n_i - 1)$，再利用 χ^2 分布的可加性，$\dfrac{S_E}{\sigma^2} \sim \chi^2 \left(\sum\limits_{i=1}^{r} (n_i - 1) \right)$，而 $\sum\limits_{i=1}^{r} (n_i - 1) = n - r$，故 $\dfrac{S_E}{\sigma^2} \sim \chi^2 (n - r)$.

另一方面，在 H_0：$\mu_1 = \mu_2 = \cdots = \mu_r$ 成立下，$\mu = \mu_1 = \mu_2 = \cdots = \mu_r$，则 $x_{ij} \sim N(\mu, \sigma^2)$，且 x_{ij} 相互独立，$i = 1, 2, \cdots, r$；$j = 1, 2, \cdots, n_i$，则

$$\frac{S_T}{\sigma^2} = \frac{\sum\limits_{i=1}^{r} \sum\limits_{j=1}^{n_i} (x_{ij} - \bar{x})^2}{\sigma^2} \sim \chi^2 (n - 1)$$

又因为 $\dfrac{S_T}{\sigma^2} = \dfrac{S_E}{\sigma^2} + \dfrac{S_A}{\sigma^2}$

由第一章的柯赫伦定理可知，在 H_0 成立下，$\dfrac{S_A}{\sigma^2} \sim \chi^2 (r - 1)$，且 $\dfrac{S_E}{\sigma^2}$ 与 $\dfrac{S_A}{\sigma^2}$ 相互独立.

还可以证明，$E \dfrac{S_E}{n - r} = \sigma^2$，$E \dfrac{S_A}{r - 1} = \sigma^2 + \dfrac{\sum\limits_{i=1}^{r} n_i \alpha_i^2}{r - 1}$

故在 H_0 成立下，$F=\dfrac{\dfrac{S_A}{\sigma^2}/(r-1)}{\dfrac{S_E}{\sigma^2}/(n-1)}\sim F(r-1,\ n-r)$，

即 $F=\dfrac{\dfrac{S_A}{r-1}}{\dfrac{S_E}{n-r}}=\dfrac{\bar{S}_A}{\bar{S}_E}\sim F(r-1,\ n-r)$，$\bar{S}_A=\dfrac{S_A}{r-1}$ 和 $\bar{S}_E=\dfrac{S_E}{n-r}$

分别叫 S_A 和 S_E 的均方.

显然，在 H_0 不成立下，F 有偏大的可能.

一次抽样后，若 $F\geqslant F_\alpha(r-1,\ n-r)$，则拒绝 H_0，即认为因素 A 对试验结果有显著影响；若 $F<F_\alpha(r-1,\ n-r)$，则接受 H_0，即因素 A 对试验结果无显著影响.

以上分析可列成如下的方差分析表.

单因素方差分析表

方差来源	平方和	自由度	均方	F 值
组间（因素 A）	S_A	$r-1$	$\bar{S}_A$	$F=\dfrac{\bar{S}_A}{\bar{S}_E}$
组内（误差）	S_E	$n-r$	$\bar{S}_E$	
总和	S_T	$n-1$		

实际计算时，采用下列公式：

$$T_i=\sum_{j=1}^{n_i}x_{ij},\quad T=\sum_{i=1}^{r}\sum_{j=1}^{n_i}x_{ij},$$

$$S_T=\sum_{i=1}^{r}\sum_{j=1}^{n_i}x_{ij}^2-\frac{T^2}{n},\quad S_A=\sum_{i=1}^{r}\frac{T_i^2}{n_i}-\frac{T^2}{n},\quad S_E=S_T-S_A.$$

【例 3】 人造纤维的抗拉强度是否受掺入其中棉花的百分比的影响是有疑问的. 现确定棉花百分比的 5 个水平：15%，20%，25%，30%，35%，每个水平下测 5 个抗拉强度的值，数据如下，试问抗拉强度是否受掺入棉花百分比的影响？（$\alpha=0.05$）

棉花百分比（％）	抗拉强度					T_i
15	7	7	15	11	9	49
20	12	17	12	18	18	77
25	14	18	18	19	19	88
30	19	25	22	19	23	108
35	7	10	11	15	11	54

【解】　本题中，每个水平 A_i 下的 n_i 相同，称为等重复试验.

$n_1 = n_2 = n_3 = n_4 = n_5 = 5$，　$r = 5$，　$n = 25$.

抗拉强度模型为 $\begin{cases} x_{ij} = \mu_i + \varepsilon_{ij} & i,j = 1,2,\cdots,5 \\ \varepsilon_{ij} \text{ 相互独立} \end{cases}$

$H_0 : \mu_1 = \mu_2 = \mu_3 = \mu_4 = \mu_5$，$H_1 : \mu_1, \mu_2, \mu_3, \mu_4, \mu_5$ 不全相等.

$$T = \sum_{i=1}^{5} \sum_{i=1}^{5} x_{ij} = \sum_{i=1}^{5} T_i = 376,$$

$$S_T = \sum_{i=1}^{5} \sum_{j=1}^{5} x_{ij}^2 - \frac{T^2}{n} = 7^2 + 7^2 + \cdots + 11^2 - \frac{376^2}{25} = 636.76$$

$$S_A = \sum_{i=1}^{5} \frac{T_i^2}{n_i} - \frac{T^2}{n} = \frac{1}{5}(49^2 + 77^2 + \cdots + 54^2) - \frac{376^2}{25} = 475.76$$

$$S_E = S_T - S_A = 161.20$$

方差分析表如下：

方差来源	平方和	自由度	均方	F 值
因素 A	475.76	4	118.94	$\frac{118.94}{8.06} = 14.76$
误差	161.20	20	8.06	
总和	636.96	24		

对于 $\alpha = 0.05$，查表得 $F_{0.05}(4,20) = 2.87$

显然 $F > F_{0.05}(4,20)$，故拒绝 H_0，即掺入棉花的百分比对人造纤维的抗拉强度有显著影响.

【例4】　小白鼠在接种了三种不同菌型的伤寒杆菌后的存活天数数据如下表，问接种这三种伤寒杆菌后小白鼠的平均存活天数有无显著差异（$\alpha=0.01$）？

菌型	接种后存活天数				
菌型 A_1	2	5	4	3	
菌型 A_2	10	12	9		
菌型 A_3	8	7	11	5	6

【解】 每个水平 A_i 下的 n_i 不同，此例为不等重复试验.

$n_1=4$，$n_2=3$，$n_3=5$，$n=12$.

接种后小白鼠存活天数模型为

$$\begin{cases} x_{ij} = \mu_i + \varepsilon_{ij} & i=1,2,3; j=1,2,\cdots,n_i \\ \varepsilon_{ij} \sim N(0,\sigma^2), & \text{且 } \varepsilon_{ij} \text{ 相互独立} \end{cases}$$

需检验的假设为

$H_0: \mu_1 = \mu_2 = \mu_3$，　$H_1: \mu_1, \mu_2, \mu_3$ 不全相等.

$T_1 = 14, T_2 = 31, T_3 = 37, T = \sum\limits_{i=1}^{3} \sum\limits_{j=1}^{n_i} x_{ij} = 82.$

$S_T = \sum\limits_{i=1}^{3} \sum\limits_{j=1}^{n_i} x_{ij}^2 - \dfrac{T^2}{n} = 2^2 + 5^2 + \cdots + 5^2 + 6^2 - \dfrac{82^2}{12} = 113.67.$

$S_A = \sum\limits_{i=1}^{3} \dfrac{T_i^2}{n_i} - \dfrac{T^2}{n} = \dfrac{14^2}{4} + \dfrac{31^2}{3} + \dfrac{37^2}{5} - \dfrac{82^2}{12} = 82.8$

$S_E = S_T - S_A = 30.87$

方差分析表如：

方差来源	平方和	自由度	均方	F 值
因素 A	82.8	2	41.4	12.07
误差	30.87	9	3.43	
总和	113.67	11		

对于 $\alpha=0.01$，查表得 $F_{0.01}(2,9)=8.02$

显然 $F > F_{0.01}(2,9)$，故拒绝 H_0，即接种不同类型伤寒杆菌后，小白鼠的平均存活天数有显著差异.

§2 双因素方差分析

在实际问题中,经常会遇到考察几个因素对试验指标的影响.这就要进行多因素方差分析,本节仅讨论两因素方差分析,也叫二元方差分析.在双因素试验中,每个因素对试验指标有各自单独的影响,有时还存在着两者联合的影响,这种联合影响叫交互作用.下面就无交互作用和有交互作用两种情况分别讨论.对无交互作用情形采用非重复试验,对有交互作用情形采用重复试验.

一、无交互作用的双因素方差分析

设有两个因素 A、B,A 有 r 个水平:$A_1,A_2,\cdots,A_r$,B 有 s 个水平:$B_1,B_2,\cdots,B_s$,在每一个组合水平(A_i,B_j)下,做一次试验(非重复试验),试验结果为 $x_{ij}(i=1,2,\cdots,r;\ j=1,2,\cdots,s)$.设各 x_{ij} 相互独立,且 $x_{ij}\sim N(\mu_{ij},\sigma^2)$,

列表如下:

因素B \ 因素A	B_1	B_2	$\cdots$	B_j	$\cdots$	B_s
A_1	x_{11}	x_{12}	$\cdots$	x_{1j}	$\cdots$	x_{1s}
A_2	x_{21}	x_{22}	$\cdots$	x_{2j}	$\cdots$	x_{2s}
$\vdots$	$\vdots$	$\vdots$	$\cdots$	$\vdots$	$\cdots$	$\vdots$
A_i	x_{i1}	x_{i2}	$\cdots$	x_{ij}	$\cdots$	x_{is}
$\vdots$	$\vdots$	$\vdots$	$\cdots$	$\vdots$	$\cdots$	$\vdots$
A_r	x_{r1}	x_{r2}	$\cdots$	x_{rj}	$\cdots$	x_{rs}

1. 无交互作用双因素方差分析模型

记 $\mu=\dfrac{1}{rs}\sum\limits_{i=1}^{r}\sum\limits_{j=1}^{s}\mu_{ij}$ 称为总平均数,

$\mu_{i.} = \dfrac{1}{s} \sum\limits_{j=1}^{s} \mu_{ij}$ 称为因素 A 的第 i 个水平的平均，

$\mu_{.j} = \dfrac{1}{r} \sum\limits_{i=1}^{r} \mu_{ij}$ 称为因素 B 的第 j 个水平的平均，

$\alpha_i = \mu_{i.} - \mu$ 称为因素 A 的第 i 个小平 A_i 的效应，

$\beta_j = \mu_{.j} - \mu$ 称为因素 B 的第 j 个水平 B_j 的效应.

显然 $\sum\limits_{i=1}^{r} \alpha_i = 0$ $\sum\limits_{j=1}^{s} \beta_j = 0$.

方差分析模型为：

$$
\begin{cases}
x_{ij} = \mu + \alpha_i + \beta_j + \varepsilon_{ij} & i=1,2,\cdots,r; j=1,2,\cdots,s \\
\varepsilon_{ij} \sim N(0, \sigma^2) & \\
\sum\limits_{i=1}^{r} \alpha_i = 0 \qquad\qquad \sum\limits_{j=1}^{s} \beta_j = 0
\end{cases}
$$

且各 ε_{ij} 相互独立，$i=1,2,\cdots,r$；$j=1,2,\cdots,s$.

其中，μ，α_i，β_j，σ^2 均是未知参数.

要判断因素 A 及因素 B 对试验结果有无显著影响，就是检验如下两个假设：

$H_{0A}: \alpha_1 = \alpha_2 = \cdots = \alpha_r = 0$， $H_{1A}: \alpha_1, \alpha_2, \cdots, \alpha_r$ 不全为零；

$H_{0B}: \beta_1 = \beta_2 = \cdots = \beta_s = 0$， $H_{1B}: \beta_1, \beta_2, \cdots, \beta_s$ 不全为零.

2. 离差平方和分解及显著性检验

为检验 H_{0A} 和 H_{0B}，采用与单因素方差分析类似的方法，作离差平方和分解.

记 $\bar{x} = \dfrac{1}{rs} \sum\limits_{i=1}^{r} \sum\limits_{j=1}^{s} x_{ij}$， $\bar{x}_{i.} = \dfrac{1}{s} \sum\limits_{j=1}^{s} x_{ij}$， $\bar{x}_{.j} = \dfrac{1}{r} \sum\limits_{r=1}^{r} x_{ij}$

于是，总离差平方和 S_T 可分解为：

$$
S_T = \sum_{i=1}^{r} \sum_{j=1}^{s} (x_{ij} - \bar{x})^2 = \sum_{i=1}^{r} \sum_{j=1}^{s} [(\bar{x}_{i.} - \bar{x}) + (\bar{x}_{.j} - \bar{x}) + (x_{ij} -
$$

$\bar{x}_{i.} - \bar{x}_{.j} + \bar{x})]^2 = s \sum\limits_{i=1}^{r} (\bar{x}_{i.} - \bar{x})^2 + r \sum\limits_{j=1}^{s} (\bar{x}_{.j} - \bar{x})^2 + \sum\limits_{i=1}^{r} \sum\limits_{j=1}^{s} (x_{ij} - $

$\bar{x}_{i.} - \bar{x}_{.j} + \bar{x})^2 = S_A + S_B + S_E$

上式称为总离差平方和分解式，$S_A = s \sum\limits_{i=1}^{r} (\bar{x}_{i.} - \bar{x})^2$ 是因素 A 引起的离差平方和.

$S_B = r \sum\limits_{j=1}^{s} (\bar{x}_{.j} - \bar{x})^2$ 是因素 B 引起的离差平方和，$S_E = \sum\limits_{i=1}^{r} \sum\limits_{j=1}^{s} (x_{ij} - \bar{x}_{i.} - \bar{x}_{.j} + \bar{x})^2$ 是随机误差的平方和，S_A，S_B，S_E 及 S_T 的自由度分别是 $r-1$，$s-1$，$(r-1)(s-1)$ 及 $n-1$. 其中，$n=rs$，

令 $\bar{S}_A = \dfrac{S_A}{r-1}$， $\bar{S}_B = \dfrac{S_B}{s-1}$， $\bar{S}_E = \dfrac{S_E}{(r-1)(s-1)}$.

可以证明：$E\bar{S}_A = \sigma^2 + \dfrac{s}{r-1} \sum\limits_{i=1}^{r} \alpha_i^2$， $E\bar{S}_B = \sigma^2 + \dfrac{r}{s-1} \sum\limits_{j=1}^{s} \beta_j^2$，$E\bar{S}_E = \sigma^2$.

在 H_{0A} 成立下，

$$F_A = \frac{\dfrac{S_A}{r-1}}{\dfrac{S_E}{(r-1)(s-1)}} = \frac{\bar{S}_A}{\bar{S}_E} \sim F(r-1, (r-1)(s-1));$$

在 H_{0B} 成立下，

$$F_B = \frac{\dfrac{S_B}{s-1}}{\dfrac{S_E}{(r-1)(s-1)}} = \frac{\bar{S}_B}{\bar{S}_E} \sim F(s-1, (r-1)(s-1)).$$

给定显著水平 α，可查表得：$F_\alpha(r-1, (r-1)(s-1))$ 和 $F_\alpha(s-1, (r-1)(s-1))$.

若 $F_A \geqslant F_\alpha(r-1, (r-1)(s-1))$，则拒绝 H_{0A}，即因素 A 对试验结果有显著影响；

若 $F_A < F_\alpha(r-1, (r-1)(s-1))$，则接受 H_{0A}，即因素 A 对试验结果无显著影响.

若 $F_B \geqslant F_\alpha(r-1, (r-1)(s-1))$，则拒绝 H_{0B}，即因素 B 对试验结果有显著影响；

若 $F_B < F_\alpha(s-1,(r-1)(s-1))$，则接受 H_{0B}，即因素 B 对试验结果无显著影响．

无交互作用的双因素方差分析表如下：

方差来源	平方和	自由度	均方	F 值
因素 A	S_A	$r-1$	$\bar{S}_A = \dfrac{S_A}{r-1}$	$F_A = \dfrac{\bar{S}_A}{\bar{S}_E}$
因素 B	S_B	$s-1$	$\bar{S}_B = \dfrac{S_B}{s-1}$	$F_B = \dfrac{\bar{S}_B}{\bar{S}_E}$
误差 E	S_E	$(r-1)(s-1)$	$\bar{S}_E = \dfrac{S_E}{(r-1)(s-1)}$	
总和 T	S_T	$rs-1$		

常采用下列公式计算：

$$T_{i\cdot} = \sum_{j=1}^{s} x_{ij} \quad T_{\cdot j} = \sum_{i=1}^{r} x_{ij} \quad T = \sum_{i=1}^{r}\sum_{j=1}^{s} x_{ij} = \sum_{i=1}^{r} T_{i\cdot} = \sum_{j=1}^{s} T_{\cdot j}$$

$$S_T = \sum_{i=1}^{r}\sum_{j=1}^{s} x_{ij}^2 - \frac{T^2}{n},$$

$$S_A = \frac{1}{s}\sum_{i=1}^{r} T_{i\cdot}^2 - \frac{T^2}{n},$$

$$S_B = \frac{1}{r}\sum_{j=1}^{s} T_{\cdot j}^2 - \frac{T^2}{n},$$

$$S_E = S_T - S_A - S_B.$$

【例 1】 试验某种钢不同的含铜量在各种温度下的冲击力（kg·m/cm²），测得数据如下：

温度 含铜量	20℃	0℃	−20℃	−40℃
0.2%	10.6	7.0	4.2	4.2
0.4%	11.6	11.1	6.8	6.3
0.8%	14.5	13.3	11.8	8.7

试问不同含铜量、不同温度对冲击力是否有显著影响（$\alpha = 0.05$）？

【解】 记含铜量为因素 A，温度为因素 B，不考虑 A、B 的交互作用.

$$r = 3, \qquad s = 4, \qquad n = rs = 12.$$

列表计算如下：

$\diagdown$ $\begin{matrix}A\\B\end{matrix}$	B_1	B_2	B_3	B_4	$T_{i\cdot}$	$T_{i\cdot}^2$
A_1	10.6	7.0	4.2	4.2	26	676
A_2	11.6	11.1	6.8	6.3	35.8	1281.64
A_3	14.5	13.3	11.5	8.7	48	2304
$T_{\cdot j}$	36.7	31.4	22.5	19.2	109.8	
$T_{\cdot j}^2$	1346.89	985.96	506.25	368.64		
$\sum\limits_{i=1}^{3}\sum\limits_{j=1}^{4} x_{ij}^2$					1135.42	

所以 $S_{\mathrm{T}} = \sum\limits_{i=1}^{r}\sum\limits_{j=1}^{s} x_{ij}^2 - \dfrac{T^2}{n} = 1135.42 - \dfrac{109.8^2}{12} = 130.75,$

$S_{\mathrm{A}} = \dfrac{1}{s}\sum\limits_{i=1}^{r} T_{i\cdot}^2 - \dfrac{T^2}{n} = \dfrac{1}{4} \times (676 + 1281.64 + 2304) - \dfrac{109.8^2}{12}$

$= 60.74,$

$S_{\mathrm{B}} = \dfrac{1}{r}\sum\limits_{j=1}^{s} T_{\cdot j}^2 - \dfrac{T^2}{n} = \dfrac{1}{3} \times (1346.89 + 985.96 + 506.25 +$

$368.64) - \dfrac{109.8^2}{12} = 64.5767,$

$S_{\mathrm{E}} = S_{\mathrm{T}} - S_{\mathrm{A}} - S_{\mathrm{B}} = 130.75 - 60.74 - 64.5767 = 5.4333$

查表得 $F_{0.05}(2, 6) = 5.14$，$F_{0.05}(3, 6) = 4.76$

列方差分析表如下：

方差来源	平方和	自由度	均方	F 值
因素 A	60.74	2	30.37	33.5374
因素 B	64.5767	3	21.5256	23.771
误差 E	5.4333	6	0.9056	
总和 T	130.75	11		

显然 $F_A = 33.5374 > F_{0.05}(2, 6) = 5.14$,

$F_B = 23.771 > F_{0.05}(3, 6) = 4.76$,

所以，不同含铜量、不同温度对冲击力有显著影响.

二、有交互作用的双因素方差分析

设因素 A 和因素 B，因素 A 有 r 个不同水平 $A_1, A_2, \cdots, A_r$，因素 B 有 s 个水平 $B_1, B_2, \cdots, B_s$，为研究 A 与 B 的交互作用，在每种组合水平（A_i，B_j）下重复做 t 次试验（等重复试验），试验结果为 x_{ijk}（$i = 1, 2, \cdots, r$；$j = 1, 2, \cdots, s$；$k = 1, 2, \cdots, t$），列表如下：

因素 A \ 因素 B	B_1				B_2				$\cdots$	B_s		
A_1	x_{111}	x_{112}	$\cdots$	x_{11t}	x_{121}	x_{122}	$\cdots$	x_{12t}	$\cdots$	x_{1s1}	x_{1s2}	x_{1st}
A_2	x_{211}	x_{212}	$\cdots$	x_{21t}	x_{221}	x_{222}	$\cdots$	x_{22t}	$\cdots$	x_{2s1}	x_{2s2}	x_{2st}
$\vdots$	$\vdots$	$\vdots$	$\cdots$	$\vdots$	$\vdots$	$\vdots$	$\cdots$	$\vdots$	$\vdots$	$\vdots$	$\vdots$	$\vdots$
A_r	x_{r11}	x_{r12}	$\cdots$	x_{r1t}	x_{r21}	x_{r22}	$\cdots$	x_{r2t}	$\cdots$	x_{rs1}	x_{rs2}	x_{rst}

设 $x_{ijk} \sim N(\mu_{ij}, \sigma^2)$（$i = 1, 2, \cdots, r$；$j = 1, 2, \cdots, s$；$k = 1, 2, \cdots, t$），且各 x_{ijk} 相互独立.

μ_{ij} 可以表示为：$\mu_{ij} = \mu + \alpha_i + \beta_j + \gamma_{ij}$，

μ 为总平均值，α_i 是水平 A_i 的效应，β_j 是水平 B_j 的效应，γ_{ij} 为水平 A_i 与水平 B_j 的交互作用，其中 $\mu = \dfrac{1}{rs} \sum\limits_{i=1}^{r} \sum\limits_{j=1}^{s} \mu_{ij}$

$$\alpha_i = \frac{1}{s} \sum_{j=1}^{s} (\mu_{ij} - \mu)$$

$$\beta_i = \frac{1}{r} \sum_{i=1}^{r} (\mu_{ij} - \mu)$$

$$\gamma_{ij} = \mu_{ij} - \mu - \alpha_i - \beta_j$$

显然有：$\sum\limits_{i=1}^{r} \alpha_i = 0$，$\quad \sum\limits_{j=1}^{s} \beta_j = 0$，$\quad \sum\limits_{i=1}^{r} \gamma_{ij} = 0$，$\quad \sum\limits_{j=1}^{s} \gamma_{ij} = 0$

（$i = 1, 2, \cdots, r$；$j = 1, 2, \cdots, s$；$k = 1, 2, \cdots, t$）.

这时，有交互作用的双因素（等重复试验）方差分析模型为：

$$\begin{cases} x_{ijk} = \mu + \alpha_i + \beta_j + \gamma_{ij} + \varepsilon_{ijk} \\ \varepsilon_{ijk} \sim N(0, \sigma^2), \\ \sum_{i=1}^{r} \alpha_i = 0 \quad \sum_{j=1}^{s} \beta_j = 0 \quad \sum_{i=1}^{r} \gamma_{ij} = 0 \quad \sum_{j=1}^{s} \gamma_{ij} = 0 \\ (i = 1, 2, \cdots, r; \ j = 1, 2, \cdots, s; \ k = 1, 2, \cdots, t) \end{cases}$$

其中，$\varepsilon_{ijk} \sim N(0, \sigma^2)$，各 ε_{ijk} 相互独立．

要判断因素 A、B 以及 A 与 B 的交互作用（记为 $A \times B$）对试验指标影响是否显著，分别等价于检验假设：

$H_{0A}: \alpha_1 = \alpha_2 = \cdots = \alpha_r = 0$, $H_{1A}: \alpha_1, \alpha_2, \cdots, \alpha_r$ 不全为零；

$H_{0B}: \beta_1 = \beta_2 = \cdots = \beta_s = 0$, $H_{1B}: \beta_1, \beta_2, \cdots, \beta_s$ 不全为零；

$H_{0AB}: \gamma_{ij} = 0 \ (i = 1, 2, \cdots, r; \ j = 1, 2, \cdots, s)$, $H_{1AB}: \gamma_{ij}$ 不全为零．

令 $\bar{x} = \dfrac{1}{rst} \sum_{i=1}^{r} \sum_{j=1}^{s} \sum_{k=1}^{t} x_{ijk}$, $\quad \bar{x}_{ij\cdot} = \dfrac{1}{t} \sum_{k=1}^{t} x_{ijk}$,

$\bar{x}_{i\cdot\cdot} = \dfrac{1}{st} \sum_{j=1}^{s} \sum_{k=1}^{t} x_{ijk}$, $\quad \bar{x}_{\cdot j\cdot} = \dfrac{1}{rt} \sum_{i=1}^{r} \sum_{k=1}^{t} x_{ijk}$.

类似单因素方差分析方法，也做离差平方和分解

$$S_T = \sum_{i=1}^{r} \sum_{j=1}^{s} \sum_{k=1}^{t} (x_{ijk} - \bar{x})^2 = S_A + S_B + S_{A \times B} + S_E$$

其中 $S_A = st \sum_{i=1}^{r} (\bar{x}_{i\cdot\cdot} - \bar{x})^2$, $\quad S_B = rt \sum_{j=1}^{s} (\bar{x}_{\cdot j\cdot} - \bar{x})^2$

$$S_{A \times B} = t \sum_{i=1}^{r} \sum_{j=1}^{s} (\bar{x}_{ij\cdot} - \bar{x}_{i\cdot\cdot} - \bar{x}_{\cdot j\cdot} - \bar{x})^2,$$

$S_E = \sum_{i=1}^{r} \sum_{j=1}^{s} \sum_{k=1}^{t} (x_{ijk} - \bar{x}_{ij\cdot})^2$, $S_A, S_B, S_{A \times B}, S_E$ 的自由度依次为：$r-1$, $s-1$, $(r-1)(s-1)$, $rs(t-1)$.

检验上面三个假设所用统计量为：

在 H_{0A} 成立时，$F_A = \dfrac{\dfrac{S_A}{r-1}}{\dfrac{S_E}{rs(t-1)}} = \dfrac{\bar{S}_A}{\bar{S}_E} \sim F(r-1, rs(t-1))$,

在 H_{0B} 成立时，$F_B = \dfrac{\dfrac{S_B}{s-1}}{\dfrac{S_E}{rs(t-1)}} = \dfrac{\bar{S}_B}{\bar{S}_E} \sim F(s-1, rs(t-1))$，

在 H_{0AB} 成立时，$F_{A \times B} = \dfrac{\dfrac{S_{A \times B}}{(r-1)(s-1)}}{\dfrac{S_E}{rs(t-1)}} = \dfrac{\bar{S}_{A \times B}}{\bar{S}_E} \sim F((r-1)$

$(s-1), rs(t-1))$.

给定显著水平 α，一次抽样后，由样本算得 F_A，F_B，$F_{A \times B}$.

若 $F_A \geqslant F_\alpha(r-1, rs(t-1))$，则拒绝 H_{0A}，即认为因素 A 对试验结果有显著影响；否则，接受 H_{0A}，即认为因素 A 对试验结果无显著影响；

若 $F_B \geqslant F_\alpha(s-1, rs(t-1))$，则拒绝 H_{0B}，即认为因素 B 对试验结果有显著影响；否则，接受 H_{0B}，即认为因素 B 对试验结果无显著影响；

若 $F_{A \times B} \geqslant F_\alpha((r-1)(s-1), rs(t-1))$，则拒绝 H_{0AB}，即认为交互作用 $A \times B$ 对试验结果有显著影响；否则，接受 H_{0AB}，即交互作用 $A \times B$ 对试验结果无显著影响.

双因素有交互作用的方差分析表如下：

方差来源	平方和	自由度	均方	F 值
因素 A	S_A	$r-1$	$\bar{S}_A$	$F_A = \dfrac{\bar{S}_A}{\bar{S}_E}$
因素 B	S_B	$s-1$	$\bar{S}_B$	$F_B = \dfrac{\bar{S}_B}{\bar{S}_E}$
交互作用 $A \times B$	$S_{A \times B}$	$(r-1)(s-1)$	$\bar{S}_{A \times B}$	$F_{A \times B} = \dfrac{\bar{S}_{A \times B}}{\bar{S}_E}$
误差 E	S_E	$rs(t-1)$	$\bar{S}_E$	
总和 T	S_T	$rst-1$		

常用下面的计算公式：

记 $T = \displaystyle\sum_{i=1}^{r} \sum_{j=1}^{s} \sum_{k=1}^{t} x_{ijk}$，　$T_{i\cdot\cdot} = \displaystyle\sum_{j=1}^{s} \sum_{k=1}^{t} x_{ijk}$，

$$T_{\cdot j\cdot} = \sum_{i=1}^{r} \sum_{k=1}^{t} x_{ijk}, \quad T_{ij\cdot} = \sum_{k=1}^{t} x_{ijk} \quad n = rst.$$

$$S_T = \sum_{i=1}^{r} \sum_{j=1}^{s} \sum_{k=1}^{t} x_{ijk}^2 - \frac{T^2}{n},$$

$$S_A = \frac{1}{st} \sum_{i=1}^{r} T_{i\cdot\cdot}^2 - \frac{T^2}{n}, \quad S_B = \frac{1}{rt} \sum_{j=1}^{s} T_{\cdot j\cdot}^2 - \frac{T^2}{n},$$

$$S_{A\times B} = \frac{1}{t} \sum_{i=1}^{r} \sum_{j=1}^{s} T_{ij\cdot}^2 - \frac{T^2}{n} - S_A - S_B,$$

$$S_E = S_T - S_A - S_B - S_{A\times B}.$$

【例2】 使用 4 种燃料、3 种推进器作火箭射程试验，每种组合水平（A_i，B_j）做两次试验，试验数据如下，试问燃料 A、推进器 B 和它们的交互作用 $A \times B$ 对火箭射程有没有显著影响？（$\alpha = 0.05$）

A \ B	B_1		B_2		B_3		$T_{i\cdot\cdot}$
A_1	582	526	562	412	653	608	3343
A_2	491	428	541	505	516	484	2965
A_3	601	583	709	732	392	407	3424
A_4	758	715	582	510	487	414	3466
$T_{\cdot j\cdot}$	4684		4553		3961		$T=13198$

【解】 $r=4$，$s=3$，$t=2$，$n=rst=24$，

$$S_T = 582^2 + 526^2 + \cdots + 487^2 + 414^2 - \frac{13198^2}{24} = 263830,$$

$$S_A = \frac{1}{3\times 2}(3343^2 + \cdots + 3466^2) - \frac{13198^2}{24} = 26168,$$

$$S_B = \frac{1}{4\times 2}(4684^2 + 4553^2 + 3961^2) - \frac{13198^2}{24} = 37098,$$

$$S_{A\times B} = \frac{1}{2}\left[(582+526)^2 + \cdots + (487+414)^2\right] - \frac{13198^2}{24} -$$

$$26168 - 37098 = 176869,$$

$$S_E = S_T - S_A - S_B - S_{A\times B} = 23695.$$

$$F_A = \frac{\dfrac{26168}{4-1}}{\dfrac{23695}{4 \times 3 \times (2-1)}} = 4.43,$$

$$F_B = \frac{\dfrac{37098}{3-1}}{\dfrac{23695}{4 \times 3 \times (2-1)}} = 9.39,$$

$$F_{A \times B} = \frac{\dfrac{176869}{(4-1)(3-1)}}{\dfrac{23695}{4 \times 3 \times (2-1)}} = 15.93.$$

$F_{0.05}(3, 12) = 3.49$，$F_{0.05}(2, 12) = 3.89$，$F_{0.05}(6, 12) = 3.00$

显然，$F_A > F_{0.05}(3, 12)$，$F_B > F_{0.05}(2, 12)$，$F_{A \times B} > F_{0.05}$ (6, 12)，

故燃料、推进器和它们的交互作用，对火箭射程均有显著影响.

习 题 五

1. 抽查某地区三所小学五年级男学生的身高，得到数据如下：

小学	身高（cm）					
第一小学	128.1	134.1	133.1	138.9	140.8	127.4
第二小学	150.3	147.9	136.8	126.0	150.7	155.8
第三小学	140.6	143.1	144.5	143.7	148.5	146.4

试问该地区三所小学五年级男学生的平均身高是否有显著差异？（$\alpha = 0.05$）

2. 有四支温度计 T_1，T_2，T_3，T_4，被用来测定氢化奎宁的熔点，得如下结果：

温度计	熔点（℃）			
T_1	174.0	173.0	173.5	173.0
T_2	173.0	172.0		
T_3	171.5	171.0	173.0	
T_4	173.5	171.0		

试检验在测量氢化奎宁熔点时，这四支温度计之间有无显著差异？（$\alpha=0.05$）

3. 现有某种型号的电池三批，它们分别由甲、乙、丙三个工厂生产，为评价其质量各随机抽取 5 只电池为样品，经试验得其寿命（h）如下表所示：

工厂	寿命				
甲	40	48	38	42	45
乙	26	34	30	28	32
丙	39	40	43	50	50

试在显著水平 $\alpha=0.05$ 下，检验三个工厂生产的电池平均寿命有无显著差异？

4. 车间里有 5 名工人，在 3 台不同型号的车床上生产同一品种的产品，现让每个人轮流在 3 台车床上操作，记录其日产量数据如下：

车床型号	工人				
	1	2	3	4	5
1	64	73	63	81	78
2	75	66	61	73	80
3	78	67	80	69	71

试问这五位工人技术之间和不同车床型号之间对产量有无显著影响？（$\alpha=0.05$）

5. 在某化工产品的生产过程中，对三种浓度（A）、四种温度（B）的每一种搭配下重复试验两次，测得产量如下（单位：kg）.

A＼B	A_1	A_2	A_3
B_1	21 23	23 25	26 23
B_2	22 23	26 24	29 27
B_3	25 23	28 27	24 25
B_4	27 25	26 24	24 23

试检验不同的浓度、不同的温度以及它们的交互作用对产量是否有显著影响？（$\alpha=0.05$）

第六章 正交试验设计

上一章我们分别研究了一个因素和两个因素对试验指标是否有显著影响的问题. 在实际生产和科研中, 经常需要考察多个因素对试验指标的影响是否显著.

设试验中需要考察 m 个因素, 各因素分别有 $r_1, r_2, \cdots, r_m$ 个水平, 如果在各因素的全部组合水平下做全面试验, 则需做 $n = r_1 r_2 \cdots r_m$ 次试验. 当 $m \geqslant 3$ 且 n 很大时, 全面试验会造成人力、财力、物力和时间的巨大浪费. 例如, 当 $m = 5$, $r_1 = r_2 = r_3 = r_4 = r_5 = 4$ 时, $n = 4^5 = 1024$, 这是很不现实的, 因此需要科学、合理地设计试验方案, 以较少的试验次数获取足够多的有用信息, 进而对数据进行有效的统计分析.

试验设计是数理统计中一个较大分支, 其思想是由英国统计学家 R. A. Fisher 在进行农田试验时为有效获取数据而提出的. 本章主要介绍应用最为广泛的正交试验设计, 此方法曾为日本二战后经济发展贡献过至少 10% 的功劳.

§1 正交表及用法

一、正交表

正交试验设计简称为正交设计, 是一种科学地安排与分析多因素试验的方法. 它是利用一套现成的规格化表——正交表, 来安排试验方案. 选出代表性强但试验次数较少的试验条件, 并通过对试验结果的统计分析, 确定各因素及其交互作用对试验指标影响的主次关系, 找出对试验指标来说最佳的生产条件或最优搭配方案.

正交表常用 $L_n(r^m)$，表示，共含义如下：

L：正交表的符号；

n：正交表安排的试验次数，即正交表的行数；

m：正交表的列数，即试验最多可以安排的因素数；

r：每个因素的水平数.

表 6-1 为正交表 $L_9(3^4)$.

 水平号 试验号	列号 1	$L_9(3^4)$ 2	 3	表 6-1 4
1	1	1	1	1
2	1	2	2	2
3	1	3	3	3
4	2	1	2	3
5	2	2	3	1
6	2	3	1	2
7	3	1	3	2
8	3	2	1	3
9	3	3	2	1

从上表可以看出，它有如下两个性质：

（1）每个列中各水平出现的次数相同．每列恰有三个"1"，三个"2"，三个"3"．

（2）任意两列其横向形成的 9 个数对中，（1，1），（1，2），（1，3），（2，1），（2，2），（2，3），（3，1），（3，2），（3，3）出现的次数相同，都是 1 次，即任意两列的数码"1""2""3"间搭配是均衡的.

凡满足以上两条性质的搭配方案都称为正交表．附表 5 列举了很多常用正交表.

当各因素的水平数不全相同时，正交表记成 $L_n(r_1 \times r_2 \times \cdots \times r_m)$，叫混合水平正交表，其中 r_i 表示第 i 个因素的水平数，$i = 1, 2, \cdots, m$．当 $r_1 = r_2 = \cdots = r_m = r$ 时，$L_n(r_1 \times r_2 \times \cdots \times r_m)$ 就是

応用数理統計

$L_n(r^m)$. 表 6-2 是正交表 $L_8(4\times2^4)$, 表示有一个因素为 4 水平, 共余 4 个因素均是 2 水平, 这个 5 因素的正交试验需做 8 次试验.

$L_8(4\times2^4)$ 表 6-2

水平 \ 列号 \ 试验号	1	2	3	4	5
1	1	1	1	1	1
2	1	2	2	2	2
3	2	1	1	2	2
4	2	2	2	1	1
5	3	1	2	1	2
6	3	2	1	2	1
7	4	1	2	2	1
8	4	2	1	1	2

二、正交试验方案设计

1. 无交互作用情形

下面通过举例说明当因素间无交互作用下, 如何用正交表安排试验.

【例 1】 已知某化工产品的转化率主要受三个因素的影响: 反应温度 A, 反应时间 B 和用碱量 C. 为了提高该产品的转化率需进行试验. 每个因素各取三个水平:

A: 80℃, 85℃, 90℃, 分别记为 A_1, A_2, A_3;

B: 90min, 120min, 150min, 分别记为 B_1, B_2, B_3;

C: 5%, 6%, 7%, 分别记为 C_1, C_2, C_3.

若假设 A、B、C 之间无交互作用, 试用正交表设计试验方案.

【解】 (1) 选用适当规格正交表. 此例中, $r_1=r_2=r_3=3$, 应在 $L_n(3^m)$ 中选取正交表, 且 $m\geqslant3$. 三个水平的正交表有 $L_9(3^4)$ 和 $L_{27}(3^{13})$, 考虑到试验次数 n 越小越好, 故选正交表 $L_9(3^4)$ 较合适.

（2）表头设计. 因为无交互作用，把三个因素 A、B、C 分别放在正交表的任意三列上，注意一列只能排一个因素，不能排两个因素，否则会产生混杂. 例如将 A、B、C 分别排在正交表的 1，2，3 列上.

（3）按正交表，将水平对号入座，得到试验条件如表 6-3 所示.

产品转化率的试验方案表　　　　　　　　　　表 6-3

试验号　水平＼因素	A	B	C	空白列
1	1（80℃）	1（90min）	1（5％）	1
2	1（80℃）	2（120min）	2（6％）	2
3	1（80℃）	3（150min）	3（7％）	3
4	2（85℃）	1（90min）	2（6％）	3
5	2（85℃）	2（120min）	3（7％）	1
6	2（85℃）	3（150min）	1（5％）	2
7	3（90℃）	1（90min）	3（7％）	2
8	3（90℃）	2（120min）	1（5％）	3
9	3（90℃）	3（150min）	2（6％）	1

从上表可得，第一次试验的条件为：$A_1B_1C_1$，即反应温度 80℃，反应时间 90min，用碱量 5％；第二次试验条件为：$A_1B_2C_2$，即反应温度 80℃，反应时间 120min，用碱量 6％，……，第九次试验条件为：$A_3B_3C_2$，即反应温度 90℃，反应时间 150min，用碱量 6％.

上例用 $L_9(3^4)$ 安排的 9 次试验，反映在图上，就是立方体上的 9 个点（图 6-1），这 9 个点在立方体内散布很均匀，具体表现在：

（1）对应 A_1，A_2，A_3 有三个平面，B_1，B_2，B_3 也有三个平面，C_1，C_2，C_3 也有三个平面，这 9 个平面上的试验点一样多，均为 3 个点，故

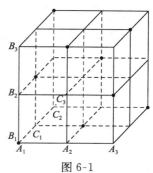

图 6-1

试验点对每个因素的每个水平都一样对待.

（2）每个平面都有 3 行 3 列，每行每列都有试验点，且恰有一个试验点.

由于 9 个试验点在图中全面试验的 $3^3 = 27$ 个点上分布均匀，故 9 次试验很好地代表了 27 次试验的信息，这正是正交试验的优点之所在.

2. 有交互作用情形

实际中经常会发现，不同因素当水平变化时会对试验指标有影响，而且有些因素各水平的联合搭配也会对试验指标产生影响，这种联合搭配作用称为交互作用.

例如，在农作物施肥试验中，在每亩地上单独施氮肥（N）5kg，能使该农作物增产 40kg，单独施磷肥（P）4kg，能增产 50kg. 若同时施 5kg 氮肥和 4kg 磷肥却增产了 150kg，那么这两种肥料的交互作用大小为：$150 - (40 + 50) = 60$kg.

一般地，因素 A 与因素 B 的交互作用记作 $A \times B$. 严格地说，因素间或大或小总存在交互作用. 但当交互作用大小相对于因素单独的作用较小时，就说无交互作用.

在安排有交互作用的多因素试验时，必须使用交互作用表. 在常用正交表后，都附有一张"两列间的交互作用表". 下面的表 6-4 就是正交表 $L_8(2^7)$ 所对应的交互作用表.

$L_8(2^7)$ 两列间的交互作用表　　　　表 6-4

列号 列号	1	2	3	4	5	6	7
	(1)	3	2	5	4	7	6
		(2)	1	6	7	4	5
			(3)	7	6	5	4
				(4)	1	2	3
					(5)	3	2
						(6)	1
							(7)

表 6-4 中所有数字都是列号. 如需查 $L_8(2^7)$ 的第 1 列与第 2 列的交互作用列，就从表中（1）横着向右看，从（2）竖着向上看，它们的交叉点为 3，则第 3 列就是第 1 列与第 2 列的交互作用列. 同理，可找出第 1 列与第 4 列的交互作用列是第 5 列. 如果第 1 列排因素 A，第 4 列排因素 B，则 $A \times B$ 只能排在第 5 列，且第 5 列不能再排其他因素了，否则就产生了混杂. 在分析计算时，将 $A \times B$ 当作一个单独的因素对待.

对附录三附表 5 中 $L_{27}(3^{13})$ 的交互作用表还需再说明一下.

在该表中如需查第 2 列与第 5 列的交互作用列，就从表中的（2）横着向右看，从（5）竖着向上看，它们的交叉点处有两个数字 8，11. 就是说，如果把 A，B 分别排在第 2 列和第 5 列，则二者的交互作用 $A \times B$ 应排在第 8 和第 11 两列，其他任意两列的交互作用列查法类似. 所以，两个 3 水平的因素的交互作用列占两列. 一般地，两个都是 r 个水平的因素其交互作用列占 $r-1$ 列.

【例 2】 某厂家在梳棉机上纺粘锦混纺纱，要考察如下三个因素对棉结粒数有无显著影响. 三个因素均取两个水平：

金属针布 A：日本的，青岛的

产量水平 B：6kg，8kg

锡林速度 C：238 转/分，320 转/分

要考虑所有两两因素间的交互作用，试用正交表设计试验方案.

【解】（1）选用适当规格正交表. 此例中，$r_1 = r_2 = r_3 = 2$，除了三个因素 A、B、C 外，还有三个交互作用 $A \times B$，$A \times C$，$B \times C$，共需占 6 列，故 $m \geqslant 6$. 再考虑到试验次数 n 越小越好，故选正交表 $L_8(2^7)$ 较合适.

（2）表头设计. 因有交互作用，交互作用的放法可用 $L_8(2^7)$ 二列间的交互作用表（见表 6-4）. 此表用法如下：如果因素 A 放在第 1 列. 因素 B 放在第 2 列，则查得 $A \times B$ 应放在第 3 列，再把因素 C 放在第 4 列，则查得 $A \times C$ 应放在第 5 列，$B \times C$ 应放在第 6 列. 这样设计出来的表头如表 6-5 所示.

表 6-5

列号	1	2	3	4	5	6	7
因素	A	B	$A \times B$	C	$A \times C$	$B \times C$	

（3）按照正交表，将水平对号入座，得到试验条件如表 6-6 所示.

试验条件　　　　　　　　　　　　**表 6-6**

水平 因素 试验号	A	B	$A \times B$	C	$A \times C$	$B \times C$
1	1	1	1	1	1	1
2	1	1	1	2	2	2
3	1	2	2	1	1	2
4	1	2	2	2	2	1
5	2	1	2	1	2	1
6	2	1	2	2	1	2
7	2	2	1	1	2	2
8	2	2	1	2	1	1

从上表可得，第一次试验条件为：$A_1 B_1 C_1$，即金属针布是日本的，产量水平为 6kg，锡林速度为 238 转/分，……，第八次试验条件为：$A_2 B_2 C_2$，即金属针布是青岛的，产量水平是 8kg，锡林速度为 320 转/分，注意上表里交互作用列是虚拟因素，在安排试验条件时不计入它们.

§2　正交试验的直观分析

用正交设计方法安排试验后，我们就获得试验指标的很多数据，如何分析这些数据才能找到较好的生产条件呢？一个较简单的分析方法是直观分析法，也叫极差分析法，下面我们通过例子说明.

【例 1】　在试验用不发芽的大麦制造啤酒时，我们要考察的指标是粉状粒，且粉状粒越高越好. 选用了四个因素，每个因素取 3 个水平，因素水平情况如下：

底水 A：140kg，136kg，138kg

浸氨时间 B：180min，215min，250min

920 浓度 C：2.5%，3.0%，3.5%

氨水浓度 D：0.25%，0.26%，0.27%

试用正交表安排试验方案，并对试验结果进行直观分析，找出最佳搭配方案.

【解】（1）确定试验方案. 本题中 $r=3$，四因素间交互作用不显著，暂不考虑，应在 $L_n(3^m)$ 中选取正交表，且 $m \geqslant 4$，故首选 $L_9(3^4)$，用此表安排 9 次试验，粉状粒的试验结果列于表 6-7 的最后一列.

（2）数据计算. 表 6-7 中，K_{1j} 所在行的四个数分别是因素 A，B，C，D 的第 1 个水平下的试验指标数据之和，K_{2j} 这一行的四个数分别是因素 A，B，C，D 的第 2 个水平下的试验指标数据之和，K_{3j} 这一行的四个数分别是因素 A，B，C，D 的第 3 个水平下的试验指标数据之和. 例如，

无芽酶试验计算表　　　　　　　　　　　　　　表 6-7

列号＼试验号	A	B	C	D	粉状粒（%）
1	1	1	1	1	45.5
2	1	2	2	2	33.0
3	1	3	3	3	32.5
4	2	1	2	3	36.5
5	2	2	3	1	32.0
6	2	3	1	2	14.5
7	3	1	3	2	40.5
8	3	2	1	3	33.0
9	3	3	2	1	28.0
K_{1j}	111.0	122.5	93.0	105.5	
K_{2j}	83.0	98.0	97.5	88.0	
K_{3j}	101.5	75.0	105.0	102.0	
$\overline{K}_{1j}$	37.0	40.8	31.0	35.2	
$\overline{K}_{2j}$	27.7	32.7	32.5	29.3	
$\overline{K}_{3j}$	33.8	25.0	35.0	34.0	
R_j	9.3	15.8	4	5.9	

$K_{11}=45.5+33.0+32.5=111.0$,

$K_{12}=45.5+36.5+40.5=122.5$,

$K_{13}=45.5+14.5+33.0=93.0$,

$K_{14}=45.5+32.0+28.0=105.5$,

$K_{21}=36.5+32.0+14.5=83.0$,

$K_{31}=40.5+33.0+28.0=101.5$.

表 6-7 中 $\bar{K}_{1j}=\dfrac{K_{1j}}{3}$, $\bar{K}_{2j}=\dfrac{K_{2j}}{3}$, $\bar{K}_{3j}=\dfrac{K_{3j}}{3}$. 例如,

$\bar{K}_{11}=\dfrac{K_{11}}{3}=\dfrac{111.0}{3}=37$, $\bar{K}_{12}=\dfrac{K_{12}}{3}=\dfrac{122.5}{3}\approx40.8$,

$\bar{K}_{13}=\dfrac{K_{13}}{3}=\dfrac{93.0}{3}=31.0$, $\bar{K}_{14}=\dfrac{K_{14}}{3}=\dfrac{105.5}{3}\approx35.2$,

$\bar{K}_{21}=\dfrac{K_{21}}{3}=\dfrac{83.0}{3}\approx27.7$, $\bar{K}_{31}=\dfrac{K_{31}}{3}=\dfrac{101.5}{3}\approx33.8$.

表 6-7 中, 极差 $R_j=\max\{\bar{K}_{1j},\ \bar{K}_{2j},\ \bar{K}_{3j}\}-\min\{\bar{K}_{1j},\ \bar{K}_{2j},\ \bar{K}_{3j}\}$. 例如,

$R_1=37.0-27.7=9.3$, $R_2=40.8-25=15.8$,

$R_3=35.0-31.0=4$, $R_4=35.2-29.3=5.9$.

（3）确定最优搭配方案

在算出的极差行中, 因素 B 的极差最大是 15.8, 这说明因素 B 的水平改变对试验指标影响最大, 因此因素 B 是我们要考虑的主要因素, 极差次大的是因素 A 的极差, 为 9.3, 极差大小位于第三位的是因素 D, 极差为 5.9, 极差最小的是因素 C, 仅为 4. 由极差 R_j 的大小顺序可知, 四个因素的重要顺序为: $B \rightarrow A \rightarrow D \rightarrow C$.

因为本例中试验指标越高越好, 由 $\max\{\bar{K}_{1j},\ \bar{K}_{2j},\ \bar{K}_{3j}\}$ 可知每个因素的最好水平: B 因素的最好水平是由 40.8, 32.7, 25.0 中最大值 40.8 所对应水平确定, 即 B_1. 同理可知, A 因素的最好水平是 A_1, D 因素的最好水平是 D_1, C 因素的最好水平是 C_3, 因而得到最佳搭配方案为 $B_1A_1D_1C_3$, 即 $A_1B_1C_3D_1$.

因为这个最佳水平不在 9 个试验中，所以应扩大试验范围，再追加几次验证试验，以确定更好的工艺条件.

【**例 2**】　某农药厂生产某种农药，根据经验发现，影响农药收率的因素有四个：反应温度 A，反应时间 B，原料配比 C 和真空度 D. 每个因素均取两个水平：

A：80℃，60℃

B：2.5h，3.5h

C：1.1：1，1.2：1

D：600mmHg，500mmHg

根据经验，A 与 B 两因素之间存在交互作用. 试做正交试验设计，并对试验结果进行直观分析，找出为提高农药收率的最佳搭配方案.

【**解**】　（1）确定试验方案. 本题中 $r=2$，应考虑的因素有 A，B，C，D 及 $A \times B$，共 5 个，应从 $L_n(2^m)$ 中找，$m \geqslant 5$，故选用 $L_8(2^7)$. 为了表头设计，我们将 A 和 B 分别放在第 1，2 列上，则第 3 列是交互作用 $A \times B$，再将 C 放在第 4 列，因第 5 列和第 6 列本应是交互作用列，为避免因素间的混杂现象，第 5 列和第 6 列不安排因素，将 D 放在第 7 列上.

根据正交表 $L_8(2^7)$ 及表头设计，所得试验结果放在表 6-8 的最后一列.

农药试验计算表　　　　　　　　　　表 6-8

列号 试验号	A	B	$A \times B$	C			D	收率(%)
1	1	1	1	1	1	1	1	86
2	1	1	1	2	2	2	2	95
3	1	2	2	1	1	2	2	91
4	1	2	2	2	2	1	1	94
5	2	1	2	1	2	1	2	91
6	2	1	2	2	1	2	1	96
7	2	2	1	1	2	2	1	83

列号 试验号	A	B	$A \times B$	C			D	收率(%)
8	2	2	1	2	1	1	2	88
K_{1j}	366	368	352	351	361	359	359	
K_{2j}	358	356	372	373	363	365	365	
$\bar{K}_{1j}$	183	184	176	175.5	180.5	179.5	179.5	
$\bar{K}_{2j}$	179	178	186	186.5	181.5	182.5	182.5	
R_j	4	6	10	11	1	3	3	

（2）数据计算. 关于 K_{1j}，K_{2j}，$\bar{K}_{1j}$，$\bar{K}_{2j}$，R_j 的计算类似于例 1 中的计算，也列于表 6-8 中.

例如，$K_{11} = 86 + 95 + 91 + 94 = 366$，$K_{21} = 91 + 96 + 83 + 88 = 358$

$\bar{K}_{11} = \dfrac{K_{11}}{2} = 183$，$\bar{K}_{21} = \dfrac{K_{21}}{2} = 179$，$R_1 = 183 - 179 = 4$.

（3）确定最优搭配方案

从极差大小看，所有因素的重要顺序为：$C \rightarrow A \times B \rightarrow B \rightarrow A \rightarrow D$. 显然因素 C 取 C_2 水平较好，因素 B 取 B_1 水平较好，因素 A 取 A_1 较好，因素 D 取 D_2 较好. 为确定 $A \times B$ 的最佳组合水平，计算 A 与 B 四种组合水平下的试验结果如下：

$A_1 B_1$ 水平组合下，试验结果和为 $86 + 95 = 181$

$A_1 B_2$ 水平组合下，试验结果和为 $91 + 94 = 185$

$A_2 B_1$ 水平组合下，试验结果和为 $91 + 96 = 187$

$A_2 B_2$ 水平组合下，试验结果和为 $83 + 88 = 171$

虽然 $A_2 B_1$ 较好.

综合考虑下，四个因素的最佳搭配方案应为 $A_2 B_1 C_2 D_2$. 在这个水平下没做过试验，可将其与 8 个收率中取最高值 96 的第 6 号试验的水平组合 $A_2 B_1 C_2 D_1$ 为条件，再追加试验，以确定更优生产条件.

需要注意的是，当因素取三水平及三水平以上时，交互作用分析比较复杂，不便于直观分析，通常采用方差分析法来分析数据.

§3 正交试验的方差分析

前面介绍了正交试验的直观分析法，该方法简单明了、通俗易懂、计算量少，能直观地知道各因素的主次，并可选得较优的试验方案. 但是，直观分析法没有区分试验结果中数据间的差异到底是由于因素水平变化引起的还是随机误差引起的，也无法判断哪些因素对试验指标有显著影响，哪些因素影响不显著，而正交试验的方差分析法正好可以做到这些，就正好弥补了直观分析法的不足.

一、方差分析的基本思想

上一章我们详细讨论了单因素方差分析和双因素方差分析，对于更多因素的方差分析，只需将以前的结果推广一下就可以了.

方差分析的基本思路是，将试验结果的总波动作离差平方和分解，共分成两大部分：一部分是各因素因水平变化所引起的波动；另一部分是试验误差引起的波动，即将数据总的离差平方和 S_T 分解为各个因素引起的离差平方和 S_j（$j=1,2\cdots$）与试验误差引起的离差平方和 S_E，然后进行 F 检验，列出方差分析表，最后进行统计推断.

设用正交表安排了最多 m 个因素的试验，试验总次数为 n，试验结果分别为 $x_1,x_2,\cdots x_n$. 假设每个因素都有 r 个水平，每个水平下做了 a 次试验，则 $n=ar$，需要下列几个步骤，归纳如下：

1. 计算离差平方和

（1）总离差平方和

$$S_T = \sum_{i=1}^{n}(x_i - \bar{x})^2 = \sum_{i=1}^{n} x_i^2 - \frac{1}{n}\Big(\sum_{i=1}^{n} x_i\Big)^2, \ \bar{x} = \frac{1}{n}\sum_{i=1}^{n} x_i$$

记作 $S_T = Q_T - P$, 其中, $Q_T = \sum_{i=1}^{n} x_i^2$, $P = \frac{1}{n}\left(\sum_{i=1}^{n} x_i\right)^2 = \frac{T^2}{n}$, $T = \sum_{i=1}^{n} x_i$

（2）各因素的离差平方和

以因素 A（若 A 排在第 1 列）的离差平方和为例，$S_A = \sum_{i=1}^{r} a(\bar{K}_{i1} - \bar{x})^2 = \frac{1}{a}\sum_{i=1}^{r} K_{i1}^2 - \frac{1}{n}\left(\sum_{i=1}^{n} x_i\right)^2 = Q_A - P$, 其中 $Q_A = \frac{1}{a}\sum_{i=1}^{r} K_{i1}^2$,

其中 K_{i1} 是因素 A（若 A 排在第 1 例）的第 i 个水平 a 次试验结果之和. 排在第 j 列任一因素的离差平方和为

$$S_j = \sum_{i=1}^{r} a(\bar{K}_{ij} - \bar{x})^2 = \frac{1}{a}\sum_{i=1}^{r} K_{ij}^2 - \frac{1}{n}\left(\sum_{i=1}^{n} x_i\right)^2 = Q_j - P,$$

$j = 1, 2, \cdots, m$；其中 $Q_j = \frac{1}{a}\sum_{i=1}^{r} K_{ij}^2$

其中，K_{ij} 是第 j 个因素的第 i 个水平 a 次试验结果之和，a 叫水平重复数.

（3）试验误差的离差平方和 S_E

设 $S_{因+交}$ 为所有因素及交互作用的离差平方和，据 $S_T = S_{因+交} + S_E$，有 $S_E = S_T - S_{因+交}$

上面计算的离差平方和中，S_T 反映试验结果的总差异，它越大，说明试验结果差异越大. S_E 表示试验中除了所有因素外的其他随机因素所引起的试验结果的差异；S_A 反映因素 A 的水平变化所引起的试验结果的差异；S_j 反映第 j 个因素的水平变化所引起的试验结果的差异. 若某列是交互作用列，我们把两因素的交互作用看成一个新因素，用同样方法计算其离差平方和. 如果交互作用占两列，则该交互作用的离差平分和等于这两列离差平方和之和. 例如，

$$S_{A\times B} = S_{(A\times B)_1} + S_{(A\times B)_2}$$

若某列是空白列，该列的离差平方和也类似计算．所有空列离差平方和之和等于 S_E．

2. 计算自由度

S_T 的自由度为 f_T，$f_T = n - 1$，n 为正交试验的总次数．

S_A 的自由度为 f_A，$f_A = r - 1$，r 是因素 A 的水平数．

S_j 的自由度为 f_j，$f_j = r - 1$，r 是因素 j 的水平数．

两因素交互作用的自由度等于两因素自由度之积，如 $f_{A \times B} = f_A \times f_B$，

S_E 的自由度为 f_E，因为 $f_T = f_{因+交} + f_E$，$\therefore f_E = f_T - f_{因+交}$

3. 计算平均离差平方和（叫称均方）

$$\bar{S}_T = \frac{S_T}{f_T}, \ \bar{S}_A = \frac{S_A}{f_A}, \ \bar{S}_j = \frac{S_j}{f_j}, \ \bar{S}_{A \times B} = \frac{S_{A \times B}}{f_{A \times B}}, \ \bar{S}_E = \frac{S_E}{f_E}$$

4. 计算各因素的 F 值

$$F_A = \frac{\bar{S}_A}{\bar{S}_E}, \ F_j = \frac{\bar{S}_j}{\bar{S}_E}, \ j = 1, 2, \cdots, m$$

5. 因素的显著性检验

对于给定的显著水平 α，查出 F 分布的临界值 $F_\alpha(f_j, f_E)$，若 $F_j > F_\alpha(f_j, f_E)$，则说明该因素对试验结果的影响是显著的；若 $F_j < F_\alpha(f_j, f_E)$，说明该因素对试验结果的影响不显著．

若 $F_j > F_{0.01}(f_j, f_E)$，称该因素的影响是高度显著的，用"＊＊"表示．

若 $F_{0.05}(f_j, f_E) < F_j < F_{0.01}(f_j, f_E)$，称该因素的影响是显著的，用"＊"表示．

若 $F_j < F_{0.05}(f_j, f_E)$，表示该因素对试验指标的影响不显著，不用任何符号表示．

二、方差分析举例

1. 无交互作用的方差分析

【例 1】 按照本章第一节例 1 给出的正交试验方案，该化工

产品的转化率试验结果值依次为：31，54，38，53，49，42，57，62，64. 试问反应温度 A，反应时间 B 和用碱量 C 分别对转化率有无显著影响？

【解】 该题中，$n=9$，$r=3$，$\alpha=3$，

$$T = \sum_{i=1}^{9} x_i = 31 + 54 + \cdots + 64 = 450$$

$$Q_T = \sum_{i=1}^{9} x_i^2 = 31^2 + 54^2 + \cdots + 64^2 = 23484$$

$$P = \frac{T^2}{n} = \frac{450^2}{9} = 22500$$

$$S_T = Q_T - P = 984$$

$$Q_A = \frac{1}{3} \sum_{i=1}^{3} K_{i1}^2 = \frac{1}{3}(123^2 + 144^2 + 183^2) = 23118$$

$$Q_B = \frac{1}{3} \sum_{i=1}^{3} K_{i2}^2 = \frac{1}{3}(141^2 + 165^2 + 144^2) = 22614$$

$$Q_C = \frac{1}{3} \sum_{i=1}^{3} K_{i3}^2 = \frac{1}{3}(135^2 + 171^2 + 144^2) = 22734$$

$$S_A = Q_A - P = 618, \quad S_B = Q_B - P = 114, \quad S_C = Q_C - P = 234$$
$$S_E = S_T - S_A - S_B - S_C = 18$$

将 S_A，S_B，S_C 的计算过程列于表 6-9，而将 F_A，F_B，F_C 值的列于方差分析表 6-10 中. 对于 $\alpha=0.05$，查得 $F_{0.05}(2,2)=19$；对于 $\alpha=0.01$，查得 $F_{0.01}(2,2)=99$.

显然 $F_{0.05}(2，2) < F_A < F_{0.01}(2，2)$，

$F_B < F_{0.05}(2，2)$，$F_C < F_{0.05}(2，2)$

说明反应温度对转化率有显著影响，反应时间和用碱量对转化率无显著影响.

注意 S_E 还可以按照 $L_9(3^4)$ 中第 4 列的相应数据计算，即 $S_E = S_4$，与以上不计空列的计算结果应该一致.

计算过程 表 6-9

试验号 \ 因素	A	B	C	转化率	平分
1	1	1	1	31	961
2	1	2	2	54	2916
3	1	3	3	38	1444
4	2	1	2	53	2809
5	2	2	3	49	2401
6	2	3	1	42	1764
7	3	1	3	57	3249
8	3	2	1	62	3844
9	3	3	2	64	4096
K_{1j}	123	141	135	$T=450$	$Q_T=23484$
K_{2j}	144	165	171		
K_{3j}	183	144	144		
Q_j	23118	22614	22734		
S_j	618	114	234		

方差分析表 表 6-10

方差来源	平方和	自由度	均方	F 值	显著性
A	618	2	309	34.33	*
B	114	2	57	6.33	
C	234	2	117	13.00	
误差	18	2	9		
总和	984	8			

2. 有交互作用的 2 水平的方差分析

2 水平的方差分析在计算平方和时可用极差计算平方和，现举例如下.

【例 2】 今做电度表支架的压铸工艺试验，目的是为了提高铸铁表面的合格率. 该合格率与人的技术 A，压力 B，合金 C 及压射持压时间 D 有关，这四个因素均有 2 个水平：

人的技术 A：技术高，技术低；

压力 B：Ⅲ级，Ⅱ级；

合金 C：精炼且禁止投入料饼，未精炼并允许投入料饼；

压射持压时间 D：10s，2s

试验中还需考虑交互作用 $A \times B$ 和 $B \times C$，问哪些因素对试验指标有显著影响？

【解】（1）制定正交试验方案，并得试验结果.

这是一个四因素 2 水平试验，再考虑交互作用 $A \times B$ 和 $B \times C$，共计有 6 个因素，故应选择正交表 $L_8(2^7)$. 按照 $L_8(2^7)$ 的交互作用列表，将因素 A，B 分别排在 $L_8(2^7)$ 的第 1，2 列，则第 3 列应为 $A \times B$，接着将 C 排在第 4 列，则 $B \times C$ 应排在第 6 列，最后因素 D 可在第 5 列和第 7 列中任选，不妨将它放在第 7 列.

这时，按正交表 $L_8(2^7)$ 制定试验方案，可获得铸铁表面合格率的 8 个试验结果，列于表 6-11 的倒数第 2 列.

（2）数据的方差分析

$$n = 8, \ r = 2, \ a = 4, \ T = \sum_{i=1}^{8} x_i = 695.5$$

$$Q_T = \sum_{i=1}^{8} x_i^2 = 60976.61, \ P = \frac{T^2}{n} = \frac{695.5^2}{8} = 60465.03125.$$

$$\begin{aligned}
S_A &= Q_A - P = \frac{1}{4} \sum_{i=1}^{2} K_{i1}^2 - \frac{T^2}{8} \\
&= \frac{1}{4} \sum_{i=1}^{2} K_{i1}^2 - \frac{1}{8}(K_{i1} + K_{i2})^2 \\
&= \frac{1}{8}(K_{11} - K_{21})^2 \\
&= \frac{1}{8} R_1^2 = \frac{1}{8} \times 16.5^2 = 34.03125
\end{aligned}$$

同理 $S_B = \frac{1}{8} R_2^2 = 448.50125$，$S_{A \times B} = \frac{1}{8} R_3^2 = 3.00125$，

$$S_C = \frac{1}{8} R_4^2 = 2.10125, \ S_5 = \frac{1}{8} R_5^2 = 0.00125.$$

试验方案与结果　　　　　　　　　表 6-11

试验号 ＼ 列号	A 1	B 2	$A \times B$ 3	C 4	5	$B \times C$ 6	D 7	合格率 x_i	平方
1	1	1	1	1	1	1	1	94.2	8873.64
2	1	1	1	2	2	2	2	100.0	10000.00
3	1	2	2	1	1	2	2	82.8	6855.84
4	1	2	2	2	2	1	1	79.0	6241.00
5	2	1	2	1	2	1	2	91.7	8408.89
6	2	1	2	2	1	2	1	91.8	8427.24
7	2	2	1	1	2	2	1	77.0	5929.00
8	2	2	1	2	1	1	2	79.0	6241.00
K_{1j}	356.0	377.7	350.2	345.7	347.8	343.9	342.0	$T = 695.5$	
K_{2j}	339.5	317.8	345.3	349.8	347.7	351.6	353.5	$Q_T = 60976.61$	
R_j	16.5	59.9	4.9	4.1	0.1	7.7	11.5		

$$S_{B \times C} = \frac{1}{8} R_6^2 = 7.41125, \quad S_D = \frac{1}{8} R_7^2 = 16.53125$$

$$S_T = Q_T - P = 60976.61 - 60465.03125 = 511.57875.$$

$$S_E = S_5 = 0.00125$$

或 $S_E = S_T - S_A - S_B - S_{A \times B} - S_C - S_{B \times C} - S_D = 0.00125$.

将各平方和及 F 值列于表 6-12 中.

对于 $\alpha = 0.05$，查得 $F_{0.05}(1, 1) = 161.4$，对于 $\alpha = 0.01$，查得 $F_{0.01}(1, 1) = 4052$.

显然 $F_A = 27225 > F_{0.01}(1, 1)$，$F_B = 358801 > F_{0.01}(1, 1)$，$F_D = 13225 > F_{0.01}(1, 1)$

$F_{B \times C} = 5929 > F_{0.01}(1, 1)$，

∴因素 A，B，D 和 $B \times C$ 均对试验指标的影响高度显著，而 $F_{0.05}(1, 1) < F_C < F_{0.01}(1, 1)$，$F_{0.05}(1, 1) < F_{A \times B} < F_{0.01}(1, 1)$，

∴因素 C 和交互作用 $A \times B$ 对试验指标的影响是显著的.

	方差分析表				表 6-12
方差来源	平方和	自由度	均方	F 值	显著性
A	34.03125	1	34.03125	27225	＊＊
B	448.50125	1	448.50125	358801	＊＊
C	2.10125	1	2.10125	1681	＊
D	16.53125	1	16.53125	13225	＊＊
$A\times B$	3.00125	1	3.00125	2401	＊
$B\times C$	7.41125	1	7.41125	5929	＊＊
误差	0.00125	1	0.00125		
总和	511.57875	7			

从此题可知，2 水平正交设计在计算各因素的离差平方和时，可用公式 $S_j = \dfrac{1}{n} R_j^2$.

3. 有交互作用的 3 水平的方差分析

3 水平的正交设计很常见，共方差分析很有代表性，下面举例说明.

【例 3】 为了提高某产品的产量，需考虑 3 个因素：反应温度、反应压力和溶液浓度，每个因素都取 3 个水平，具体如下：

A（温度，℃）：60，65，70，

B（压力，10^5Pa）：2.0，2.5，3.0，

C（浓度，%）：0.5，1.0，2.0.

还要考虑各因素两两之间的交互作用，试找出较好的工艺条件.

【解】 （1）制定正交试验方案，得到试验结果.

这是一个三因素 3 水平试验，再加上交互作用 $A\times B$，$B\times C$，$A\times C$，共计 6 个因素，但三个因素中每两个因素的交互作用各占两列，所以共计需占 9 列，应选用正交表 $L_{27}(3^{13})$，再按照 $L_{27}(3^{13})$ 二列间的交互作用表，各因素表头设计如下：第 1，2 列分别排上 A，B，第 3，4 列安排 $A\times B$，第 5 列为 C，第 6，7 列排上 $A\times C$，第 8，11 列排上 $B\times C$.

这时，按照正交表 $L_{27}(3^{13})$ 制定试验方案，可获得 27 个产量（kg）数据，列于表 6-13 的倒数第 2 列.

（2）数据的方差分析

依次计算如下：

$$T = \sum_{i=1}^{27} x_i = 1.3 + 4.63 + \cdots + 6.57 = 100.64$$

$$Q_T = \sum_{i=1}^{27} x_i^2 = 1.6900 + 21.4369 + \cdots + 43.1649 = 536.33$$

$$P = \frac{T^2}{n} = \frac{1}{27} \times 100.64^2 = 375.13$$

$$S_T = Q_T - P = 536.33 - 375.13 = 161.20$$

$$Q_A = \frac{1}{9}(36.73^2 + 30.70^2 + 33.21^2) = 377.17,$$

$$\therefore S_A = Q_A - P = 2.04$$

$$Q_B = \frac{1}{9}(33.46^2 + 31.30^2 + 35.88^2) = 376.29,$$

$$\therefore S_B = Q_B - P = 1.16$$

$$Q_{(A \times B)_1} = \frac{1}{9}(35.63^2 + 32.08^2 + 32.93^2) = 375.89,$$

$$Q_{(A \times B)_2} = \frac{1}{9}(34.30^2 + 31.73^2 + 34.61^2) = 375.68$$

$$\therefore S_{A \times B} = S_{(A \times B)_1} + S_{(A \times B)_2} = Q_{(A \times B)_1} - P + Q_{(A \times B)_2} - P = Q_{(A \times B)_1} + Q_{(A \times B)_2} - 2P = 1.32.$$

$$Q_C = \frac{1}{9}(6.27^2 + 35.21^2 + 59.16^2) = 531.00,$$

$$\therefore S_C = Q_C - P = 155.87$$

$$Q_{(A \times C)_1} = \frac{1}{9}(32.94^2 + 34.66^2 + 33.04^2) = 375.33$$

$$Q_{(A \times C)_2} = \frac{1}{9}(34.21^2 + 33.13^2 + 33.30^2) = 375.20$$

$$Q_{(B \times C)_1} = \frac{1}{9}(33.33^2 + 33.04^2 + 34.27^2) = 375.22$$

$$Q_{(B\times C)_2} = \frac{1}{9}(32.98^2 + 33.43^2 + 34.23^2) = 375.22$$

类似可得　$S_{A\times C} = Q_{(A\times C)_1} + Q_{(A\times C)_2} - 2P = 0.28$

$$S_{B\times C} = Q_{(B\times C)_1} + Q_{(B\times C)_2} - 2P = 0.18$$

最后　$S_E = S_T - S_{因+交}$

$$= S_T - (S_A + S_B + S_C + S_{A\times B} + S_{A\times C} + S_{B\times C}) = 0.34.$$

试验方案　　　　　　　表 6-13

列号 因素 试验号	1 A	2 B	3 $(A\times B)_1$	4 $(A\times B)_2$	5 C	6 $(A\times C)_1$	7 $(A\times C)_2$	8 $(B\times C)_1$	11 $(B\times C)_2$	产量 (kg)	平方
1	1	1	1	1	1	1	1	1	1	1.30	1.6900
2	1	1	1	1	2	2	2	2	2	4.63	21.4369
3	1	1	1	1	3	3	3	3	3	7.23	52.2729
4	1	2	2	2	1	1	1	2	3	0.50	0.2500
5	1	2	2	2	2	2	2	3	1	3.67	13.4689
6	1	2	2	2	3	3	3	1	2	6.23	38.8129
7	1	3	3	3	1	1	1	3	2	1.37	1.8769
8	1	3	3	3	2	2	2	1	3	4.73	22.3729
9	1	3	3	3	3	3	3	2	1	7.07	49.9849
10	2	1	2	3	1	2	3	1	1	0.47	0.2209
11	2	1	2	3	2	3	1	2	2	3.47	12.0409
12	2	1	2	3	3	1	2	3	3	6.13	37.5769
13	2	2	3	1	1	2	3	2	3	0.33	0.1089
14	2	2	3	1	2	3	1	3	1	3.40	11.5600
15	2	2	3	1	3	1	2	1	2	5.80	33.6400
16	2	3	1	2	1	2	3	3	2	0.63	0.3969
17	2	3	1	2	2	3	1	1	3	3.97	15.7609
18	2	3	1	2	3	1	2	2	1	6.50	42.2500
19	3	1	3	2	1	3	2	1	1	0.03	0.0009
20	3	1	3	2	2	1	3	2	2	3.40	11.5600
21	3	1	3	2	3	2	1	3	3	6.80	46.2400
22	3	2	1	3	1	3	2	2	3	0.57	0.3249
23	3	2	1	3	2	1	3	3	1	3.97	15.7609
24	3	2	1	3	3	2	1	1	2	6.83	46.6489

列号 试验号 因素	1 A	2 B	3 $(A\times B)_1$	4 $(A\times B)_2$	5 C	6 $(A\times C)_1$	7 $(A\times C)_2$	8 $(B\times C)_1$	11 $(B\times C)_2$	产量 /kg	平方
25	3	3	2	1	1	3	2	3	2	1.07	1.1449
26	3	3	2	1	2	1	3	1	3	3.97	15.7609
27	3	3	2	1	3	2	1	2	1	6.57	43.1649
K_{1j}	36.73	33.46	35.63	34.30	6.27	32.94	34.21	33.33	32.98		
K_{2j}	30.70	31.30	32.08	31.73	35.21	34.66	33.13	33.04	33.43		
K_{3j}	33.21	35.88	32.93	34.61	59.16	33.04	33.30	34.27	34.23	100.64	536.33
Q_j	377.17	376.29	375.89	375.68	531.00	375.33	375.20	375.22	375.22		
S_j	2.04	1.16	1.32		155.87	0.28		0.18			

将各平方和及 F 值列于表 6-14 中.

方差分析表　　　　　表 6-14

方差来源	平方和	自由度	均方	F 值	显著性
A	2.04	2	1.02	20.40	**
B	1.17	2	0.58	11.60	**
C	155.87	2	77.93	1559.6	**
$A\times B$	1.32	4	0.33	6.60	**
$A\times C$	0.28	4 ⎫			
$B\times C$	0.18	4 ⎬ 0.05			
误差	0.34	8 ⎭			
总和	161.20	26			

以上方差分析表中，$S_{A\times C}$ 和 $S_{B\times C}$ 都很小，将其合并入误差项，得 $S_E^* = 0.80$，则新 S_E^* 的自由度 $f_E^* = 4+4+8 = 16$，这时

$$F_A = \frac{1.02}{0.05} = 20.40, \quad F_B = \frac{0.58}{0.05} = 11.6.$$

$$F_C = \frac{77.93}{0.05} = 1559.6, \quad F_{A\times B} = \frac{0.33}{0.05} = 6.60.$$

对 $\alpha = 0.01$，查表得 $F_{0.01}(2, 16) = 6.23$，对 $\alpha = 0.05$，查得 $F_{0.05}(2, 16) = 3.63$

$$F_{0.01}(4, 16) = 4.77 \qquad F_{0.05}(4, 16) = 3.01$$

显然 F_A，F_B，F_C，均大于 $F_{0.01}(2，16)$，$F_{A\times B}>F_{0.01}(4，16)$ 所以，因素 A，B，C 和交互作用 $A\times B$ 均对试验指标产量的影响是高度显著的，从 F 值大小排序看，因素 C 最显著，以后依次为 A，B，$A\times B$.

由于试验指标是产品的产量，当然是越大越好，所以最优方案应取各因素中 K_{1j}，K_{2j}，K_{3j} 的最大值所对应水平. 从表 6-13 可以看出，因素 A 应取第 1 水平 A_1，因素 B 应取第 3 水平 B_3，因素 C 应取第 3 水平 C_3. 因为交互作用 $A\times B$ 边高度显著，但由于 $A\times B$ 占两列，直观分析有些困难，可列出二元表计算出 A 与 B 各种组合水平下试验指标的平均值，列于表 6-15. 表中以 A_1B_3 搭配下平均指标 4.39 为最大，所以以 A_1B_3 搭配较好，它与单独考察 A 和 B 选取的较好水平一致，故较优的生产条件为 $A_1B_3C_3$.

平均值 表 6-15

B ＼ A	A_1	A_2	A_3
B_1	4.38	3.36	3.41
B_2	3.47	3.18	3.79
B_3	4.39	3.70	3.87

4. 混合水平的方差分析

混合水平正交表的方差分析与水平数相等的正交表方差分析原理相同，只是在计算时注意一下各因素水平数不全相同就可以了. 例如，对于混合正交表 $L_8(4\times 2^4)$，

总离差平方和仍为 $\quad S_T = Q_T - P = \sum_{i=1}^{8} x_i^2 - \dfrac{1}{8}\left(\sum_{i=1}^{8} x_i\right)^2$

4 水平因素的离差平方和为 $\quad S_j = \dfrac{1}{2}\sum_{i=1}^{4} K_{ij}^2 - P = \dfrac{1}{2}(K_{1j}^2 +$

$K_{2j}^2 + K_{3j}^2 + K_{4j}^2) - \dfrac{1}{8}\left(\sum_{i=1}^{8} x_i\right)^2$

2 水平因素的离差平方和为 $\quad S_j = \dfrac{1}{8}R_j^2 = \dfrac{1}{8}(K_{1j}-K_{2j})^2$

【**例 4**】 某钢厂生产一种合金，为了便于校直冷拉，需要进行一次退火热处理，以降低合金的硬度. 根据冷加工变形量，在该合金技术要求范围内，硬度越低越好. 试验的目的是寻求降低硬度的退火工艺参数. 考察的指标是洛氏硬度（HR_C），经分析知，影响因素有三个：退火温度 A，保温时间 B，冷却介质 C. 其中，退火温度取 4 个水平，保温时间和冷却介质分别取 2 个水平，水平情况如下：

A：730℃，760℃，790℃，820℃，分别记为 A_1，A_2，A_3，A_4；

B：1h，2h，分别记为 B_1，B_2；

C：空气，水，分别记作 C_1，C_2.

假设 A，B，C 之间无交互作用，试确定最优工艺方案.

【**解**】 选用混合正交表 $L_8(4 \times 2^4)$，A，B，C 分别放在第 1，2，3 列上，试验结果列于表 6-16 的倒数第 2 列.

试验结果 表 6-16

试验号 \ 列号	A	B	C			试验结果 x_i	x_i^2
	1	2	3	4	5		
1	1	1	1	1	1	31.60	998.56
2	1	2	2	2	2	31.00	961.00
3	2	1	1	1	2	31.60	998.56
4	2	2	2	1	1	30.50	930.25
5	3	1	2	1	2	31.20	973.44
6	3	2	1	2	1	31.00	961.00
7	4	1	2	2	1	33.00	1089.00
8	4	2	1	1	2	30.30	918.09
K_{1j}	62.60	127.40	124.50			$T = 250.20$	
K_{2j}	62.10	122.80	125.70			$Q_T = 7829.90$	
K_{3j}	62.20						
K_{4j}	63.30						
R_j	1.2	4.6	1.2				
S_j	0.44	2.645	0.18				

平方和计算如下：$P = \dfrac{T^2}{8} = \dfrac{1}{8} \times 250.2^2 = 7825.01$

$S_T = Q_T - P = 7829.90 - 7825.01 = 4.89$

$S_A = \dfrac{1}{2}(K_{11}^2 + K_{21}^2 + K_{31}^2 + K_{41}^2) - P = \dfrac{1}{2}(62.60^2 + 62.10^2 +$

$\qquad 62.20^2 + 63.30^2) - 7825.01 = 0.44$

$S_B = \dfrac{R_2^2}{8} = \dfrac{1}{8} \times 4.6^2 \approx 2.645 \qquad S_C = \dfrac{R_3^2}{8} = \dfrac{1}{8} \times 1.2^2 = 0.18$

$S_E = S_T - S_A - S_B - S_C = 1.625$

可得如下方差分析表 6-17.

方差分析表 表 6-17

方差来源	平方和	自由度	均方	F 值	显著性
A	0.44	3	0.15	0.185	
B	2.645	1	2.645	3.253	
C	0.18	1	0.18	0.221	
误差	1.625	2	0.813		
总和	4.89	7			

对 $\alpha = 0.05$，查得 $F_{0.05}(3, 2) = 19.16$，$F_{0.05}(1, 2) = 18.51$

显然 $F_A = 0.185 < F_{0.05}(3, 2)$，$F_B = 3.253 < F_{0.05}(1, 2)$，

$F_C = 0.221 < F_{0.05}(1, 2)$

所以，A，B，C 都对试验指标洛氏硬度无显著，但相对来说 B 影响大些，C，A 随后. 如果只考虑因素 B，将因素 A，C 的平方和并入误差，新的误差用 S_E^* 表示，则 $S_E^* = S_E + S_A + S_C = 2.245$

再列出修正后的方差分析表 6-18.

修正方差分析表 表 6-18

方差来源	平方和	自由度	均方	F 值	显著性
B	2.645	1	2.645	7.072	*
误差 E^*	2.245	6	0.374		
总和	4.89	7			

查表得，$F_{0.05}(1, 6)=5.99$，$F_{0.01}(1, 6)=13.75$

显然 $F_{0.05}(1, 6)<F_B=7.072<F_{0.01}(1, 6)$，所以因素 B 对试验指标的影响是显著的.

此题中，由于洛氏硬度越低越好，不管从方差分析表中 F_A，F_B，F_C 的大小顺序还是根据直观分析法，因素影响从大到小依次是 B，C，A，因此最优方案为 $B_2C_1A_2$，即 $A_2B_2C_1$，就是退火温度 760℃，保温时间 2h，空气冷却.

5. 重复试验的方差分析

重复试验是指把用正交表安排的每一个试验条件都重复多次做试验，从而提高统计分析的可靠性. 重复试验的方差分析与无重复试验的方法基本相同，但要注意如下区别：

（1）重复试验的试验数据个数是无重复时试验个数 n 乘以重复次数 t.

（2）计算 K_{1j}，K_{2j}，…时，无重复试验时是以各号试验的单一数据直接代入计算，而重复试验是以各号试验重复 t 次的数据之和代入计算.

（3）计算离差平方和时，重复试验的"水平重复数"要改为"水平重复数与重复试验次数 t 之积".

（4）重复试验的误差离差平方和 S_E 由空列误差 S_{E_1} 和重复试验误差 S_{E_2} 两部分组成，即 $S_E=S_{E_1}+S_{E_2}$

S_{E_2} 的计算公式为：

$$S_{E_2} = \sum_{i=1}^{n} \sum_{j=1}^{t} x_{ij}^2 - \frac{1}{t} \sum_{i=1}^{n} \left(\sum_{j=1}^{t} x_{ij} \right)^2$$

其中，x_{ij} 表示第 i 个试验的第 j 次试验结果，t 为各号试验的重复次数，n 仍为试验号总数.

S_{E_2} 的自由度为　$f_{E_2}=n(t-1)$

S_E 的自由度为　$f_E=f_{E_1}+f_{E_2}$

【例 5】 处理硅钢带有一道工序为空气退火. 空气退火能脱出其一部分碳，但钢带表面会生成一层很厚的氧化皮，从而增加酸洗困难. 欲取消这道工序，需要做试验，试验指标是钢带磁性，看看取消空气退火工艺后钢带磁性有无很大变化. 本次试验考虑两个因素，每个因素分别有 2 个水平：

退火工艺 A：A_1 为进行空气退火，A_2 为取消空气退火.

成品厚度 B：B_1 为 0.20mm，B_2 为 0.35mm.

【解】 选用 $L_4(2^3)$ 正交表，每个试验号重复 5 次做试验，试验结果列于表 6-19. x_{ij} 表示第 i 个试验的第 j 次重复的试验结果，$i=1,2,3,4$；$j=1,2,3,4,5$. 为计算方便，x_{ij} 是经过处理后的数据. $n=4$，$t=5$，$a=2$

平方和计算如下：

$$Q_A = \frac{1}{2\times 5}(36.7^2 + 47.5^2) = 360.31,$$

$$P = \frac{T^2}{nt} = \frac{84.2^2}{4\times 5} = 354.48$$

$$S_A = Q_A - P \approx 5.83$$

$$Q_B = \frac{1}{2\times 5}(34.2^2 + 50.0^2) = 366.96$$

$$S_B = Q_B - P = 12.48$$

$$Q_3 = \frac{1}{2\times 5}(36.7^2 + 47.5^2) = 360.31$$

试验结果　　　　　　　　　　　　　　　表 6-19

试验号 \ 因素	A 1	B 2	3	试验结果 x_{ij}					$\sum_{j=1}^{5} x_{ij}$	$\left(\sum_{j=1}^{5} x_{ij}\right)^2$
1	1	1	1	2.5	5.0	1.2	2.0	1.0	11.7	136.89
2	1	2	2	8.0	5.0	3.0	7.0	2.0	25.0	625.00
3	2	1	2	4.0	7.0	0	5.0	6.5	22.5	506.25
4	2	2	1	7.5	7.0	5.0	4.0	1.5	25.0	625.00
K_{1j}	36.7	34.2	36.7							
K_{2j}	47.5	50.0	47.5						T 84.2	$\sum_{i=1}^{4}\left(\sum_{j=1}^{5} x_{ij}\right)^2$
Q_j	360.31	366.96	360.31							$= 1893.14$
S_j	5.83	12.48	5.83							

$$S_{E_1} = S_3 = Q_3 - P = 5.83$$

$$S_{E_2} = \sum_{i=1}^{4} \sum_{j=1}^{5} x_{ij}^2 - \frac{1}{5} \sum_{i=1}^{4} \left(\sum_{j=1}^{5} x_{ij} \right)^2 = (2.5^2 + 5.0^2 + \cdots$$

$$+ 4.0^2 + 1.5^2) - \frac{1}{5} \times 1893.14 = 90.81$$

$$f_{E_1} = 1, \quad f_{E_2} = 4 \times (5-1) = 16$$

$$S_E = S_{E_1} + S_{E_2} = 5.83 + 90.81 = 96.64$$

$$f_E = f_{E_1} + f_{E_2} = 1 + 16 = 17, \quad F_A = \frac{5.83}{5.68} = 1.03, \quad F_B = \frac{12.48}{5.68} =$$

2.20.

可得如下方差分析表 6-20.

方差分析表 表 6-20

方差来源	离差平方和	自由度	均方	F 值	显著性
A	5.83	1	5.83	1.03	
B	12.48	1	12.48	2.20	
误差 E	96.64	17	5.68		
总和		19			

对 $\alpha = 0.05$，查表得 $F_{0.05}(1, 17) = 4.45$.

显然，$F_A < F_{0.05}(1, 17)$，所以空气退火工序对钢带磁性无显著影响，可以取消这个工序.

习 题 六

1. 某试验考察因素 A、B、C、D，选用 $L_9(3^4)$ 表，将因素 A、B、C、D 顺序地排在第 1、2、3、4 列上，所得 9 个试验结果依次为：$x_1 = 45.5$，$x_2 = 33.0$，$x_3 = 32.5$，$x_4 = 36.5$，$x_5 = 32.0$，$x_6 = 14.5$，$x_7 = 40.5$，$x_8 = 33.0$，$x_9 = 28.0$ 试用直观分析法指出最优工艺条件及因素影响的主次顺序.

2. 某个四因素二水平试验，除考察因素 A、B、C、D 外，还需考察 $A \times B$，$B \times C$. 今选用表 $L_8(2^7)$，将 A、B、C、D 依

次排在第 1、2、4、5 列上，所得 8 个试验结果依次为 $x_1 =$ 12.8，$x_2 = 28.2$，$x_3 = 26.1$，$x_4 = 35.3$，$x_5 = 30.5$，$x_6 = 4.3$，$x_7 = 33.3$，$x_8 = 4.0$. 试用直观分析法指出因素的主次顺序及较优工艺条件.

3. 提高收率试验. 已知某化工产品受反应温度、反应时间、催化剂种类三个因素的影响，且三个因素间无交互作用. 每个因素均取三水平.

因素 A：反应温度（℃）$A_1 = 700$，$A_2 = 750$，$A_3 = 800$；

因素 B：反应时间（min）$B_1 = 20$，$B_2 = 25$，$B_3 = 30$；

因素 C：催化剂种类　$C_1 =$ 甲，$C_2 =$ 乙，$C_3 =$ 丙.

用正交表 $L_9(3^4)$ 作正交试验，A，B，C 分别安排在第 1，2，3 列上，得到收率数据 $x(\%)$ 为

$x_1 = 71.0$，$x_2 = 80.7$，$x_3 = 83.0$，$x_4 = 78.0$，

$x_5 = 87.6$，$x_6 = 68.6$，$x_7 = 95.0$，$x_8 = 78.3$，$x_9 = 90.0$.

试分析试验结果，确定最优条件.

4. 选矿用的油膏的配方对矿石回收率有很大影响. 为了提高回收率，分别选取油膏的三种成分的两种水平，所选因素水平如下表所示.

因素　水平	A　机油	B　蓖麻油	C　石蜡
1	60%	10%	12%
2	50%	8%	6%

已知三个因素之间无交互作用，故选用正交表 $L_4(2^3)$ 安排试验，A、B、C 分别排在第 1、2、3 列上，结果 4 次试验的回收率依次为 72、58、78、84，试分析试验结果.

5. 研究用收集的烟灰与煤矸石作原料制造烟灰砖的试验. 质量指标有多项，考察因素为三个，各取三水平.

因素 A：成型水分（%）　$A_1 = 9$，$A_2 = 10$，$A_3 = 11$；

因素 B：碾压时间（min）　$B_1 = 8$，$B_2 = 10$，$B_3 = 12$；

因素 C：料重（kg/盘）　$C_1=330$，$C_2=360$，$C_3=400$.
所得数据列于下表.

试验号	1 A	2 B	3 C	4	数据
1	1	1	1	1	66.94
2	1	2	2	2	69.08
3	1	3	3	3	66.74
4	2	1	2	3	67.8
5	2	2	3	1	73.62
6	2	3	1	2	69.02
7	3	1	3	2	72.26
8	3	2	1	3	70.4
9	3	3	2	1	73.06

试用直观分析法，确定最优条件.

6. 为提高烧结矿的质量，做下面的配料试验. 各因素及其水平如下表所示：

水平 因素	A 精矿	B 生矿	C 焦粉	D 石灰	E 白云石	F 铁屑
1水平	8.0	5.0	0.8	2.0	1.0	0.5
2水平	9.5	4.0	0.9	3.0	0.5	1.0

反映质量好坏的试验指标为含铁量，越高越好. 用正交表 $L_8(2^7)$ 安排试验. 各因素依次放在正交表的 1～6 列上，8 次试验所得含铁量（%）依次为 50.9，47.1，51.4，51.8，54.3，49.8，51.5，51.3. 试对结果进行分析，找出最优配料方案.

7. 某厂用车床粗车轴杆. 为提高工效，对转速、走刀量和吃刀深度进行正交试验. 各因素及其水平如下表所示：

因素 水平	A 转速（r·min⁻¹）	B 走刀量（mm·转⁻¹）	C 吃刀深度（mm）
1	480	0.33	2.5
2	600	0.20	1.7
3	765	0.15	2.0

试验指标为工时，越短越好．用正交表 $L_9(3^4)$ 安排试验．将各因素依次放在正交表的 1、2、3 列上．9 次试验所得工时依次为 $1'28''$，$2'25''$，$3'14''$，$1'10''$，$1'57''$，$2'35''$，$57''$，$1'33''$，$2'03''$，试对结果进行分析，找出最佳工艺．

8．某农科站对晚稻的品种和栽培措施进行试验．各因素及其水平如下表所示：

因素 水平	A 品种	B 栽种规格	C 每穴株数	D 追肥量(kg/亩)	E 穗肥量（kg/亩）
1	甲	4×3	7~8	15	3
2	乙	4×4	4~5	20	0
3	丙				
4	丁				

试验指标是产量，越高越好．用混合正交表 $L_{16}(4×2^{12})$ 安排试验，将各因素依次放在正交表的 1~5 列上，16 次试验所得产量（0.5kg）依次为 694，664，714，650，650，646，670，652，646，600，630，670，670，650，660，670．试对结果进行分析，选出最好的生产方案．

9．某厂为考察铁损情况，考虑四个因素，而每个因素取两种水平列于下表：

因素 水平	退火温度（℃）	退火时间（h）	原料产地	轧程分配（mm）
1水平	800	10	甲地	0.3
2水平	1000	13	乙地	0.35

假定任意二个因素没有交互作用．现用 $L_8(2^7)$ 表安排试

验，且把退火温度、退火时间、原料产地、轧程分配分别放在第 1、2、4、7 列，经试验所得结果如下表所示：

列号 试验号	1 退火温度	2 退火时间	4 原料产地	7 轧程	铁损 （%）
1	1	1	1	1	0.82
2	1	1	2	2	0.85
3	1	2	1	2	0.70
4	1	2	2	1	0.75
5	2	1	1	2	0.74
6	2	1	2	1	0.79
7	2	2	1	1	0.80
8	2	2	2	2	0.87

给定 $\alpha = 0.05$，试检验每一个因素对铁损有无显著影响？

10. 作水稻栽培试验，考虑三个因素：秧龄、插植基本苗数、肥料. 为了检验它们对产量的影响，每个因素取两种水平，具体水平见下表：

因素 水平	秧龄	苗数（万株/亩）	氮肥（斤/亩）
1 水平	小苗	15	8
2 水平	大苗	25	12

用 $L_8(2^7)$ 表安排 8 次试验. 试验结果如下：

列号 试验号	1 秧龄	2 苗数	4 氮肥	亩产量（斤）
1	1	1	1	600
2	1	1	2	613.3
3	1	2	1	600.6
4	1	2	2	606.6
5	2	1	1	674
6	2	1	2	746.6
7	2	2	1	688
8	2	2	2	686.6

在 $\alpha=0.05$ 下检验各因素及每两个因素交互作用对亩产量有无显著影响?

11. 为了提高某化工产品的产量,考察反应温度,反应压力及溶液浓度,各取三水平

因素 A:温度(℃) $A_1=60$,$A_2=65$,$A_3=70$;

因素 B:压力(大气压) $B_1=2$,$B_2=2.5$,$B_3=3$;

因素 C:溶液浓度(%) $C_1=6$,$C_2=7$,$C_3=8$.

除这三个因素外,还要考察交互作用 $A\times B$、$A\times C$ 和 $B\times C$. 用正交表 $L_{27}(3^{13})$ 作正交试验,表头设计如下.

因素 A B $\overbrace{A\times B}$ C $\overbrace{A\times C}$ $\overbrace{B\times C}$

列号 1 2 3 4 5 6 7 8 9 10 11 12 13

试验结果 x(单位:kg)为:

x_1	x_2	x_3	x_4	x_5	x_6	x_7	x_8	x_9
11.30	14.63	17.23	10.50	13.67	16.23	11.37	14.73	17.07

x_{10}	x_{11}	x_{12}	x_{13}	x_{14}	x_{15}	x_{16}	x_{17}	x_{18}
10.47	13.47	16.13	10.33	13.40	15.80	10.63	13.97	16.50

x_{19}	x_{20}	x_{21}	x_{22}	x_{23}	x_{24}	x_{25}	x_{26}	x_{27}
10.03	13.40	16.80	10.57	13.97	16.83	11.07	13.97	16.57

试作方差分析,确定最优条件.

12. 一化工厂生产某种产品,需要找出影响收率的因素. 根据经验和分析,认为反应温度的高低,加碱量的多少和催化剂种类的不同,可能是造成收率波动的较主要原因. 对这三个因素各取三种水平,列于下表:

水平 \ 因素	温度(℃)	加碱量(kg)	催化剂种类
1 水平	80	35	甲
2 水平	85	48	乙
3 水平	90	55	丙

用 $L_9(3^4)$ 表安排 9 次试验，试验结果如下：

列号 试验号	1 温度	2 加碱量	3 催化剂种类	收率 （%）
1	1	1	1	51
2	1	2	2	71
3	1	3	3	58
4	2	1	2	82
5	2	2	3	69
6	2	3	1	59
7	3	1	3	77
8	3	2	1	85
9	3	3	2	84

假定没有交互作用. 在 $\alpha=0.05$ 下检验各个因素对收率有无显著影响？

第七章 多元统计分析

多元统计分析是统计学中一个非常重要的分支. 在实际问题中，我们往往对对象的多个指标感兴趣. 例如，在天气预报中，要同时预报气温、气压、风向，风力及降水等各项指标；在检查人体的健康状况时，需要检查体温、血压、肺活量、脉搏以及血液等各方面情况；在分析矿石标本时，我们将关心它所含的各种元素和化合物. 总之，在这类问题中，我们要观察取自总体的个体的多个指标值. 得到多维的样本观测值，这都归结为多元统计问题.

本章仅介绍多元统计分析中的三大内容：判别分析，主成分分析，聚类分析.

§1 判 别 分 析

判别分析是用于判断个体所属群体的一种统计方法，它产生于 20 世纪 30 年代. 近年来，在自然科学与社会学及经济管理学科中都有广泛应用. 例如，已知肝病有多种类型，据病人的症候判断得的是哪一种肝病. 又比如，已知某地区的土壤类型，根据土壤样品的测定数据判断属于何种土壤类型.

一、距离判别法

设有两个总体 G_1 和 G_2，X 为一个样品（m 维），如果能够定义 x 到 G_1 和 G_2 的距离 $d(x,G_1)$ 和 $d(x, G_2)$，那么就可以用如下的规则进行判断：

$$\begin{cases} x \in G_1 & 若 d(x, G_1) < d(x, G_2) \\ x \in G_2 & 若 d(x, G_1) > d(x, G_2) \\ 待判 & 若 d(x, G_1) = d(x, G_2) \end{cases} \quad (7.1)$$

若 G_1 和 G_2 都为正态总体，可用马氏距离来进行这里的距离计算. 设总体 $G_1 \sim N_m(\mu_1, \textstyle\sum)$，$G_2 \sim N_m(\mu_2, \textstyle\sum)$，$\mu_1 \neq \mu_2$，$\textstyle\sum > 0$，分布密度函数分别为

$$f_i(x) = (2\pi)^{-\frac{m}{2}} |\textstyle\sum|^{-\frac{1}{2}} \exp\left\{ -\frac{1}{2}(x - \mu_i)^T \textstyle\sum^{-1}(x - \mu_i) \right\}$$
$$(i = 1, 2),$$

则样品 x 到 G_i 的马氏距离为 $d_i^2 = d^2(x, G_i) = (x - \mu_i)^T \textstyle\sum^{-1}(x - \mu_i)(i = 1, 2)$

$$\begin{aligned} d_1^2 - d_2^2 &= d^2(x, G_1) - d^2(x, G_2) \\ &= (x - \mu_1)^T \textstyle\sum^{-1}(x - \mu_1) - (x - \mu_2)^T \textstyle\sum^{-1}(x - \mu_2) \\ &= x^T \textstyle\sum^{-1} x - 2x^T \textstyle\sum^{-1} \mu_1 + \mu_1^T \textstyle\sum^{-1} \mu_1 - x^T \textstyle\sum^{-1} x - 2x^T \\ &\quad \textstyle\sum^{-1} \mu_2 - \mu_2^T \textstyle\sum^{-1} \mu_2 \\ &= 2x^T \textstyle\sum^{-1}(\mu_2 - \mu_1) + \mu_1^T \textstyle\sum^{-1} \mu_1 - \mu_2^T \textstyle\sum^{-1} \mu_2 \\ &= 2x^T \textstyle\sum^{-1}(\mu_2 - \mu_1) + (\mu_1 + \mu_2)^T \textstyle\sum^{-1}(\mu_1 - \mu_2) \\ &= -2\left(x - \frac{\mu_1 + \mu_2}{2}\right)^T \textstyle\sum^{-1}(\mu_1 - \mu_2) \end{aligned}$$

令 $\bar{\mu} = \dfrac{\mu_1 + \mu_2}{2}$，$a = \textstyle\sum^{-1}(\mu_1 - \mu_2)$，同时，记 $W(x) = \dfrac{d_2^2 - d_1^2}{2}$，

则 $W(x) = (x - \bar{\mu})^T \textstyle\sum^{-1}(\mu_1 - \mu_2) = a^T(x - \bar{\mu})$

所以，判断准则（7.1）可表示为：

$$\begin{cases} x \in G_1 & 若 W(x) > 0 \\ x \in G_2 & 若 W(x) < 0 \\ 待判 & 若 W(x) = 0 \end{cases} \quad (7.2)$$

这个准则取决于 $W(x)$ 的取值，通常我们将 $W(x)$ 称为判别函数，由于它是 x 的线性函数，又称为线性判别函数，a 称为判别系数. 线性判别函数使用起来最方便，在实际应用中也最广泛. 但在实际问题中，μ_1、μ_2 和 $\textstyle\sum$ 往往是未知的，需要用样本

均值和协方差阵来估计：

设总体 G_1 的样品为 n_1 个，$x_i^{(1)}=(x_{i_1}^{(1)},x_{i_2}^{(1)},\cdots,x_{i_m}^{(1)})^T$，$i=1,2,\cdots,n_1$，计算得均值向量为 $\bar{x}^{(1)}=(\bar{x}_1^{(1)},\bar{x}_2^{(1)},\cdots,\bar{x}_m^{(1)})^T$，偏差阵为 $L_{xx}^{(1)}$；

总体 G_2 的样品为 n_2 个，$x_j^{(2)}=(x_{j_1}^{(2)},x_{j_2}^{(2)},\cdots,x_{j_m}^{(2)})^T$，$j=1,2,\cdots,n_2$，计算得均值向量为 $\bar{x}^{(2)}=(\bar{x}_1^{(2)},\bar{x}_2^{(2)},\cdots,\bar{x}_m^{(2)})^T$，偏差阵为 $L_{xx}^{(2)}$.

Σ 的无偏估计为 $S=\dfrac{1}{n_1+n_2-2}(L_{xx}^{(1)}+L_{xx}^{(2)})$. 这时的判别函数为：

$$W(x)=\frac{1}{2}(\bar{x}^{(1)}-\bar{x}^{(2)})^T S^{-1}\left(x-\frac{\bar{x}^{(1)}+\bar{x}^{(2)}}{2}\right)=\frac{1}{2}(d_2^2-d_1^2),$$

其中，$d_1^2=(x-\bar{x}^{(1)})^T S^{-1}(x-\bar{x}^{(1)})$

$\qquad d_2^2=(x-\bar{x}^{(2)})^T S^{-1}(x-\bar{x}^{(2)})$,

判断准则仍为（7.2）.

【例1】 某企业生产一款新衣，将产品的样品分寄给九家商场，并附寄调查意见表征求对新产品的评价. 评价分质量、款式和颜色三方面，以十分制评分. 结果，五位喜欢，四位不喜欢. 评价表见表 7-1.

产品特性　　　　　　　　　　　　　　　　　表 7-1

	样本点	质量 x_1	款式 x_2	颜色 x_3
喜欢者组	1	8	9.5	7
	2	9	8.5	6
	3	7	8.0	9
	4	10	7.5	8.5
	5	8	6.5	7
喜欢者组平均值	$\bar{x}^{(1)}$	8.4	8.0	7.5
不喜欢者组	1	6	3	5.5
	2	3	4	3.5
	3	4	2	5
	4	3	5	4
不喜欢者组平均值	$\bar{x}^{(2)}$	4.0	3.5	4.5

经计算

$$(\hat{u}^{(1)}-\hat{u}^{(2)})=(\bar{x}^{(1)}-\bar{x}^{(2)})=(8.4-4, \ 8-3.5, \ 7.5-4.5)^T$$
$$=(4.4, \ 4.5, \ 3)^T$$

$$A_1=\begin{bmatrix} 5.2 & -0.5 & -1 \\ -0.5 & 5 & -1.25 \\ -1 & -1.25 & 6 \end{bmatrix} \quad A_2=\begin{bmatrix} 6 & -3 & 3.5 \\ -3 & 5 & 2.5 \\ 3.5 & 2.5 & 2.5 \end{bmatrix}$$

$$\hat{\Sigma}=\frac{1}{5+4-2}[A_1+A_2]=\frac{1}{7}\begin{bmatrix} 11.2 & -3.5 & 2.5 \\ -3.5 & 10 & 1.25 \\ 2.5 & 1.25 & 8.5 \end{bmatrix}$$

$$a=\hat{\Sigma}^{-1}(\hat{u}^{(1)}-\hat{u}^{(2)})=\begin{bmatrix} 0.77 & 0.28 & 0.28 \\ 0.28 & 0.84 & 0.21 \\ -0.28 & -0.21 & 0.91 \end{bmatrix}\begin{bmatrix} 4.4 \\ 4.5 \\ 3 \end{bmatrix}=$$
$$[3.8.8, \ 4.382, \ 0.553]^T$$

$$\bar{u}=((8.4+4)/2,(8+3.5)/2,(7.5+4.5)/2)^T=$$
$$(6.2, \ 5.75, \ 6)^T$$

因此，得到判别函数 $W(x)=a^T(x-\bar{u})=3.808x_1+4.382x_2+0.553x_3-52.124$

如果有一个潜在顾客，他对新产品的质量、款式、颜色分别评价为 6、8、8，其评价值为 $W(x_0)=3.808\times6+4.382\times8+0.533\times8-52.124=62.328-52.124>0$，那么他属于喜欢组.

二、费歇（*Fisher*）判别法

费歇判别法的思想是投影，将 k 组 p 维数据投影到某一方向，使得组与组之间的投影尽可能地分开，费歇借用方差分析的思想来达到这一目的.

设从 k 个总体中分别取得 k 组 p 维观测值如下：

$G_1:x_1^{(1)},\cdots,x_{n_1}^{(1)}$

$$\vdots \qquad \vdots \qquad\qquad n=\sum_{i=1}^k n_i$$

$G_k:x_1^{(k)},\cdots,x_{n_k}^{(k)}$

令 a 为 R^p 中的任一向量，$\mu(x)=a^T x$ 为 x 在以 a 为法线方向的投影．这时，上述数据的投影则为：

$$
\begin{array}{ccc}
G_1: & a^T x_1^{(1)}, & \cdots, & a^T x_{n_1}^{(1)} \\
\vdots & & & \vdots \\
G_k: & a^T x_1^{(k)}, & \cdots, & a^T x_{n_k}^{(k)}
\end{array}
$$

则其组间平方和为：

$$
\begin{aligned}
SSG &= \sum_{i=1}^k n_i (a^T \bar{x}^{(i)} - a^T \bar{x})^2 \\
&= a^T \Big[\sum_{i=1}^k n_i (\bar{x}^{(i)} - \bar{x})(\bar{x}^{(i)} - \bar{x})^T \Big] a \\
&= a^T B a
\end{aligned}
$$

其中 $B = \sum_{i=1}^k n_i (\bar{x}^{(i)} - \bar{x})(\bar{x}^{(i)} - \bar{x})^T$，且 $\bar{x}^{(i)}$，$\bar{x}$ 分别为第 i 组的均值和总均值向量．

组内平方和为：

$$
\begin{aligned}
SSE &= \sum_{i=1}^k \sum_{j=1}^{n_i} (a^T x_j^{(i)} - a^T \bar{x}^{(i)})^2 \\
&= a^T \Big[\sum_{i=1}^k \sum_{j=1}^{n_i} (x_j^{(i)} - \bar{x}^{(i)})(x_j^{(i)} - \bar{x}^{(i)})^T \Big] a \\
&= a^T E a
\end{aligned}
$$

其中 $E = \sum_{i=1}^k \sum_{j=1}^{n_i} (x_j^{(i)} - \bar{x}^{(i)})(x_j^{(i)} - \bar{x}^{(i)})^T$．

如果希望这些投影点的组与组之间尽可能分开，就相当于使组间的差异 SSG 尽可能大．同时，又使组内差异 SSE 尽可能小．即 $\Delta(a)=\dfrac{a^T B a}{a^T E a}$ 应充分地大．故我们可以求 a，使得 $\Delta(a)$ 达到极大．但这样的 a 并不唯一，因为如果 a 使 $\Delta(\cdot)$ 达到极大，那么 ca 也可以使 $\Delta(\cdot)$ 达到极大，只要 c 为任意不等于零的实数．由代数知识我们知道，$\Delta(a)$ 的最大值为 λ_1，它是 $|B-\lambda E|=0$ 的最大特征根．用 $\lambda_1 \geqslant \lambda_2 \geqslant \lambda_3 \cdots \geqslant \lambda_r > 0$ 来表示

$|B-\lambda E|=0$ 的全部非零特征根，$l_1, l_2, \cdots, l_r$ 为相应的特征向量，当 $a=l_1$ 时可使 $\Delta(a)$ 达到最大. 因为 $\Delta(a)$ 的大小可以用来衡量判别函数 $\mu(x)=a^T x$ 的效果，所以称 $\Delta(a)$ 为判别效率. 由此，可得如下定理：

定理 7.1　费歇准则下的线性判别函数 $\mu(x)=a^T x$ 的解为方程 $|B-\lambda E|=0$ 的最大特征根 λ_1 所对应的特征向量 l_1，且相应的判别效率为 $\Delta(l_1)=\lambda_1$.

三、贝叶斯（*Bayes*）判别法

距离判别法和费歇判别法对总体分布并无限制，而且思路直观，计算简单，结论明确，比较实用，但判断方法与各总体出现的概率及误差造成的损失无关. 贝叶斯判别法正是考虑到这两点而提出的一种判别方法.

贝叶斯估计的思想是：假定对研究的对象已有一定的认识，然后我们取得一个样本，用样本来修正已有的认识，得后验概率分布，各种统计推断都通过后验概率分布来进行. 将贝叶斯思想用于判别分析，就得到贝叶斯判别法.

看一个最简单的情形，设有两个总体 G_1 和 G_2，G_i 具有概率密度函数 $f_i(x)(i=1,2)$，根据以往的统计分析，已知出现总体 G_i 的概率为 p_i. 计算后验概率，即当样本 x 已知时，求它属于 G_i 的概率. 按照贝叶斯公式，有

$$P(G_k|x) = \frac{p_k f_k(x)}{\sum_{j=1}^{2} p_j f_j(x)} \tag{7.3}$$

所以，采用以下的判别准则：

$$\begin{cases} x \in G_1 & \text{若 } P(G_1|x) > P(G_2|x) \\ x \in G_2 & \text{若 } P(G_1|x) < P(G_2|x) \\ \text{待判} & \text{若 } P(G_1|x) = P(G_2|x) \end{cases}$$

由式（7.3）可知，该判断规则可写为：

$$\begin{cases} x \in G_1 & \text{若 } p_1 f_1(x) > p_2 f_2(x) \\ x \in G_2 & \text{若 } p_1 f_1(x) < p_2 f_2(x) \\ \text{待判} & \text{若 } p_1 f_1(x) = p_2 f_2(x) \end{cases}$$

若记 $V(x) = \dfrac{f_1(x)}{f_2(x)}$，$d = \dfrac{p_2}{p_1}$

则上述判断准则又可以表示为：

$$\begin{cases} x \in G_1 & V(x) > d \\ x \in G_2 & V(x) < d \\ \text{待判} & V(x) = d \end{cases}$$

例：设 $f_1(x)$，$f_2(x)$ 分别表示 $N(\mu_1, \sum)$，$N(\mu_2, \sum)$ 的密度函数，

$$V(x) = \frac{f_1(x)}{f_2(x)} = \exp\left\{ -\frac{1}{2}(x - \mu_1)^T \sum{}^{-1}(x - \mu_1) + \frac{1}{2} (x - \mu_2)^T \sum{}^{-1}(x - \mu_2) \right\}$$

$$= \exp\left\{ \left(x - \frac{\mu_1 + \mu_2}{2}\right)^T \sum{}^{-1}(\mu_1 - \mu_2) \right\} = \exp W(x)$$

其中，$W(x)$ 恰好为距离判别法中的判别函数. 此时，贝叶斯判别准则为：

$$\begin{cases} x \in G_1 & W(x) > \ln d \\ x \in G_2 & W(x) < \ln d \\ \text{待判} & W(x) = \ln d \end{cases}$$

如果出现总体 G_1 和 G_2 概率相同的情况，即 $p_1 = p_2$，则贝叶斯判别准则就是距离判别准则.

下面考虑多个总体的情况. 设有 k 个总体 $G_1, G_2, \cdots, G_k$，它们分别具有 p 维概率密度函数 $f_1(x), f_2(x), \cdots, f_k(x)$. 已知出现这 k 个总体的先验概率为 $p_1, p_2, \cdots, p_k$. 当样本 x 已知时，它属于 G_t 的后验概率为：

$$p(G_t | x) = \frac{p_t f_t(x)}{\sum\limits_{i=1}^{k} p_i f_i(x)} \tag{7.4}$$

这时，可采用以下的判别准则：

$$\begin{cases} x \in G_i & \text{若 } P(G_i|x) > P(G_j|x) \quad j=1,2,\cdots,k, j \neq i \\ \text{待判} & \text{若某个 } P(G_i|x) = P(G_j|x) \end{cases}$$

将式（7.4）代入判别准则，还可以得到更简明的表达形式：

$$\begin{cases} x \in G_i & \text{若 } p_i f_i(x) > p_j f_j(x) \quad \forall j \neq i \\ \text{待判} & \text{若有 } p_i f_i(x) = p_j f_j(x) \end{cases}$$

即有：

$$\begin{cases} x \in G_i & \text{若 } V_{ij}(x) > p_j/p_i \quad \forall j \neq i \\ \text{待判} & \text{若存在 } V_{ij}(x) = p_j/p_i \end{cases}$$

其中 $V_{ij}(x) = \dfrac{f_i(x)}{f_j(x)}$，$V_{ij}$ 称为判别函数.

特别地，若设 $G_1, G_2, \cdots, G_k$ 的分布分别是 $N(\mu_1, \sum), N(\mu_2, \sum), \cdots, N(\mu_k, \sum)$，可以推出

$$V_{ij}(x) = \exp W_{ij}(x)$$

$$W_{ij}(x) = \left(x - \frac{\mu_i + \mu_j}{2} \right)' \sum{}^{-1} (\mu_i - \mu_j)$$

所以，判别规则为：

$$\begin{cases} x \in G_i & \text{若 } W_{ij} > \ln(p_j/p_i) \quad \forall j \neq i \\ \text{待判} & \text{若存在 } W_{ij} = \ln(p_j/p_i) \end{cases}$$

在一些场合下，还特别引入错判代价的概念. 记 $c(j|i)$ 为样本来自 G_i，却被误判为 G_j 的代价，而这一误判概率为：

$$p(j|i) = \int_{D_j} f_i(x)\mathrm{d}x$$

设 $D_1, D_2, \cdots, D_k$ 为 R^p 的一个划分，$\bigcup_{i=1}^{k} D_i = R^p$，$D_i \bigcap D_j = 0$，$\forall i \neq j$. 所谓 x 被错判为属于 G_j，即 x 落入 G_j. 显然，总的错判代价期望值为：

$$ECM = \sum_{i=1}^{k} p_i \sum_{j=1}^{k} c(j|i) p(j|i).$$

此时，使错判代价期望值达到最小的判别规则为：

$$\begin{cases} x \in G_i & \text{若 } h_i(x) < h_j(x) \quad \forall j \neq i \\ \text{待判} & \text{若存在 } h_i(x) = h_j(x) \end{cases}$$

其中　　$h_t(x) = \sum_{i=1, i \neq t}^{k} p_i f_i(x) c(t|i)$

所以，当 $k=2$ 时，有判别准则：

$$\begin{cases} x \in G_1 & p_1 f_1(x) c(2|1) > p_2 f_2(x) c(1|2) \\ x \in G_2 & p_1 f_1(x) c(2|1) < p_2 f_2(x) c(1|2) \\ \text{待判} & p_1 f_1(x) c(2|1) = p_2 f_2(x) c(1|2) \end{cases}$$

【例2】 表 7-2 是某气象站预报有无春旱的实际材料，x_1 和 x_2 为两个综合的预报因子（气象含义从略）. 有春旱的是六个年份的资料，无春旱的是八个年份的资料. 它们的先验概率分别用 $\frac{6}{14}$ 和 $\frac{8}{16}$ 来估计，并设错误损失相等，试建立线性判别函数.

某气象站预报有无春旱的资料　　　　表 7-2

		1	2	3	4	5	6	7	8
春旱	X_1	24.8	24.1	26.6	23.5	25.5	27.4		
	X_2	−2.0	−2.4	−3.0	−1.9	−2.1	−3.1		
	$W(x)$	6.886	6.907	7.790	6.527	7.100	8.029		
无旱	X_1	22.1	21.6	22.0	22.8	22.7	21.5	22.1	21.4
	X_2	−0.7	−1.4	−0.8	−1.6	−1.5	−1.0	−1.2	−1.3
	$W(x)$	5.624	5.835	53647	6.217	6.146	5.622	5.861	5.740

设 $\Sigma_1 = \Sigma_2 = \Sigma$，但 Σ 未知，$\mu^{(i)}$，$i=1, 2$，未知，先利用历史资料对它们进行估计：

$$\bar{x}^{(1)} = (25.32, -2.42)^T, \quad \bar{x}^{(2)} = (22.03, -1.19)^T$$

$$\hat{\Sigma} = \frac{1}{14}(A_1 + A_2) = \begin{pmatrix} 1.08 & -0.26 \\ -0.26 & 0.17 \end{pmatrix}$$

其中，$A_i = \sum_{j=1}^{n_i} (x_j^{(i)} - \bar{x}^{(i)})(x_j^{(i)} - \bar{x}^{(i)})^T$，又记 $\beta = \ln \frac{p_2}{p_1} = \ln \frac{8}{6} = 0.288$.

计算判别函数：$W^*(x) = \left(x - \frac{1}{2}(\bar{x}^{(1)} + \bar{x}^{(2)}) \right)^T \hat{\Sigma} (\bar{x}^{(1)} - $

$$\bar{x}^{(2)}) = \frac{1}{0.116}(0.2395\,x_1 - 0.4730\,x_2 - 6.527) \geqslant 0.288$$

为计算简单，取判别函数：$W(x) = 0.2395x_1 - 0.4730x_2$

并得判别限：$6.527 + 0.116 \times 0.288 = 6.560$

表中列有 $W(x)$ 的值，以判别限 6.560 进行回报，只有一个发生错，可以认为历史资料的拟合率达 93%．这个比率可能有些夸大，因为它是用自己的数据建立的判别准则．下面还会对判别准则的评价进行讨论．

§2　主成分分析

多指标问题的困难一是指标多，二是多指标间的相关性．由于变量多，这就增加了分析问题的复杂性．但在很多实际问题中，变量之间有着一定的相关性．所以，我们的想法是是否可以用较少的变量代替原来较多的变量，而这些较少的变量又能尽可能地反映出原来变量的信息．也就是说，要在力保数据信息丢失最少的原则下，对高维变量空间进行降维处理．

我们都知道，在一个低维空间进行推断要比在一个高维空间容易得多．英国统计学家 M. Scott 在 1961 年对 157 个英国城镇发展水平进行调查时测量了 57 个变量，通过主成分分析发现，只需 5 个新的综合变量（即原变量的线性组合）就可以 95% 的精度表示原数据的变异情况．这样，问题就从 57 维降到 5 维．美国的统计学家 Stone 在 1947 年研究国民经济时，曾利用美国 1929~1938 年的数据得到 17 个反映国民收入与支出的变量要素，像雇主补贴、消费资料、生产资料、纯公共支出、净增库存、股息等．在进行主成分分析后，发现用 3 个新变量就可以以 97.4% 的精度取代原 17 个变量．

设 $X = (X_1, X_2, \cdots, X_m)^T$ 是一个 m 维随机变量，二阶矩存在，均值向量为 u，协方差阵为 $\sum = (\sigma_{ij})_{m \times m}$，考虑线性变换：

$$\begin{cases} Y_1 = u_{11}X_1 + u_{12}X_2 + \cdots + u_{1m}X_m \\ Y_2 = u_{21}X_1 + u_{22}X_2 + \cdots + u_{2m}X_m \\ \vdots \qquad\qquad\qquad\qquad \vdots \\ Y_m = u_{m1}X_1 + u_{m2}X_2 + \cdots + u_{mn}X_m \end{cases} \qquad (7.5)$$

其中 $u = \begin{bmatrix} u_{11} & u_{21} & \cdots & u_{m1} \\ u_{12} & u_{22} & \cdots & u_{m2} \\ \vdots & \vdots & \ddots & \cdots \\ u_{1m} & u_{2m} & \cdots & u_{mn} \end{bmatrix} = (u_1, u_2, \cdots, u_m)$，且 $Y_i = u_i^T X$

如果我们希望用 Y_1 代替原来的 m 个变量 $X_1, X_2, \cdots, X_m$，就要求 Y_1 尽可能地反映原来这 m 个向量的信息，而这里的"信息"最经典的是用 Y_1 的方差来表达. $D(Y_1)$ 越大，表示 Y_1 包含的信息越多. 要想使少数几个 Y_i 能反映 X 的绝大部分信息，又要求各 Y_i 间信息不重叠，则 Y_i 之间应满足：

（1）Y_i 在 $u_i^T u_i = 1$ 下方差最大，即 $D(Y_i) = u_i^T \sum u_i = \max(i = 1 \sim m)$；

（2）$Cov(Y_i, Y_j) = u_i^T \sum u_j = 0 \quad (i \neq j)$.

这说明式（7.5）的变换要求 u 为正交阵. 上面条件（1）为一个条件极值问题，运用拉格朗日乘数法构造函数：

$$f(u_i) = u_i^T \sum u_i - \lambda_i (u_i^T u_i - 1),$$

则 u_i 应使：$\dfrac{\mathrm{d}f}{\mathrm{d}u_i} = 2\sum u_i - 2\lambda_i u_i = 0 \qquad$ 即 $\sum u_i = \lambda_i u_i$.

所以，使 $D(Y_i) = u_i^T \sum u_i = \max$ 的单位化向量 u_i 应为 $\sum$ 的非零特征根 λ_i 所对应的单位化特征向量. 设 $\sum$ 的非零特征根为 $\lambda_1 \geqslant \lambda_2 \geqslant \cdots \geqslant \lambda_m \geqslant 0$，它们所对应的单位化特征向量为 $u_1, u_2, \cdots, u_m$，则 $Y_1 = u_1^T X$，$Y_2 = u_2^T X, \cdots, Y_m = u_m^T X$，分别为随机向量 X 的第一主成分，第二主成分，$\cdots$，第 m 主成分.

$\lambda_1 \geqslant \lambda_2 \geqslant \cdots \geqslant \lambda_m \geqslant 0$ 为 $\sum$ 的特征根，$u_1, u_2, \cdots, u_m$ 为相应的单位特征向量. 如果特征根有重根，对应于这个重根的特征向量组成一个 R^m 的子空间，子空间的维数等于重根的次数. 在子空间中任取一组正交的坐标系，这个坐标系的单位向量就可以

用来作为它的特征向量. 显然, 特征向量的取法不唯一, 但我们总假定已选定某一种取法. 则我们有如下的一些结论:

1. Y_i 具有最大方差 λ_i

因为 $Y_i = u_i^T X$, 而 $\sum u_i = \lambda_i u_i$, 所以

$D(Y_i) = u_i^T \sum u_i = \lambda_i u_i^T u_i = \lambda_i$. 这说明, 第 i 主成分是具有最大方差 λ_i 的 X 的各分量的正规化线性组合.

2. Y_i 与 $Y_j (i \neq j, \lambda_i \neq \lambda_j)$ 不相关

因为 λ_i 和 λ_j 为实对称矩阵 $\sum$ 的两个不同的特征值, u_i 和 u_j 为对应的单位特征向量, 且 $\sum u_i = \lambda_i u_i$, $\sum u_j = \lambda_j u_j$, 所以 $\lambda_i u_i^T = u_i^T \sum \lambda_i u_i^T u_j = u_i^T \sum u_j = u_i^T \lambda_j u_j = \lambda_j u_i^T u_j$, 得 $(\lambda_i - \lambda_j) u_i^T u_j = 0$, 而 $\lambda_i \neq \lambda_j$,

所以 $u_i^T u_j = 0$, 故,

$$Cov(Y_i, Y_j) = Cov(u_i^T X, u_j^T X) = u_i^T Cov(X, X) u_j = u_i^T \sum u_j$$
$$= \lambda_j u_i^T u_j = 0,$$

所以 Y_i 与 Y_j 不相关.

3. Y 的均值为 0, Y 的协方差阵为 $\begin{bmatrix} \lambda_1 & & & \\ & \lambda_2 & & \\ & & \ddots & \\ & & & \lambda_m \end{bmatrix}$,

因为 $E(Y) = E(u^T X) = u^T EX = 0$,

$$D(Y) = D(u^T X) = u^T (DX) u = u^T \sum u = \begin{bmatrix} \lambda_1 & & & \\ & \lambda_2 & & \\ & & \ddots & \\ & & & \lambda_m \end{bmatrix} = \Lambda$$

4. $\sum_{i=1}^{m} \sigma_{ii} = \sum_{i=1}^{m} \sigma_i^2 = \sum_{i=1}^{m} \lambda_i$

$\sum_{i=1}^{m} \sigma_{ii} = \sum_{i=1}^{m} \sigma_i^2$ 是 $\sum$ 的主对角线的元素之和, 也就是 $\sum$ 的迹.

而 $\sum_{i=1}^{m} \lambda_i$ 为 Λ 的迹. 根据迹的性质, 有 $\sum_{i=1}^{m} \sigma_i^2 = tr(\sum) = tr$

$(u \Lambda u^T) = tr(\Lambda u u^T) = tr(\Lambda) = \sum_{i=1}^{m} \lambda_i$. 这个结论表明, 主成分分

析是在迹的意义下将 X 的各个分量的方差全部保留下来.

据此，我们定义 $\dfrac{\lambda_k}{\sum\limits_{i=1}^{m}\lambda_i}$ 为主成分 Y_i 的贡献率，定义 $\dfrac{\sum\limits_{i=1}^{l}\lambda_i}{\sum\limits_{i=1}^{m}\lambda_m}$

为 $Y_1,Y_2,\cdots,Y_l(l\leqslant m)$ 的累计贡献率. 一般情况下，累计贡献率能达到 80% 以上就可以了.

累计贡献率表达了 l 个主成分提取了 $X_1,X_2,\cdots,X_m$ 的多少信息，但它没有表达某个变量被提取了多少信息. 所以，我们定义 l 个主成分 $Y_1,Y_2,\cdots,Y_l$ 对于原变量 X_i 的贡献率 $v_i=\dfrac{\sum\limits_{k=1}^{l}\lambda_k u_{ik}^2}{\sigma_i^2}$，$Y_j$ 对 X_i 的贡献率 $v_{ij}=\dfrac{u_{ji}^2\lambda_i}{\sigma_i^2}$.

5. 如果用 X 的相关阵 R 来进行主成分分析，R 的特征值为 $\lambda_1'\geqslant\lambda_1'\geqslant\cdots\geqslant\lambda_m'>0$，对应的单位特征向量为 $v_1,v_2,\cdots,v_m$，则所求的主成分分别为 $H_i=v_i^T X'$，$i=1,2,\cdots,m$，X' 为 X 的标准化

向量，令 $\sigma=\begin{bmatrix}\sigma_1 & & & \\ & \sigma_2 & & \\ & & \ddots & \\ & & & \sigma_m\end{bmatrix}$，其中 σ_i 为 X_i 的标准差. 需要

说明的是 $v_i\neq u_i$.

由于 $\sum u_i=\lambda_i u_i$，$\sigma R\sigma=\sum$，则 $\sigma R\sigma u_i=\lambda_i u_i$，所以 $R\sigma u_i=\lambda_i\sigma^{-2}\sigma u_i$，即 λ_i 为 R 关于 σ^{-2} 的特征值，σu_i 为 R 关于 σ^{-2} 的特征向量，因而 $v_i\neq\sigma u_i$，这说明用 X 的协方差阵和相关阵分别进行主成分分析是不同的.

【例 1】 设 $X=(X_1,X_2,X_3)^T$ 的协方差阵为 $\sum=$

$\begin{bmatrix}1 & -2 & 0 \\ -2 & 5 & 0 \\ 0 & 0 & 2\end{bmatrix}$，求得

$$\lambda_1=5.83,\quad \lambda_2=2.00,\quad \lambda_3=0.17,$$

$$t_1 = \begin{pmatrix} 0.333 \\ -0.924 \\ 0.000 \end{pmatrix}, \qquad t_2 = \begin{pmatrix} 0 \\ 0 \\ 1 \end{pmatrix}, \qquad t_3 = \begin{pmatrix} 0.924 \\ 0.383 \\ 0.000 \end{pmatrix}.$$

如果我们只取一个主成分，贡献率可达：

$$5.83/(5.83+2.00+0.17) = 0.72875 = 72.875\%$$

似乎已很理想，如进一步计算每个变量的贡献率，得

i	$\rho(Y_1, X_i)$	v_i	$\rho(Y_2, X_i)$	v_i
1	0.925	0.855	0.000	0.855
2	−0.998	0.996	0.000	0.996
3	0.000	0.000	1.000	1.000

我们看到，Y_1 对第三个变量的贡献率为零，这是因为 X_3 与 X_1 和 X_2 都不相关，在 Y_1 中一点没有包含 X_3 的信息，这样仅取一个主成分就不够了，故需取 Y_2. 此时，累计贡献率达 $(5.83+2.00)/8 = 97.875\%$，(Y_1, Y_2) 对每个变量 X_i 的贡献率列于上面的表中，分别为 $v_1 = 85.5\%$，$v_2 = 99.6\%$，$v_3 = 100\%$，都比较高。

在实际问题中，一般 Σ 阵为未知的，需要通过样本来估计．记样本阵为：

$$X = \begin{pmatrix} x_{11} & x_{12} & \cdots & x_{1m} \\ x_{21} & x_{22} & \cdots & x_{2m} \\ \cdots & \cdots & \ddots & \cdots \\ x_{n1} & x_{n2} & \cdots & x_{nm} \end{pmatrix}, \text{则样本离差阵、样本协差阵和}$$

样本相关阵为：

$$A = (a_{ij}) = \sum_{j=1}^{n} (x_j - \bar{x})(x_j - \bar{x})^T$$

$$S = \frac{1}{n-1} A = (s_{ij})$$

$$R = (r_{ij}), \text{ 其中 } r_{ij} = \frac{a_{ij}}{\sqrt{a_{ii} a_{jj}}} = \frac{s_{ij}}{\sqrt{s_{ii} s_{jj}}},$$

我们可以用 S 作为 Σ 的估计，或用 R 作为总体相关阵的估计，按上节的方法可以获得主成分．

下面举几个例子说明主成分分析怎样解决实际问题．

【例 2】 在企业经济效益的评价中，涉及的指标往往很多．为了简化系统结构，抓住效益评价中的主要问题，我们可以由原始数据出发求主成分．在对我国 28 个省、市、自治区独立核算的工业企业的经济效益评价中，涉及 9 个指标，原始数据（略）是一个 28 行、9 列的矩阵，此矩阵用 X 表示，这里样品数 $n = 28$，变量（指标）数 $p = 9$．9 个指标分别为：

x_1——100 元固定资产原值实现产值（％）；

x_2——100 元固定资产原值实现利润（％）；

x_3——100 元资金实现利税（％）；

x_4——100 元工业总产值实现利税（％）；

x_5——100 元销售收入实现利税（％）；

x_6——每吨标准煤实现工业产值（元）；

x_7——每千瓦时电力实现工业产值（元）；

x_8——全员劳动生产率（元｜人·年）；

x_9——100 元流动资金实现产值（元）．

① 将原始数据进行标准化处理．

$x_{ij}^* = \dfrac{x_{ij} - \bar{x}_j}{D(x_{ij})}(i = 1, 2, \cdots, n; j = 1, 2, \cdots, p)$，其中，$\bar{x}_j = \dfrac{1}{n} \sum_{i=1}^{n} x_{ij}$

$D(x_{ij}) = \dfrac{1}{n-1} \sum_{i=1}^{n} (x_{ij} - \bar{x}_j)^2 (j = 1, 2, \cdots, p)$，可得标准化数据（略）．

② 计算样本的相关矩阵 R．

$$R = \begin{bmatrix} r_{11} & r_{12} & \cdots & r_{1p} \\ r_{21} & r_{22} & \cdots & r_{2p} \\ \cdots & \cdots & \ddots & \cdots \\ r_{p1} & r_{p2} & \cdots & r_{pp} \end{bmatrix}$$，为方便，假定原始数据标准化后

用 X 表示，经标准化处理后的数据的相关系数为：$r_{ij} = \dfrac{1}{n-1}\sum_{t=1}^{n} x_{ti}x_{tj}(i,j=1,2,\cdots,p)$

经计算得相关矩阵为：$R=$

$$\begin{bmatrix} 1.000 & 0.869 & 0.770 & -0.094 & 0.351 & 0.936 & 0.900 & 0.873 & 0.896 \\ 0.869 & 1.000 & 0.978 & 0.364 & 0.683 & 0.896 & 0.803 & 0.926 & 0.849 \\ 0.770 & 0.978 & 1.000 & 0.502 & 0.770 & 0.798 & 0.734 & 0.882 & 0.841 \\ -0.094 & 0.364 & 0.502 & 1.000 & 0.649 & 0.020 & -0.068 & 0.190 & 0.046 \\ 0.351 & 0.683 & 0.770 & 0.649 & 1.000 & 0.451 & 0.413 & 0.655 & 0.394 \\ 0.936 & 0.896 & 0.798 & 0.020 & 0.451 & 1.000 & 0.890 & 0.898 & 0.799 \\ 0.900 & 0.803 & 0.734 & -0.068 & 0.413 & 0.890 & 1.000 & 0.835 & 0.819 \\ 0.873 & 0.926 & 0.882 & 0.190 & 0.655 & 0.898 & 0.835 & 1.00 & 0.827 \\ 0.896 & 0.849 & 0.814 & 0.046 & 0.394 & 0.799 & 0.819 & 0.827 & 1.000 \end{bmatrix}$$

由相关矩阵可看出，9 个指标彼此之间存在较强的相关性. 这样，9 个指标反映的经济信息就有很大的重叠.

③ 求相关矩阵 R 的特征值及特征向量. 令 $|R-\lambda I|=0$，求得特征值，特征值贡献率，累积贡献率见表 7-3，特征向量见表 7-4.

表 7-3

变量	1	2	3	4	5	6	7	8	9
特征值	6.554	1.690	0.311	0.186	0.137	0.065	0.030	0.025	0.001
贡献率	0.728	0.188	0.035	0.021	0.015	0.007	0.003	0.003	0.000
累计贡献率	0.728	0.916	0.951	0.972	0.987	0.994	0.997	1.00	1.00

表 7-4

1	2	3	4	5	6	7	8	9
0.358	-0.276	-0.103	-0.087	-0.143	-0.227	-0.690	0.449	0.167
0.383	0.091	-0.143	-0.156	-0.176	-0.247	-0.094	-0.356	-0.756
0.370	0.216	-0.187	0.055	-0.020	-0.245	-0.028	-0.592	0.605
0.095	0.712	-0.404	-0.325	0.229	0.248	-0.059	0.313	0.003

1	2	3	4	5	6	7	8	9
0.256	0.049	0.626	0.392	-0.011	-0.279	0.041	0.252	-0.040
0.363	-0.179	0.141	-0.563	-0.173	-0.154	0.599	0.256	0.148
0.346	-0.240	0.221	-0.077	0.852	0.150	-0.060	-0.107	-0.069
0.375	-0.010	0.233	0.046	-0.372	0.799	-0.099	-0.122	0.030
0.349	-0.167	-0.500	0.617	0.042	0.054	0.371	0.260	-0.071

④ 选择 $m(m<p)$ 个主成分. 由表 7-3 我们看到, 前面两个主成分 y_1, y_2 的累积贡献率(方差和占全部总方差的比例)为:

$$\alpha = \left(\sum_{i=1}^{2} \lambda_i \Big/ \sum_{i=1}^{p} \lambda_i \right) = 0.916$$

我们就选取 y_1 为第一主成分, y_2 为第二主成分, 而且这两个主成分占全部总方差的 91.6%, 即基本上保留了原来指标 x_1, $x_2, \cdots, x_p$ 的信息, 这样由原来的 9 个指标转化为 2 个新指标, 起到了降维的的作用. 前两个主成分 y_1, y_2 的线性组合为:

$$y_1 = 0.356x_1 + 0.383x_2 + 0.370x_3 + 0.095x_4$$
$$+ 0.256x_5 + 0.363x_6 + 0.346x_7 + 0.375x_8 + 0.349x_9$$
$$y_2 = -0.276x_1 + 0.091x_2 + 0.216x_3 + 0.712x_4$$
$$+ 0.494x_5 - 0.179x_6 + 0.240x_7 - 0.010x_8 - 0.167x_9$$

⑤ 对所选的主成分做经济解释. 主成分分析的关键在于能否给主成分赋予新的意义, 给出合理的解释, 这个解释应根据主成分的计算结果结合定性分析来进行. 主成分为原来变量的线性组合, 在这个线性组合中各变量的系数有大有小, 有正有负, 有的大小相当, 因而不能简单地认为这个主成分是某个原变量的属性作用. 线性组合中, 各变量系数绝对值大者表明该主成分主要综合了绝对值大的变量; 有几个变量系数大小相当时, 应认为这一主成分是这几个变量的综合. 这几个变量综合在一起应赋予怎样的经济意义, 要结合经济专业知识, 给出恰如其分的解释, 才能达到深刻分析经济成因的目的.

我们所举的例子中有 9 个指标, 这 9 个指标有很强的依赖性. 通过主成分计算后, 我们选择了两个主成分, 这两个主成分有着明显的经济意义. 第一主成分的线性组合中除了 100 元工业总产值实现利税 x_4 和 100 元销售收入实现利税 x_5 外, 其余变量的系数相当, 所以第一主成分可看成是 $x_1, x_2, x_3, x_4, x_5,$ x_6, x_7, x_8, x_9 的综合变量. 我们可以解释为, 第一主成分反映了工业生产中投入的资金, 劳动力所产生的效果, 它是 "投入" 和 "产出" 之比.

第一主成分所占的信息总量为 72.8%, 在我国目前的工业企业中, 经济效益首先反映在投入和产出之比上, 其中固定资产的有效使用所产生的经济效益更大一些. 第二主成分是把工业生产中所得总量 (即工业总产值和销售收入) 与局部量 (即利税) 进行比较, 反映了 "产出" 对国家所做的贡献. 这样, 在抓企业经济效益的活动中, 就应注重投入与产出之比和产出对国家所做的贡献. 抓住了这两个方面, 经济效益就一定会提高.

为了进一步估计各变量对主成分的作用, 根据主成分的性质, 主成分 y_k 与原变量 x_i 的相关系数 $\rho(y_k, x_i)$ 称为因子负荷量, 因子负荷量揭示了主成分与原变量之间的关系的相关程度, 利用它来解释主成分会更确切些.

令变量 i 对第 j 个主成分的负荷量为:

$$\alpha_{ij} = \sqrt{\lambda_j} u_{ji} \quad (i,j = 1,2,\cdots,p)$$

其中, u_{ji} 为对应 λ_j 的单位特征向量的分量, 即有

$$A = (\alpha_{ij}) = \begin{bmatrix} \sqrt{\lambda_1}u_{11} & \sqrt{\lambda_2}u_{21} & \cdots & \sqrt{\lambda_p}u_{p1} \\ \sqrt{\lambda_1}u_{12} & \sqrt{\lambda_2}u_{22} & \cdots & \sqrt{\lambda_p}u_{p2} \\ \cdots & \cdots & \ddots & \cdots \\ \sqrt{\lambda_1}u_{1p} & \sqrt{\lambda_2}u_{2p} & \cdots & \sqrt{\lambda_p}u_{pp} \end{bmatrix} = U^T \Lambda^{\frac{1}{2}}$$

其中, U 为特征向量矩阵, Λ 为特征值矩阵. 因子负荷阵 A 可进一步解释主成分分析.

对于我们的例子, 所选的两个主成分的因子负荷见表 7-5.

因子负荷代表了主成分与原变量的相关系数, 表 7-5 可以更清楚地反映出主成分与各变量的亲疏关系.

表 7-5

主成分的因子负荷

变量号因子负荷主成分	第一主成分	第二主成分
1	0.917	−0.359
2	0.981	0.118
3	0.947	0.281
4	0.244	0.925
5	0.656	0.642
6	0.928	−0.233
7	0.886	−0.312
8	0.960	−0.014
9	0.892	−0.217

【**例 3**】 对表 7-6 所给资料，进行主成分分析.

西北农业大学育种组（1981）　　　　表 7-6

性状 品种	7014-R0	7576/3 矮 7	68G 1278	70190 -1	9615 -11	9651 -13	73 (36)	丰 3	矮 3
冬季 分蘖	11.5	9.0	7.5	9.1	11.6	13.0	11.6	10.7	11.1
株高	95.3	97.7	110.7	89.0	88.0	87.7	79.7	119.3	87.7
每穗 粒数	26.4	30.8	39.7	35.4	29.3	24.6	25.6	29.9	32.2
千粒重	39.2	46.8	39.1	35.3	37.0	44.8	43.7	38.8	35.6
抽穗期 （月/日）	4/19	4/17	4/17	4/18	4/20	4/19	4/19	4/19	4/18
成熟期 （月/日）	6/2	6/6	6/3	6/2	6/7	6/7	6/5	6/5	6/3

$$X = (x_1, x_2, x_3, x_4, x_6)^T,\ \text{对各分量进行标准化}$$

$$x_i' = \frac{x_i - \bar{x}_i}{\sqrt{l_{ii}/(n-1)}} \qquad (i = 1, 2, \cdots, 6)$$

求得相关阵为

$$R=\begin{bmatrix} 1.000 \\ -04933 & 1.0000 \\ -0.8982 & 0.4369 & 1.0000 \\ 0.1448 & -0.0853 & -0.4709 & 1.0000 \\ 0.8127 & -0.2979 & -0.6883 & -0.1653 & 1.0000 \\ 0.4397 & -0.1263 & -0.4925 & 0.5684 & 0.3823 & 1.0000 \end{bmatrix}$$

R 的特征值及相应的单位化特征向量为

$$\begin{bmatrix} 3.2439 & 1.3916 & 0.8156 & 0.4359 & 0.0974 & 0.0156 \\ 0.5182 & -0.2006 & 0.0516 & -0.2003 & 0.6815 & -0.4246 \\ -0.3021 & 0.2102 & 0.8437 & -0.3720 & 0.1193 & -0.0031 \\ -0.5239 & -0.0442 & 0.0178 & 0.4746 & 0.0867 & -0.7004 \\ 0.2145 & 0.7443 & -0.1986 & -0.2903 & -0.2811 & -0.4440 \\ 0.4343 & -0.3962 & 0.3899 & 0.1066 & -0.6439 & -0.2964 \\ 0.3619 & 0.4460 & 0.3061 & 0.7075 & 0.1779 & 0.2103 \end{bmatrix}$$

由于前三个主成分的累计贡献率

$$\eta_{(3)} = \frac{3.2439 + 1.3916 + 0.8156}{6} = 90.85\% > 85\%$$

故取前三个主成分：

$$F_1 = 0.5182x_1' - 0.3021x_2' - 0.5239x_3' + 0.2145x_4' + 0.4343x_5' + 0.3619x_6',$$

$$F_2 = -0.2096x_1' + 0.2102x_2' - 0.0442x_3' + 0.7443x_4' - 0.3962x_5' + 0.4460x_6',$$

$$F_3 = 0.0516x_1' + 0.8437x_2' + 0.0178x_3' - 0.1986x_4' + 0.3899x_5' + 0.3061x_6'$$

F_1 主要综合了 x_1'（分蘖），x_3'（粒数），x_5'（抽穗期）的变异信息. 它们的系数分别为 0.5182，-0.5329 和 0.4343，它们代表了 x_1', x_3', x_5' 对 F_1 作用的权数；F_2 主要综合了 x_4'（粒重），x_6'（成熟期）的变异信息；F_3 主要反映了 x_2'（株高）的信息.

可计算出该例的因子载荷阵 A，以阐明各 x_i 的方差在各主成分上的载荷：

$$A = U\Lambda^{\frac{1}{2}} =$$

$$
\begin{bmatrix}
0.9333 & -0.2473 & 0.0466 & -0.1323 & 0.2127 & -0.0530 \\
-0.5442 & 0.2480 & 0.7620 & -0.2456 & 0.0372 & -0.0004 \\
-0.9436 & -0.0521 & 0.0161 & 0.3133 & 0.0270 & -0.0875 \\
0.3864 & 0.8781 & -0.1793 & -0.1917 & -0.0877 & -0.0555 \\
0.7823 & -0.4673 & 0.3522 & 0.0704 & -0.1981 & -0.0370 \\
0.6518 & 0.5261 & 0.2764 & 0.4671 & 0.0555 & 0.0263
\end{bmatrix}
$$

由于 x_i' 的方差均为 1，故计算出 F_1, F_2, F_3 上分别承载了 x_1 方差的

$$u_{11} = 0.9333^2 = 87.10\% \qquad u_{12} = (-0.2473)^2 = 6.12\%$$

$$u_{13} = 0.0466^2 = 0.22\%$$

F_1, F_2 和 F_3 共同承载了 x_1 的方差的 $u_{1(3)} = 93.44\%$. 同理，可计算

$$u_{2(3)} = 93.83\% \qquad u_{3(3)} = 89.35\% \qquad u_{4(3)} = 95.25\%$$

$$u_{5(3)} = 95.46\% \qquad u_{6(3)} = 77.80\%$$

这说明用 F_1, F_2 和 F_3 不但能反映 X 变异信息的 90.85%，而且各 x_i' 的方差在 F_1, F_2 和 F_3 上的载荷除 x_6' 外均很高，从而用 F_1, F_2 和 F_3 简化原观察系统是可以的.

用主成分可计算各样品的主成分值. 下面给出 9 个样品的主成分得分值（用 MATLAB）软件计算：

$$
\begin{bmatrix}
0.4655 & -0.9839 & -0.0862 & -1.2567 & -0.2038 & 0.0196 \\
-0.5670 & 2.3646 & -0.5099 & 0.0611 & -0.0125 & 0.1941 \\
-3.2353 & 0.6299 & 0.2608 & 0.2065 & -0.0723 & -0.2039 \\
-1.7144 & -1.1881 & -0.7448 & 0.2593 & -0.1707 & 0.0341 \\
1.5741 & -0.8208 & 0.6916 & 1.2528 & -0.2145 & 0.0470 \\
2.4905 & 0.8421 & -0.0632 & -0.0156 & 0.3537 & -0.1712 \\
1.7311 & 0.2289 & -0.8897 & -0.1499 & -0.3664 & -0.0558 \\
-0.2103 & 0.0777 & 1.9863 & -0.4493 & 0.0590 & 0.0661 \\
-0.5343 & -1.1504 & -0.6449 & 0.0816 & 0.6278 & 0.0698
\end{bmatrix}
$$

如：第一个样品的第一主成分值为 $0.5182 \times 0.5476 - 0.3021 \times 0.02293 + 0.5239 \times 0.82977 - 0.2145 \times 0.20189 + 0.4344 \times 0.54800 - 0.3619 \times 1.21800 = 0.4655$

（注意：样品的指标值是用标准化后的值）.

分别以样品的第一和第二主成分得分值为 x 轴和 y 轴，画出的 9 个样品数据点标记图如图 7-1 所示.

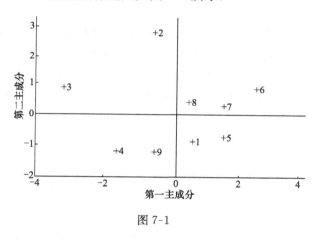

图 7-1

用主成分值可计算各样品间的距离（马氏距离）进行样品的聚类. 主成分还可以用来筛选变量，建立好的回归模型，如在上例中的第六个特征根 $\lambda_6 = 0.0156 \approx 0$，说明 F_6 近似具有多重共线性. 由于 F_6 中 x_3' 权重最大（-0.7004），故应予以删除，这样用 $x_1', x_2', x_4', x_5', x_6'$ 要比原来的六个变量进行主成分或回归分析效果更好.

§3 聚 类 分 析

聚类分析（Cluster Analysis）又称群分析，是按"物以类聚"原则研究事物分类的一种多元统计分析方法. 它与判别分析同属分类统计问题. 判别分析是判别个体或子样属于哪一个给定的类，而聚类分析则是对给定的 n 个样品或指标根据某种原则，将它们聚成若干类.

聚类分析的基本思想是，认为我们所研究的样品或指标之间存在着不同程度的相似性. 先将 n 个样品或指标各自看成一类，选择相似程度最大的样品或指标聚成一类，再将相似程度次大的样品或指标聚成一类. 如此继续，直到将所有样品或指标聚为一类为止.

样品的相似性用距离度量，指标的相似性用相似系数来度量. 这里只介绍样品的聚类，指标的聚类类似可得.

设有 n 个样品，每个样品为 p 维空间的一个点. 显然，容易想到可用它们之间的距离远近来分类，距离有各种各样的定义，形成的分类法也各种各样.

一、距离

距离必须满足两条基本公理：

如果给定 n 个样品 $X_1, X_2, \cdots, X_n$，设 X_i 和 X_j 之间的距离为 d_{ij}，则

（1）$d_{ij} \geqslant 0$，对一切 $1 \leqslant i$、$j \leqslant n$ 成立，且 $d_{ij} = 0$ 的充要条件是 $X_i = X_j$；

（2）$d_{ij} \leqslant d_{il} + d_{lj}$，$(1 \leqslant i、j、l \leqslant n)$.

设 $X_i = (x_{i1}, x_{i2}, \cdots, x_{ip})^T$，$i = 1, 2, \cdots, n$. 最常用的距离有

① 绝对值距离　$d_{ij}^{(1)} = \sum_{k=1}^{p} |x_{ik} - x_{jk}|$

② 欧氏距离　　$d_{ij}^{(2)} = \sqrt{\sum_{k=1}^{p} (x_{ik} - x_{jk})^2}$

③ 马氏距离　　$d_{ij}^{(3)} = \sqrt{(X_i - X_j)^T V^{-1} (X_i - X_j)}$

④ 标准化距离　$d_{ij}^{(4)} = \sqrt{\sum_{k=1}^{p} \frac{(x_{ik} - x_{jk})^2}{s_k^2}}$

其中 $s_k^2 = \dfrac{1}{n-1} \sum_{i=1}^{n} (x_{ik} - \bar{x}_k)^2$，$\bar{x}_k = \dfrac{1}{n} \sum_{i=1}^{n} x_{ik}$

⑤ 闵可夫斯基距离　$d_{ij}^{(5)} = \left[\sum_{k=1}^{p} |x_{ik} - x_{jk}|^q\right]^{\frac{1}{q}}, q > 0$

以上定义的各种距离均符合距离的两条基本公理. 在实际问题中，还可以根据问题的要求定义其他的距离.

确定了距离，就可以按距离远近，也就是距离大小来分类. 聚类方法有许多种，常用的有系统聚类法和逐步聚类法等.

二、系统聚类法

系统聚类法的过程可按下面几个步骤来进行：

（1）将 n 个样品各自成一类，共得 n 类；

（2）定义样品之间的距离和类与类间的距离；

（3）计算各类之间的距离；

（4）选择距离最小的两类合并为一新类，原有的 n 类减少为 $n-1$ 类；

（5）重复（3）、（4），直到并成一大类为止.

我们已经介绍过样品之间的各种距离的定义. 在选定样品间距离的基础上，还可以进一步选择类与类之间的距离. 样品间距离与类间距离的不同选择，会产生不同的系统聚类法. 下面介绍两种常用的类与类之间的距离，并举例说明如何用系统聚类法对样品聚类.

1. 最短距离

定义　设给定样品间的距离为 d_{ij}，类 G_k 与类 G_l 之间距离 $D_{k,l}^{(1)}$ 为分别属于该两类的任意两样品之间的最短距离，即

$$D_{k,l}^{(1)} = \min_{\substack{X_i \in G_k \\ X_j \in G_l}} d_{ij}.$$

2. 最长距离

定义　设给定样品间的距离为 d_{ij}，类 G_k 与类 G_l 之间距离 $D_{k,l}^{(2)}$ 为分别属于该两类的任意两样品之间的最长距离，即

$$D_{k,l}^{(2)} = \max_{\substack{x_i \in G_k \\ x_j \in G_l}} d_{ij}.$$

类与类之间的距离还有重心距离、类平均距离、离差平方和距离.

最短距离法的步骤:

(1) 将 n 个样品各自成一类,共得 n 类.

(2) 确定样品间的距离定义,类 G_k 与类 G_l 间的距离用 $D_{k,l}^{(1)}$ 表示.

(3) 计算各类之间的距离. 由于这时每类仅有一个样品,因此类与类之间距离等于样品之间距离,取对角线元素全为零的对称阵 $(D_{k,l}^{(1)})$. 不妨,将 $(D_{k,l}^{(1)})$ 的不包括对角线元素的左下部记为 $D_{(0)}$.

(4) 选择 $D_{(0)}$ 中的最小元素,不妨设该最小元素为 $d_{k,l}$,则将 G_k 和 G_l 合并为一类,记为 G_{n+1}.

(5) 重复 (3),计算各类之间距离. 实际上,只要计算新类 G_{n+1} 到原来 n 类中除去 G_k 和 G_l 两类的距离.

$$\begin{aligned}
D_{(n+1),r}^{(1)} &= \min_{\substack{X_i \in G_{n+1} \\ X_j \in G_r}} d_{ij} = \min(\min_{\substack{X_i \in G_k \\ X_j \in G_r}} d_{ij}, \min_{\substack{X_i \in G_l \\ X_j \in G_r}} d_{ij}) \\
&= \min(D_{k,r}^{(1)}, D_{l,r}^{(1)}) \quad (r \neq k, l)
\end{aligned} \tag{7.6}$$

根据式 (7.6),将 $D_{(0)}$ 中的第 k,l 两行和第 k,l 两列删去,加上第 $n+1$ 行和第 $n+1$ 列,得距离矩阵 $D_{(1)}$.

(6) 重复 (4),选择最小元素合并,再重复(3)~(4),直到所有样品合并成一类为止. 如果发现某一个 $D_{(k)}$ 中最小元素不止一个,则对应这些最小元素的类可以同时合并.

【例1】 设有 8 个二维向量,数据如下:

X_1	X_2	X_3	X_4	X_5	X_6	X_7	X_8
$\begin{pmatrix} 2 \\ 5 \end{pmatrix}$	$\begin{pmatrix} 2 \\ 3 \end{pmatrix}$	$\begin{pmatrix} 4 \\ 4 \end{pmatrix}$	$\begin{pmatrix} 4 \\ 3 \end{pmatrix}$	$\begin{pmatrix} -4 \\ 3 \end{pmatrix}$	$\begin{pmatrix} -2 \\ 2 \end{pmatrix}$	$\begin{pmatrix} -3 \\ 2 \end{pmatrix}$	$\begin{pmatrix} -1 \\ -3 \end{pmatrix}$

试用欧氏距离和最短距离法分类.

【解】　计算得 $D_{(0)}$ 为

	G_1	G_2	G_3	G_4	G_5	G_6	G_7
G_2	2.0						
G_3	2.2	2.2					
G_4	2.8	2.0	1.0				
G_5	6.3	6.0	8.1	8.0			
G_6	5.0	4.1	6.3	6.1	2.2		
G_7	5.8	5.1	7.3	7.1	1.4	1.0	
G_8	8.5	6.7	8.6	7.8	6.7	5.1	5.4

由 $D_{(0)}$ 看出，最小元素为 1.0，它们是 $D_{3,4}^{(1)}$ 和 $D_{6,7}^{(1)}$. 将 G_3 和 G_4 合并成新类 G_9，又将 G_6 和 G_7 合并成新类 G_{10}.

计算新类 G_9 和 G_{10} 到 G_1,G_2,G_5,G_8 的距离，根据式（7.6）有

$$G_{9,1}^{(1)} = \min(G_{3,1}^{(1)},G_{4,1}^{(1)})$$

从 $D_{(0)}$ 看出 $D_{3,1}^{(1)}=2.2<2.8=D_{4,1}^{(1)}$，所以

$$D_{9,1}^{(1)}=2.2$$

由此可见，新类的有关距离不必重新计算，在原 $D_{(0)}$ 中完全可以相应地得到. 其余的距离也可类似得到. 而

$$D_{9,10}^{(1)} = \min(D_{3,6}^{(1)},D_{3,7}^{(1)},D_{4,6}^{(1)}D_{4,7}^{(1)})$$
$$=D_{4,6}^{(1)} = 6.1$$

这样计算得 $D_{(1)}$ 为

	G_1	G_2	G_5	G_8	G_9
G_2	2.0				
G_5	6.3	6.0			
G_8	8.5	6.7	6.7		
G_9	2.2	2.0	8.0	7.8	
G_{10}	5.8	4.1	1.4	5.1	6.1

最小元素为 $D_{5,10}^{(1)}=1.4$. 将 G_5 和 G_{10} 合并得到新类 G_{11}. 重新计算各类间距离，得 $D_{(2)}$ 为

	G_1	G_2	G_8	G_9
G_2	2.0			
G_8	8.5	6.7		
G_9	2.2	2.0	7.8	
G_{11}	5.8	4.1	5.1	6.1

$D_{(2)}$ 的最小元素为 $D_{1,2}^{(1)}=D_{2,9}^{(1)}=2.0$，故将 G_1,G_2,G_9 合并成一新类 G_{12}，再依次求出 $D_{(3)},D_{(4)}$

	G_8	G_{11}
G_{11}	5.1	
G_{12}	6.7	4.1
G_{13}	5.1	

最后，将 G_8,G_{13} 合并成一类. 至此，聚类过程结束. 聚类过程如图 7-2 所示.

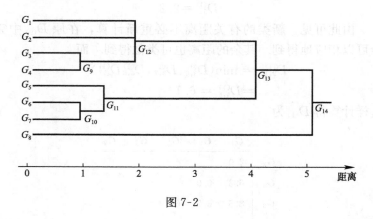

图 7-2

从图 7-2 可见，聚类最终可合并成一大类 G_{14} 为止，或根据实际要求到某个程度就停止合并，该程度可以用距离来度量. 从本题看，分成三大类较合适：G_1,G_2,G_3,G_4 合并成一类 G_{12}，G_5,G_6,G_7 合并成一类 G_{11}，而 G_8 自成一类. 这时，合并距离均不超过 2. 从给定的数据看，G_{12} 是由两个分量均为正的 X_1，X_2，X_3，X_4 所构成，G_{11} 是由两个分量一正一负的 X_5，X_6，X_7 所组成，而 X_8 的两个分量均为负，则另成一组.

三、一次形成聚类法

下面再介绍一类简单的聚类方法，称之为一次形成聚类法. 我们以相关系数的绝对值作为分数指数. 具体步骤如下：

（1）计算 n 个变量的相关系数绝对值的矩阵：

$$R=(\mid r_{ij}\mid)=\begin{pmatrix} 1 & \mid r_{12}\mid & \cdots & \mid r_{1n}\mid \\ \mid r_{21}\mid & 1 & \cdots & \mid r_{2n}\mid \\ \cdots & \cdots & \cdots & \cdots \\ \mid r_{n1}\mid & \mid r_{n2}\mid & \cdots & 1 \end{pmatrix}$$

（2）在相关系数矩阵 R 中找出最大的元素 $\mid r_{pq}\mid$，则将第 p 和第 q 个变量归为一类.

（3）在相关系数矩阵 R 中找出第二大元素 $\mid r_{p'q'}\mid$，考虑对第 p' 个变量和第 q' 个变量的归类. 分为两种情况：

1）若 p'，q' 中有一个已归为某一类了，则另一个也归到这一类中；

2）若 p'，q' 均未归类，则把 p'，q' 这两个变量归为一个新类；

（4）再从 R 中找出第三大的元素 $\mid r_{p''q''}\mid$，考虑对第 p''，q'' 变量的归类，分为四种情况：当遇到（3）的 1）、2）两种情况时则和以上两种处理方法相同；若第 p'' 个变量和第 q'' 个变量分别属于已并类的两个不同的类，则将这两个不同的类并为一类；若 p''，q'' 同属于一个已并的类，则保持已得的归类不变.

（5）依次重复（4）的做法，找出第 4，5，$\cdots$ 大的元素，直到所有的变量并为一个大类为止.

【例 2】　在全国服装标准的制定中，对某地成年女子的各部位尺寸进行了统计，通过 14 个部位的测量资料获得各因素之间的相关系数表，见表 7-7，我们利用一次形成聚类法来研究这 14 个变量的聚类.

成年女子各部位相关系数

表 7-7

	x_1	x_2	x_3	x_4	x_5	x_6	x_7	x_8	x_9	x_{10}	x_{11}	x_{12}	x_{13}
x_1 上体长	1												
x_2 手臂长	0.336	1											
x_3 胸围	0.242	0.233	1										
x_4 颈围	0.280	0.194	0.590	1									
x_5 总肩宽	0.360	0.324	0.476	0.435	1								
x_6 前胸宽	0.282	0.263	0.483	0.470	0.452	1							
x_7 后背宽	0.245	0.265	0.540	0.478	0.535	0.663	1						
x_8 前腰节高	0.448	0.345	0.452	0.404	0.431	0.322	0.266	1					
x_9 后腰节高	0.486	0.367	0.365	0.357	0.429	0.283	0.287	0.820	1				
x_{10} 总体长	0.648	0.662	0.216	0.316	0.429	0.283	0.263	0.527	0.547	1			
x_{11} 身高	0.679	0.681	0.243	0.313	0.430	0.302	0.294	0.520	0.558	0.957	1		
x_{12} 下体长	0.486	0.636	0.174	0.243	0.375	0.290	0.255	0.403	0.417	0.857	0.582	1	
x_{13} 腰围	0.133	0.153	0.732	0.477	0.399	0.392	0.446	0.266	0.241	0.054	0.099	0.055	1
x_{14} 臀围	0.376	0.252	0.676	0.581	0.441	0.447	0.440	0.424	0.372	0.363	0.376	0.321	0.627

对这 14 个变量的相关系数从小到大进行排序，我们只列出前一部分，如表 7-8 所示.

数据相关系数顺序表　　　　表 7-8

编号	相关变量	相关系数	编号	相关变量	相关系数
1	x_{10},x_{11}	0.957	13	x_{10},x_{11}	0.590
2	x_{10},x_{11}	0.857	14	x_{10},x_{11}	0.581
3	x_{10},x_{11}	0.820	15	x_{10},x_{11}	0.558
4	x_{10},x_{11}	0.732	16	x_{10},x_{11}	0.547
5	x_{10},x_{11}	0.681	17	x_{10},x_{11}	0.540
6	x_{10},x_{11}	0.679	18	x_{10},x_{11}	0.535
7	x_{10},x_{11}	0.676	19	x_{10},x_{11}	0.527
8	x_{10},x_{11}	0.663	20	x_{10},x_{11}	0.520
9	x_{10},x_{11}	0.662	21	x_{10},x_{11}	0.486
10	x_{10},x_{11}	0.648	22	x_{10},x_{11}	0.486
11	x_{10},x_{11}	0.636	23	x_{10},x_{11}	0.452
12	x_{10},x_{11}	0.627	24	x_{10},x_{11}	0.452

根据此表，按一次形成聚类法进行归类处理，得聚类图 7-3.

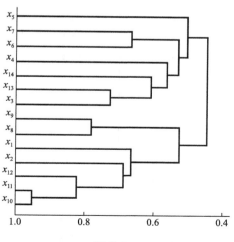

图 7-3

习 题 七

1. 检查 12 岁女学生的身材, 测量她们的四个指标: x_1—身高 (cm), x_2—体重 (kg), x_3—胸围 (cm), x_4—坐高 (cm), 测量数据的相关系数阵 R 为:

$$R = \begin{pmatrix} 1 & 0.484 & 0.322 & 0.703 \\ 0.484 & 1 & 0.887 & 0.597 \\ 0.322 & 0.887 & 1 & 0.313 \\ 0.703 & 0.597 & 0.313 & 1 \end{pmatrix}$$

试进行主成分分析, 写出第一、第二主成分.

2. 对 20 名健康女性的汗水进行测量和化验, 数据如下, 其 x_1—排汗量, x_2—汗水中的钠含量, x_3—汗水中的钾含量, 试对数据进行主成分分析.

汗水数据

试验者	x_1 (排汗量)	x_2 (钠含量)	x_3 (钾含量)
1	3.7	48.5	9.3
2	5.7	65.1	8.0
3	3.8	47.2	10.9
4	3.2	53.2	12.0
5	3.1	55.5	9.7
6	4.6	36.1	7.9
7	2.4	24.8	14.0
8	7.2	33.1	7.6
9	6.7	47.4	8.5
10	5.4	54.1	11.3
11	3.9	36.9	12.7
12	4.5	58.8	12.3
13	3.5	27.8	9.8

续表

试验者	x_1（排汗量）	x_2（钠含量）	x_3（钾含量）
14	4.5	40.2	8.4
15	1.5	13.5	10.1
16	8.5	56.4	7.1
17	4.5	71.6	8.2
18	6.5	52.8	10.9
19	4.1	44.1	11.2
20	5.5	40.9	9.4

3. 苜蓿草是畜牧业生产中很有价值的一种植物，欲将 7 种苜蓿草按叶的形状加以聚类，它们是：①索引苜蓿；②秘鲁苜蓿；③秘鲁78；④大叶苜蓿；⑤和田苜蓿；⑥美国苜蓿；⑦萨兰斯苜蓿．测量叶长和叶宽，得到数据如下（单位：mm）：

	①	②	③	④	⑤	⑥	⑦
叶长 x_1	16	20	17	25	22	27	10
叶宽 x_2	5	8	6	10	9	8	3

试用最短距离法进行聚类．

4. 某校从高二女生中随机选取 16 名，测得身高和体重如下表，样品间采用欧氏距离，试用最长距离法作聚类分析．

序号	1	2	3	4	5	6	7	8	9	10	11	12	13	14	15	16
身高 (cm)	160	159	160	157	169	162	165	154	160	160	157	163	161	158	159	161
体重 (kg)	49	46	53	41	49	50	48	43	45	44	43	50	51	45	48	48

第八章　SPSS 应用实例

§1　直方图及常用统计量的 SPSS 实际操作举例

SPSS 数据文件是一种有别于其他文件（如 Word 文档、文本文件）的特殊格式的文件. 从应用角度理解，这种特殊性表现在两个方面. 第一，SPSS 数据文件的扩展名是. sav；第二，SPSS 数据文件是一种有结构的数据文件. 它由数据的结构和内容两部分组成. 其中，数据的结构记录数据类型、取值说明、数据缺失情况等必要信息，数据的内容才是那些待分析的具体数据.

【例1】 用 SPSS 16.0 建立数据集.

例　已知 30 名儿童体重、身高、胸围、腰围数据如表 8-1 所示，试建立该数据集.

30 名儿童体重、身高、胸围、腰围数据表　　表 8-1

编号	体重	身高	胸围	腰围
1	22.6	119.8	60.5	52.5
2	21.5	121.7	55.5	45.4
3	19.1	121.4	56.5	47.5
4	21.8	124.4	60.5	52.5
5	21.5	120.0	57.7	47.7
6	20.1	117.0	57.0	49.0
7	18.8	118.0	57.1	45.1
8	22.0	118.8	61.7	51.7
9	21.3	124.2	58.4	49.4
10	24.0	124.8	60.8	49.8
11	23.3	124.7	60.0	50.0

续表

编号	体重	身高	胸围	腰围
12	22.5	123.1	60.0	51.0
13	22.9	125.3	65.2	55.2
14	19.5	124.2	53.7	44.9
15	22.9	127.4	59.5	49.5
16	22.3	128.2	60.1	53.1
17	22.7	126.1	57.4	47.4
18	23.5	128.6	60.4	51.4
19	21.5	129.4	52.0	43.0
20	25.5	126.9	61.5	51.5
21	25.0	126.5	63.9	54.9
22	26.1	128.2	63.0	52.7
23	27.9	131.4	63.1	54.1
24	26.8	130.8	61.5	54.5
25	27.2	133.9	65.8	55.8
26	24.4	130.4	62.6	50.6
27	24.4	131.3	59.6	47.5
28	23.0	130.2	62.5	53.5
29	26.3	136.0	60.0	50.0
30	28.8	138.0	63.7	53.7

建立数据集步骤如下：

1. 定义变量. 启动 SPSS，打开 SPSS16.0 主窗口. SPSS16.0 的主窗口有 Variable View 和 Data View 两个界面. Variable View 界面的功能是对变量进行定义和编辑. 定义完毕的变量将会自动显示在 Data View 界面上，接下来就可以在界面上输入数据了.

单击"Variable View"按钮，切换到 Variable View 界面，就会看到用于定义变量结构的 10 个选项，如图 8-1 所示.

① Name（名称）. 在该项下输入变量名，本例输入：number、weight、height、chest、waist 共 5 个变量.

② Type（数值类型）. 本例中选用数值型：Numeric（数值）.

③ Width（宽度）. 系统默认为 8 位，也可以自定义.

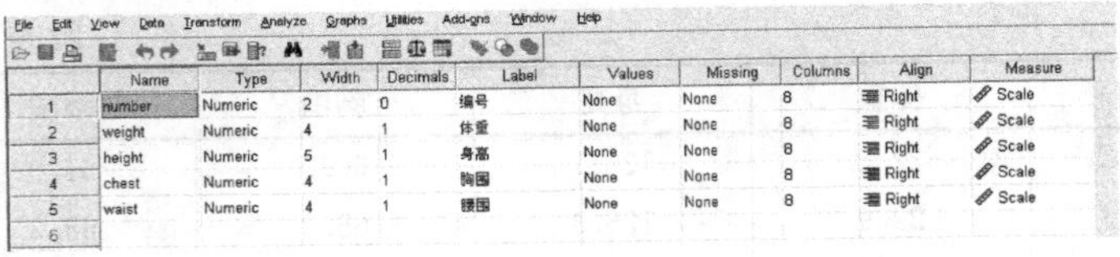

图 8-1

④ Decimal（小数点位）．本例中，定义 number 的总宽度为 2，小数点位数为 0；weight 的总宽度为 4，小数点位为 1；height 的总宽度为 5，小数点位数为 1；chest 的总宽度为 4，小数点位数为 1；waist 总宽度为 4，小数点位为 1.

⑤ Lable（变量标签）．

⑥ Values（取值标签）．

⑦ Missing（缺失值）．

⑧ Columns（列宽）：系统默认为 8.

⑨ Align（对齐方式）：系统默认为右对齐．

⑩ Measure（变量数值的测量类型）：本例选 Scale——尺距型变量．

2. 输入数据．变量定义完毕后，单击"Date View"按钮，切换到 Date View 界面，就会看到被定义的变量已显示在窗口中，见图 8-2.

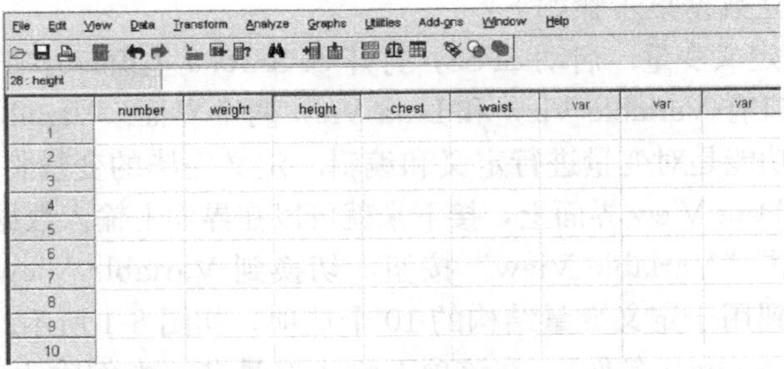

图 8-2

再将 30 名儿童的原始数据依次录入，即获得一个 SPSS 数据集，见图 8-3.

3. SPSS 数据集的保存. 单击 File（文件）菜单中的 Save（保存）子菜单，系统弹出 "Save Data As" 对话框，见图 8-4.

指定路径名，给定文件名：30 名儿童身高、体重、胸围，并选择合适的保存类型后（SPSS 数据格式为 *.sav 文件），单击 "Save（保存）" 按钮，即可完成数据的保存.

4. SPSS 数据集的打开. 单击 File（文件）菜单中的 Open（打开）子菜单，选择 Data（数据文件）选项，系统弹出 "Open File" 对话框，选定文件后单击打开即可.

	number	weight	height	chest	waist
1	1	22.6	119.8	60.5	52.5
2	2	21.5	121.7	55.5	45.4
3	3	19.1	121.4	56.5	47.5
4	4	21.8	124.4	60.5	52.5
5	5	21.5	120.0	57.7	47.7
6	6	20.1	117.0	57.0	49.0
7	7	18.8	118.0	57.1	45.1
8	8	22.0	118.8	61.7	51.7
9	9	21.3	124.2	58.4	49.4
10	10	24.0	124.8	60.8	49.8
11	11	23.3	124.7	60.0	50.0
12	12	22.5	123.1	60.0	51.0
13	13	22.9	125.3	65.2	55.2
14	14	19.5	124.2	53.7	44.9
15	15	22.9	127.4	59.5	49.5
16	16	22.3	128.2	60.1	53.1
17	17	22.7	126.1	57.4	47.4
18	18	23.5	128.6	60.4	51.4
19	19	21.5	129.4	52.0	43.0
20	20	25.5	126.9	61.5	51.5
21	21	25.0	126.5	63.9	54.9
22	22	26.1	128.2	63.0	52.7
23	23	27.9	131.4	63.1	54.1
24	24	26.8	130.8	61.5	54.5
25	25	27.2	133.9	65.8	55.8
26	26	24.4	130.4	62.6	50.6
27	27	24.4	131.3	59.5	47.5
28	28	23.0	130.2	62.5	53.5
29	29	26.3	136.0	60.0	50.0
30	30	28.8	138.0	63.7	53.7

图 8-3

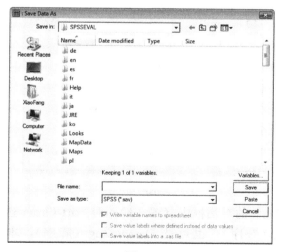

图 8-4

【例 2】 排序.

例 对学生成绩按升序排列.

1. 打开"教学方法. sav"数据文件；

2. 在主菜单中单击 Data 菜单项，展开下拉菜单；

3. 在下拉菜单中选择 Sort Cases 并单击，弹出"Sort Cases"对话框，如图 8-5 所示；

图 8-5

4. 在"Sort Cases"对话框中，见图 8-6，将成绩｛chengji｝调入 Sort by 框内；

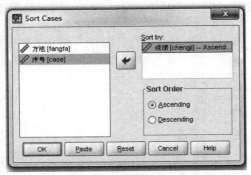

图 8-6

5. 在上面的对话框中（图 8-6），对 Sort Order 选项，可选 Ascending（升序），也可选 Descending（降序），本题选 Ascending；

6. 单击 OK 按钮得结果，见图 8-7. 此时，数据已经按照“chengji”进行了升序排列.

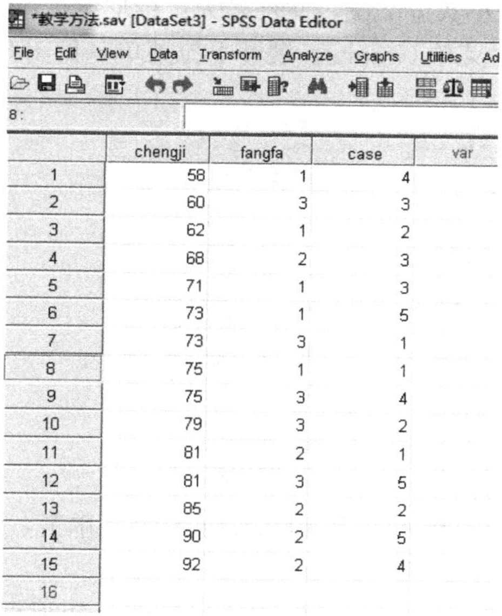

	chengji	fangfa	case	var
1	58	1	4	
2	60	3	3	
3	62	1	2	
4	68	2	3	
5	71	1	3	
6	73	1	5	
7	73	3	1	
8	75	1	1	
9	75	3	4	
10	79	3	2	
11	81	2	1	
12	81	3	5	
13	85	2	2	
14	90	2	5	
15	92	2	4	
16				

图 8-7

【例 3】 直方图.

例 从某维尼纶厂生产的一批维尼纶中抽取 100 件进行纤维度检查，得到数据如下：

1.36	1.49	1.43	1.41	1.37	1.40	1.32	1.42	1.47	1.39
1.41	1.36	1.40	1.34	1.42	1.42	1.45	1.35	1.42	1.39
1.44	1.42	1.39	1.42	1.42	1.30	1.34	1.42	1.37	1.36
1.37	1.34	1.37	1.37	1.44	1.45	1.32	1.48	1.40	1.45
1.39	1.46	1.39	1.53	1.36	1.48	1.40	1.39	1.38	1.40
1.36	1.45	1.50	1.43	1.38	1.43	1.41	1.48	1.39	1.45
1.37	1.37	1.39	1.45	1.31	1.41	1.44	1.44	1.42	1.47
1.35	1.36	1.39	1.40	1.38	1.35	1.42	1.43	1.42	1.42
1.42	1.40	1.41	1.37	1.46	1.36	1.37	1.27	1.37	1.38
1.42	1.34	1.43	1.42	1.41	1.41	1.44	1.48	1.55	1.37

试作直方图.

1. 建立数据文件，取变量名为 weinilun，定义为数值型，宽度为 5 位，小数位 2 位，文件名为：维尼纶；

2. 单击主菜单 Graphs，展开下拉菜单，见图 8-8；

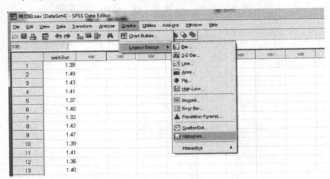

图 8-8

3. 在下拉菜单中寻找"Histogram"并单击，弹出"Histogram"对话框；

4. 将源变量 weinilun 调入右边 Variable 矩形框内，如图 8-9 所示；

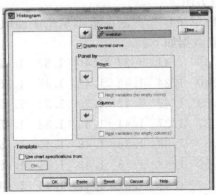

图 8-9

5. 可以激活或不激活"Display normal curve"，表示在输出结果中显示或不显示正态曲线；

6. 单击 OK 按钮，得直方图，如图 8-10（显示正态曲线）和图 8-11（不显示正态曲线）所示.

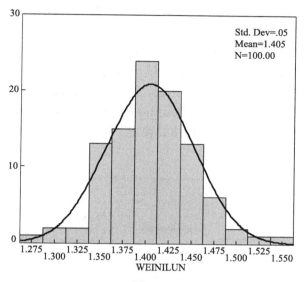

图 8-10

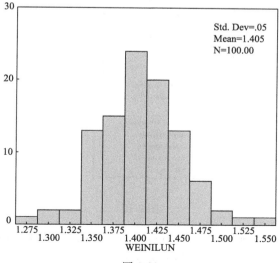

图 8-11

【例 4】 计算常用统计量.

例 对某种混凝土的抗压强度进行研究，得到样本观测数据如下（单位：磅/英寸^2）：1939，1697，3030，2424，2020，2909，1815，2020，2310，求样本均值 $\bar{x}$，样本方差 s^2，样本标准差 s，极差 r，中位数 $\tilde{x}$ 及众数.

1. 建立数据文件，文件名为：抗压强度. sav.
2. 打开数据，单击 Analyze，展开下拉菜单.
3. 在下拉菜单中寻找 Descriptives Statistics，在弹出小菜单中找 Frequencies 单击，弹出 "Frequencies" 对话框，见图 8-12.

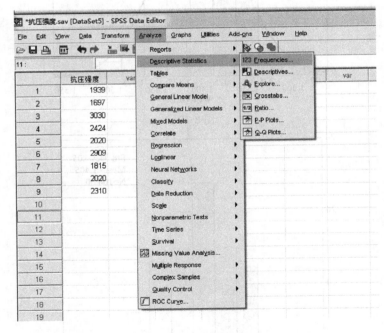

图 8-12

4. 将抗压强度调入 Variable(s)：对话框，取消 Display frequency tables 选项，如图 8-13 所示.

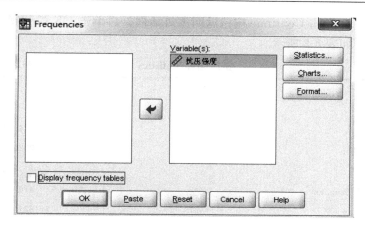

图 8-13

5. 单击图 8-13 中 Statistics，弹出 Frequencies：Statistics
对话框，选择 Central Tendency 中的 Mean（均值）、Median
（中位数）、Mode（众数），选择 Dispersion 中的 Std. deviation
（样本标准差）、Variance（样本方差）、Range（极差）、Mini-
mum（最小值）、Maximum（最大值），如图 8-14 所示.

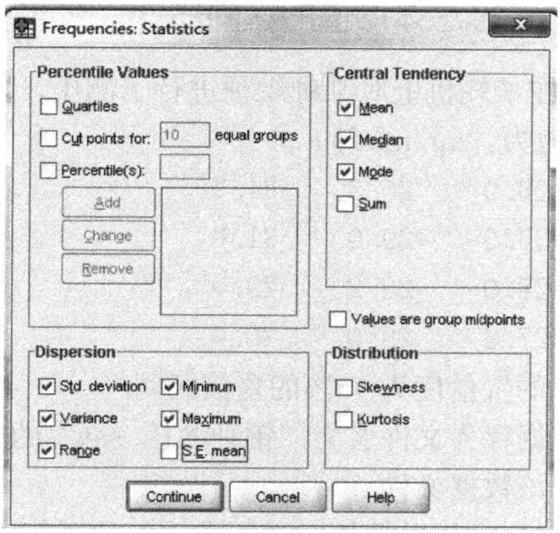

图 8-14

6. 单击 Continue 按钮返回主对话框，再单击 OK 按钮得结果，如表 8-2 所示.

抗压强度 Statistics		表 8-2
N	Valid	9
	Missing	0
Mean		2240.44
Median		2020.00
Mode		2020
Std. Deviation		470.809
Variance		221661.278
Range		1333
Minimum		1697
Maximum		3030

§2　参数估计的 SPSS 实际操作举例

一、单个正态总体均值的区间估计

【例 1】　在某轧机上对某种钢种进行了测压，取得以下数据（平均单位压力为：kg/mm^2）：

25.2　　28.0　　26.3　　24.2

31.4　　30.6　　29.0　　31.0

26.4　　28.0　　28.2　　29.0

28.4　　27.8　　28.0　　30.0

求均值 μ 的置信度为 95% 的置信区间.

先将该数据存为文件名为"钢种测压.sav"的文件，在数据编辑器中打开该数据文件.

方法（一）：利用数据探究过程求均值的置信区间.

1. 打开数据，单击 Analyze，展开下拉菜单.

2. 在下拉菜单中寻找 Descriptive Statistics，在弹出小菜单中找 Explore（图 8-15）单击，弹出"Explore"对话框.

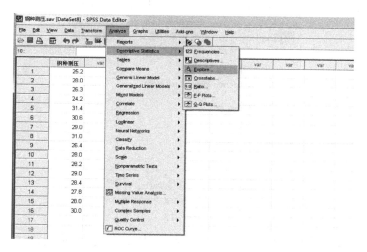

图 8-15

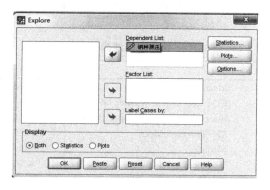

图 8-16

3. 在弹出的"Explore"对话框中，见图 8-16，将变量"钢种测压"作为因变量，然后单击"Statistics"按钮，弹出"Explore：Statistics"对话框.

4. 在"Explore：Statistics"对话框中选择"Descriptives"复选框，见图 8-17，并在"Confidence Interval for Mean"输入框中输入数值，作为置信度，生成以下统计量描述表.

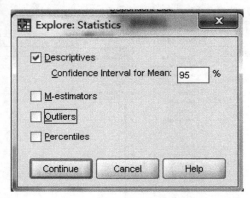

图 8-17

表 8-3 中，"95％ Confidence Interval for Mean"项内，"Lower Bound"项是对应置信区间的下限，"Upper Bound"项是对应置信区间的上限. 所以，均值 95％ 的置信区间为：（27.1484，29.2891）.

统计量描述表　　　　表 8-3

		Statistic	Std. Error
钢的平均单位	Mean	28.2188	.5022
压力（kg/mm²）	95％ Confidence　Lower Bound	27.1484	
	Interval for Mean　Upper Bound	29.2891	
	5％ Trimmed Mean	28.2653	
	Median	28.1000	
	Variance	4.035	
	Std. Deviation	2.0087	
	Minimum	24.20	
	Maximum	31.40	
	Range	7.20	
	Interquartile Range	3.0000	
	Skewness	−.299	.564
	Kurtosis	−.198	1.091

方法（二）利用单样本 t 检验过程求均值的置信区间.

利用单样本的 t 检验过程可以求得均值的置信区间（关于单样本 t 检验过程的详细内容参见第三章"假设检验"中有关 t 检验的内容）. 下面是对前面钢种的测压数做均值区间估计得到的表格（假设均值为 28）.

1. 打开数据"钢种测压. sav"，单击 Analyze，展开下拉菜单.

2. 在下拉菜单中寻找 Compare Means，在弹出小菜单中找 One-Sample T Test（图 8-18），单击之，弹出"One-Sample T Test"对话框.

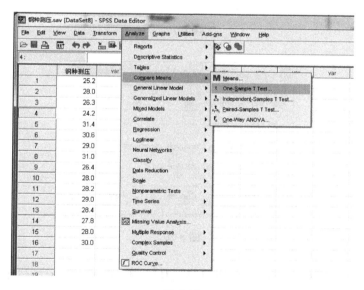

图 8-18

3. 在弹出的"One-Sample T Test"对话框中，将变量"钢种测压"选为测试变量，并在"Test Value"文本框中填入待测值，如图 8-19 所示，并单击"Options"按钮，在弹出的"One-Sample T Test：Options"对话框中填写 Confidence Interval 对应的值，如图 8-20 所示.

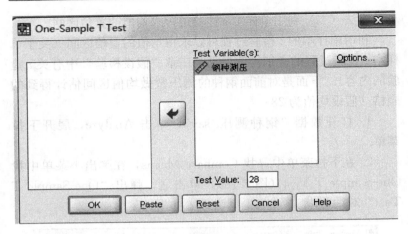

图 8-19

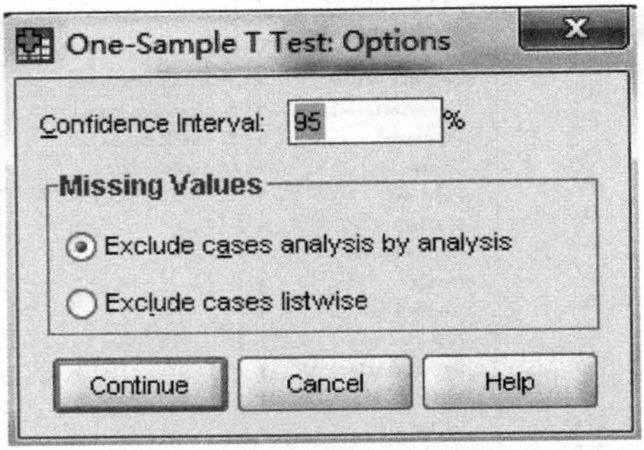

图 8-20

4. 单击 Continue 按钮返回主对话框，再单击 OK 按钮得结果，见表 8-4.

表 8-4 中，"95% Confidence Interval of the Difference" 一栏对应的 "Lower" 项为均值差 $\mu - 28$ 的置信区间的下限，"Upper" 项为均值差 $\mu - 28$ 置信区间的上限. 所以，均值的置信下限为 27. 1484（$28 - 0.8516$），置信上限为 29. 2891（$28 + 1.2891$）. 另外，单样本的 t 检验的原假设为：钢种测压的均值

为 28. 从表 8-4 可以得出，该假设检验的概率 P 值为 0.669，如果显著性水平 α 为 0.05，由于概率 P 值大于 0.05，所以不能拒绝原假设，应该认为原假设 H_0：$\mu = 28$ 成立，即此批钢种的测压均值与 28 无显著差异。

单样本 t 的检验成果表　　表 8-4

					95% Confidence Interval of the Difference	
	t	df	Sig. (2-tailed)	Mean Difference	Lower	Upper
钢的平均单位压力（kg/mm²）	.436	15	.669	.2188	—.8516	1.2891

（表头：Test Value=28）

二、两个正态总体均值差的区间估计

利用独立样本的 t 检验过程进行样本均值差的区间估计（参见假设检验的 t 检验部分）. 现利用下面的数据进行分析.

【例 2】 有两台测厚仪，一个人按同一规程操作，测量同一批产品，测得结果为：

台号	测值	台号	测值	台号	测值
1	1.29	1	1.33	1	1.30
1	1.31	1	1.33	1	1.29
1	1.30	1	1.30	1	1.29
1	1.30	2	1.19	2	1.18
2	1.21	2	1.22	2	1.20
2	1.19	2	1.20	2	1.19
2	1.17				

光盘中该数据文件的文件名为"测厚数据. sav"，在数据编辑器中打开该数据文件.

1. 按以下顺序选择菜单项：Analyze→Compare Means→Independent-Samples T Test，如图 8-21 所示.

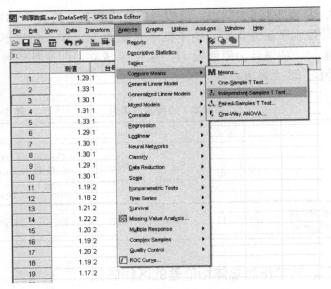

图 8-21

2. 在打开的"Independent-Samples T Test"对话框中，见图 8-22，为"Test Variable（s）"列表框输入变量名"测值"，在"Grouping Variable"输入框中输入变量名"台号"，单击"Define Groups"按钮，打开"Define Groups"对话框，在"Group 1"输入框中输入"1"，在"Group 2"输入框中输入"2"，

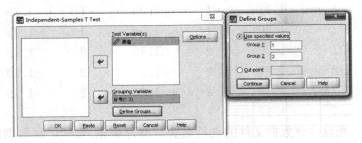

图 8-22

3. 单击"Continue"按钮，回到"Independent-Samples T Test"对话框，在其中单击"OK"按钮，生成表 8-5.

独立样本 *t* 检验成果表　　　　表 8-5

	Levene's Test for Equality of Variances		t-test for Equality of Means							
测厚度	F	Sig.	t	df	Sig. (2-tailed)	Mean Difference	Std Error Difference	95% Confidence Interval of the Difference	
								Lower	Upper
Equal variances assumed	.000	.999	15. 819	17	.000	.1096	6. 925E-03	494E-02	.1242
Equal variances no assumed			15. 817	16. 782	.000	.1096	6. 926E-03	493E-02	.1242

　　表 8-5 中给出了两独立样本在方差齐（Equal variances are assumed）和方差不齐（Equal variances not assumed）两种情况下均值差的 95% 置信区间. 其中，"Lower"项为对应区间下限，"Upper"项为对应区间上限. 两独立样本 t 检验的原假设为：两台测厚仪的测量均值无显著差异. 因此要判断原假设成立与否，要通过两步完成. 第一步，两总体方差是否相等的 F 检验. 这里该检验的 F 统计量观测值为 0.000，对应的概率 P 值为 0.999，如果显著性水平 α 为 0.05，由于概率 P 值大于 0.05，可以认为两总体的方差无显著差异；第二步，两总体的均值检验. 由第一步得知，两总体的方差无显著差异，因此应从表 8-5 中的"Equal variances assumed"行可以得出该假设检验的概率 P 值为 0.000，如果显著性水平 α 为 0.05，由于概率 P 值小于 0.05，所以应拒绝原假设，即两台测厚仪的测量值有显著差异. 另外，从两总体的 95% 的置信区间不包含 0 点，也证实了上述推断.

§3 假设检验的 SPSS 实际操作举例

一、单样本的均值检验

设 $X \sim N(\mu, \sigma^2)$，要检验假设 $H_0: \mu = \mu_0$（σ^2 未知）．

统计量 $T = \dfrac{\overline{X} - \mu_0}{\dfrac{S}{\sqrt{n}}}$，当 H_0 成立时，$T \sim t(n-1)$．

【例 1】 测得一批钢件的 20 个样本的屈服点（单位：t/cm²）为

4.98 5.11 5.20 5.11 5.00 5.61 4.88 5.27 5.38 5.20
5.46 5.27 4.96 5.35 5.15 5.35 4.77 5.33 5.54 5.23

假设屈服点服从正态分布．试检验该均值是否为 5.20．

1. 先建立该数据文件，文件名为"钢的屈服点.sav"．

2. 打开该数据文件．Analyze（分析）→ Compare means（均值比较）→ One-Sample T Test（单一样本 t 检验），打开 "One-Sample T Test"（单一样本 t 检验）对话框，如图 8-23 所示．

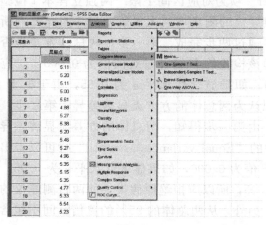

图 8-23

3. 在 Test 列表框中输入变量名"屈服点". 即用中间的右箭头按钮从左边的源变量名列表框中，将变量名转移到该表框中，如图 8-24 所示.

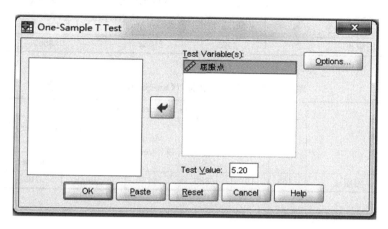

图 8-24

4. 在 Test（检验值）输入框中输入数值"5.20"，该框默认为 0.

5. 单击 Options（选项）按钮，Confidence（置信区间）输入框中输入置信度（$1-\alpha$），默认值为 95(%)，如图 8-25 所示.

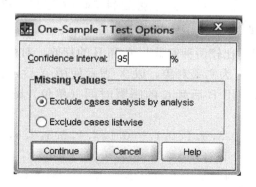

图 8-25

6. 单击"Continue"按钮，回到"One-Samples T Test"对话框，单击 OK（确定）按钮，生成表 8-6 和表 8-7.

统计量表（One-Sample Statistics）　　表 8-6

	N	Mean	Std. Deviation	Std. Error Mean
屈服点	20	5.2075	.21851	.04886

单样本均值检验成果表（One-Sample Test）　　表 8-7

	Test Value=5.20					
	t	df	Sig. (2-tailed)	Mean Difference	95% Confidence Interval of the Difference	
					Lower	Upper
屈服点	.153	19	.880	.00750	−.0948	.1098

7. 解释：

Sig.（2-tailed）：双侧显著性概率.

Mean Difference：均值差，即样本均值与总体均值 5.20 之间的差值.

由于显著性概率 P 值为 0.880，远大于 5%，则接受 H_0，即该总体的均值为 5.20.

二、（均值比较）两组独立样本的 t 检验（两组样本个数可以不同）

【例 2】　比较两种安眠药 A 和 B 的疗效，对两种药分别抽取 10 个失眠者为实验对象，以 X 表示使用 A 后延长的睡眠时间，Y 表示使用 B 后延长的睡眠时间（单位：h），试验结果如下：

X：1.9，0.8，1.1，0.1，−0.1，4.4，5.5，1.6，4.6，3.4

Y：0.7，−1.6，−0.2，−1.2，−0.1，3.4，3.7，0.8，0，2.0

假定 X，Y 分别服从正态分布 $N(\mu_1, \sigma^2)$ 和 $N(\mu_2, \sigma^2)$，试问两种药的疗效有无显著差异？（$\alpha=0.01$）

1. 建立数据文件，文件名：睡眠时间. sav.

其中，睡眠时间：数值型，宽度 4，小数点 1 位；

安眠药：字符串型（sering），宽度 8，小数点 0 位.

睡眠时间依次为 $1.9, 0.8, \cdots, 3.4, 0.7, -1.6, \cdots, 2.0$；

安眠药依次为 $A, A, \cdots, A, B, B, \cdots, B$.

2. 打开数据文件，再点击主菜单 Analyze，在下拉菜单找 Compare Means，再在其下拉菜单中找 Independent-Samples T Test 并单击，出现 "Independent-Samples T Test" 对话框，如图 8-26 所示.

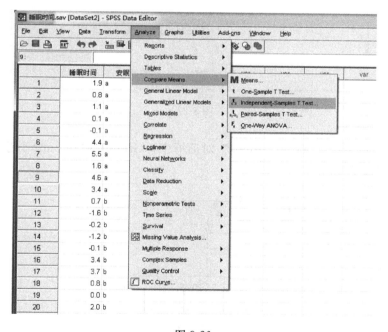

图 8-26

3. 在 "Independent-Samples T Test" 对话框中，见图 8-27. 将睡眠时间调入 Test Variable 矩形框.

4. 将安眠药调入 Grouping Variable 矩形框，此时出现 "安眠药（??)"，其下面有 Define Groups，单击 "Define Groups"
按钮，弹出 "Define Groups" 对话框，见图 8-28.

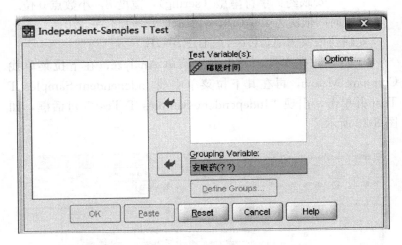

图 8-27

5. 在 "Define Groups" 对话框中，Group1 和 Group2 分别
键入 A 和 B.

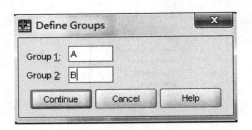

图 8-28

6. 单击 "Define Groups" 对话框中的 Continue 按钮，返回
主对话框.

7. 单击 OK 按钮，得分析结果见表 8-8 和表 8-9.

分组统计表（Group Statistics） 表 8-8

	安眠药	N	Mean	Std. Deviation	Std. Error Mean
睡眠时间	a	10	2.330	2.0022	.6332
	b	10	.750	1.7890	.5657

独立样本 t 检验成果表（Independent Samples Test） 表 8-9

		Levene's Test for Equality of Variances		t-test for Equality of Means						
		F	Sig.	t	df	Sig. (2-tailed)	Mean Difference	Std. Error Difference	95% Confidence Interval of the Difference	
睡眠时间	Equal variances assumed	.620	.441	1.861	18	.079	1.580	.8491	−.2039	3.3639
	Equal variances not assumed			1.861	17.776	.079	1.580	.8491	−.2055	3.3655

8. 解释：表 8-9 中给出了两独立样本在方差齐（Equal variances are assumed）和方差不齐（Equal variances not assumed）两种情况下均值差的 95% 置信区间. 其中，"Lower"项为对应区间下限，"Upper"项为对应区间上限. 两独立样本 t 检验的原假设为：两种安眠药的疗法无显著差异. 因此要判断原假设成立与否，要通过两步完成. 第一步，两总体方差是否相等的 F 检验. 这里该检验的 F 统计量观测值为 0.620，对应的概率 P 值为 0.441，如果显著性水平 α 为 0.05，由于概率 P 值大于 0.05，可以认为两总体的方差无显著差异；第二步，两总体的均值检验. 由第一步得知，两总体的方差无显著差异，因此应从表 8-9 中的 "Equal variances assumed" 行可以得出该假设检

验的概率 P 值为 0.079. 如果显著性水平 α 为 0.05，由于概率 P 值大于 0.05，所以不能拒绝原假设，即两台测厚仪的测量值无显著差异. 另外，从两总体的 95% 的置信区间包含 0 点，也证实了上述推断.

三、方差齐性检验

【例3】 检验上例中两总体方差相等.

1. 建立数据文件，文件各为：睡眠时间 1. sav.

睡眠时间设置同上例，安眠药设置为数值型，取值分别为 1，2.

2. 打开上述文件，点击主菜单 Analyze→Compare means→One-Way ANOVA，得到 "One-Way ANOVA" 对话框，如图 8-29 所示.

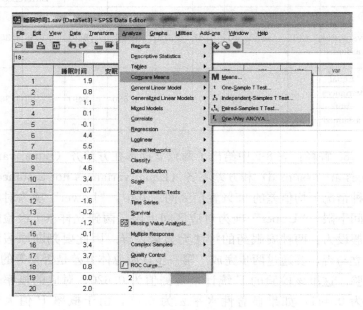

图 8-29

3. 将睡眠时间调入 Dependent List 矩形框内，将安眠药调入 Factor 下矩形框内，如图 8-30 所示.

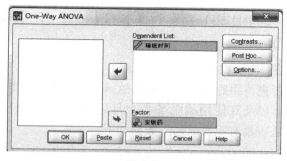

图 8-30

4. 单击 Options 按钮，在 "One-Way ANOVA：Options" 对话框中的 Statistics 方框中选择 Homogeneity of variance test，如图 8-31 所示.

5. 再单击 Continue 按钮，回到主对话框，再单击 OK 按钮，得到结果如表 8-10 和表 8-11 所示.

6. 从方差的齐性检验（Test of Homogeneity of Variances）表中，可见显著性水平为 0.441，大于 0.05，故可以为两组观测值方差是相等的.

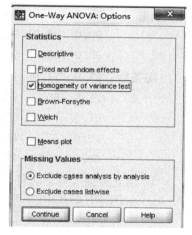

图 8-31

方差齐性检验表（Test of Homogeneity of Variances）　　表 8-10

Levene Statistic	df1	df2	Sig.
.620	1	18	.441

方差分析成果表（ANOVA）　　表 8-11

睡眠时间	Sum of Squares	df	Mean Square	F	Sig.
Between Groups	12.482	1	12.482	3.463	.079
Within Groups	64.886	18	3.605		
Total	77.368	19			

四、(均值比较) 两配对样本的 t 检验 (两组样本个数必须相同)

【例 4】 为了检验某减肥茶效果, 一美体健身机构对 35 名肥胖志愿者进行跟踪调研. 分别将这 35 名志愿者的使用减肥茶前的体重, 以及其使用减肥茶 3 个月后的体重进行记录, 试推断减肥茶是否具有明显效果. 数据如下:

喝茶前: 90.0 95.0 82.0 91.0 100.0 87.0 91.0
　　　　90.0 86.0 87.0 98.0 88.0 82.0 87.0
　　　　92.0 93.0 95.0 84.0 83.0 89.0 87.0
　　　　90.0 82.0 95.0 81.0 83.0 86.0 93.0
　　　　95.0 96.0 97.0 81.0 88.0 85.0 95.0

喝茶后: 63.0 71.0 79.0 73.0 74.0 65.0 67.0
　　　　73.0 60.0 76.0 71.0 72.0 75.0 62.0
　　　　67.0 74.0 78.0 68.0 74.0 71.0 60.0
　　　　70.0 67.0 69.0 79.0 73.0 74.0 60.0
　　　　60.0 75.0 77.0 70.0 63.0 73.0 68.0

1. 建立数据文件, 文件名为"减肥茶. sav"并打开.

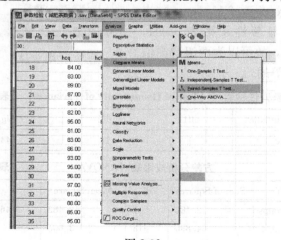

图 8-32

2. 选择菜单 Analyze→Compare Mean→Paired-Samples T Test，如图 8-32 所示，出现如图 8-33 所示的窗口.

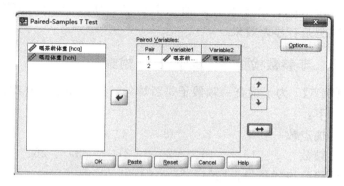

图 8-33

3. 把一对或若干对检验变量选择到 Paired Variables 框.

4. 两配对样本 t 检验的 Option 选项含义与单样本 t 检验的相同.

5. 单击 OK 按钮，得到如下结果，如表 8-12 和表 8-13 所示.

配对样本统计表（Paired Samples Statistics） 表 8-12

		Mean	N	Std. Deviation	Std. Error Mean
Pair 1	喝茶前体重	89.2571	35	5.33767	.90223
	喝后体重	70.0286	35	5.66457	.95749

配对样本 t 检验成果表（Paired Samples Test） 表 8-13

		Paired Differences					t	df	Sig. (2-tailed)
		Mean	Std. Deviation	Std. Error Mean	95% Confidence Interval of the Difference				
					Lower	Upper			
Pair 1	喝茶前体重－喝后体重	1.92286E1	7.98191	1.34919	16.48669	21.97045	14.252	34	.000

6. 解释：从表 8-13 中可以看出，喝茶前与喝茶后的体重的平均差异达到 19.2kg. t 检验的概率 P 值接近于 0，如果显著性水平 α 为 0.05，由于概率 P 值小于 0.05，所以应拒绝原假设，即此减肥茶有显著效果.

五、非参数检验——皮尔逊 x^2 检验

【例 5】 为了检查一颗骰子是否均匀，把它掷了 120 次，得结果如下：

出现点数	1	2	3	4	5	6
频数	15	15	20	21	23	26

试检验该骰子是否均匀？

1. 建立数据文件，文件名为"骰子点数.sav"并打开.

2. Analyze→Nonparametric Tests→Chi-Square，如图 8-34 所示.

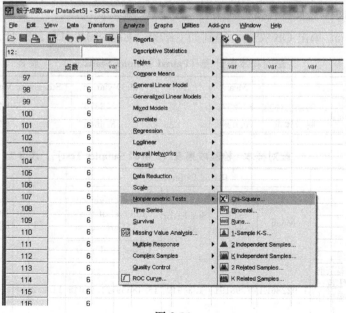

图 8-34

3. 在 Chi-Square Test 对话框中，将点数调入 Test variable list 矩形框内，如图 8-35 所示.

4. Expected Range 选 Get from date，Expected values 选 All categories equal（对均匀分布必选）.

5. 单击 OK 按钮，得结果如表 8-14 和表 8-15 所示.

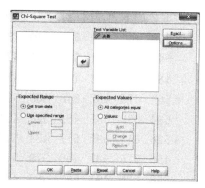

图 8-35

点数 表 8-14

	Observed N	Expected N	Residual
1	15	20.0	−5.0
2	15	20.0	−5.0
3	20	20.0	.0
4	21	20.0	1.0
5	23	20.0	3.0
6	26	20.0	6.0
Total	120		

卡方检验成果表（Test Statistics） 表 8-15

	点数
Chi-Square（a）	4.800
df	5
Asymp. Sig.	.441

6. 判别：有表 8-15 可知，显著性概率 P 值（Asymp. sig.）为 0.441，如果显著性水平 α 为 0.05，则概率 P 值大于 0.05，不能拒绝原假设. 因此，可认为骰子出现的点数服从均匀分布，即骰子是均匀的.

六、柯尔莫哥洛夫——斯米诺夫检验（K-S 检验）

【例 6】　某地测量了 120 名正常成年男性红细胞量（万/mm^3）

的数据，如下表，试检验其正态性.

```
568  460  500  580  560  434  561  570  519  645  563  552
540  541  461  501  581  620  573  518  562  597  551  574
480  481  542  462  502  584  517  637  580  547  521  442
564  575  482  543  463  503  585  572  541  525  495  523
634  532  565  483  544  464  504  559  587  494  522  448
526  618  595  577  484  545  558  505  493  586  622  524
456  576  527  490  579  557  546  466  506  572  533  450
566  528  491  567  556  465  485  547  588  507  589  535
596  492  569  555  578  513  530  486  548  534  508  588
628  526  554  531  512  570  514  521  487  459  590  509
```

1. 建立数据文件.

取变量名为 blood，定义为数值型，宽度为 5 位，无小数点，录入数据，取数据文件名为"红细胞.sav"并打开该文件.

2. 单击主菜单 Analyze，展开下拉菜单.

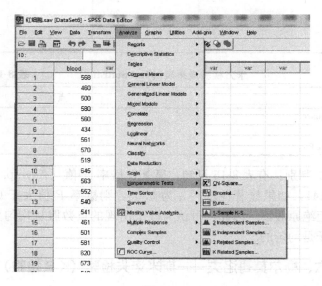

图 8-36

3. 在下拉菜单中寻找 Nonparametric Tests，在弹出小菜单上寻找 "1-Sample K-S"，单击，弹出单样本 K-S 检验，即 "One-Sample Kolmogorov-Smirnov Test" 对话框，如图 8-36 的所示.

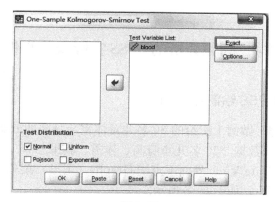

图 8-37

4. 将源变量 blood 调入右边 Test Variable List 矩形框内，如图 8-37 所示.

5. 在 Test Distribution（检验分布）中，激活 Normal（即正态分布）.

6. 单击 OK 按钮，得结果如表 8-16 所示.

单样本 K-S 检验成果表（One-Sample Kolmogorov-Smirnov Test）

表 8-16

		BLOOD
N		120
Normal Parameters（a，b）	Mean	536. 22
	Std. Deviation	46. 624
Most Extreme Differences	Absolute	. 049
	Positive	. 042
	Negative	−. 049
Kolmogorov-Smirnov Z		. 532
Asymp. Sig. （2-tailed）		. 940

7. 解释：由表 8-16 可知，Z＝0.532，其对应的双侧显著性概率 P 值为 0.940，如果显著性水平 α 为 0.05，则概率 P 值大于 0.05，不能拒绝原假设，因此可认为本数据近似服从正态分布.

§4 回归分析的 SPSS 实际操作举例

一、SPSS 绘制散点图

【例 1】 做例 1 所给的 30 名儿童体重与身高的散点图.

1. 打开数据"30 名儿童身高、体重、胸围.sav".

2. 在 Date View 界面下点击 Graphs（图形）菜单中的 Scatter（散点图），如图 8-38 所示.

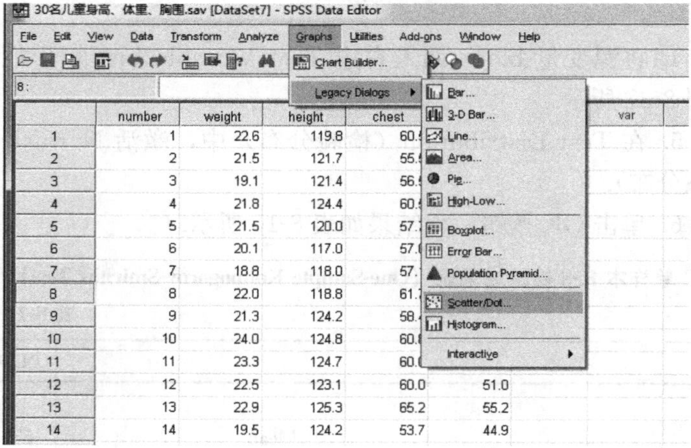

图 8-38

3. 在 Scatter/Dot（散点图）对话框中选择 Simple（简单散点），见图 8-39.

4. 单击 Define 按钮，弹出"Simple Scatter plot"（单层散点图）对话框.

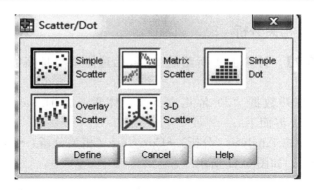

图 8-39

5. 单击身高［height］进入 X Axis(X 轴) 框中，点击体重
［weight］进入 Y Axis(Y 轴) 框中.

6. 单击 OK（确定）按钮，得到结果输出窗口，如图 8-40
所示.

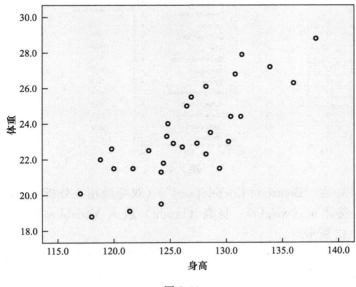

图 8-40

二、相关分析

【例2】 计算例1所给的30名儿童体重与身高的相关系数 r.

1. 打开数据"30名儿童身高、体重、胸围. sav",回到 Date View 界面下.

2. 单击 Analyze（分析）→Correlate（相关分析）→Bivariate（双变量），如图 8-41 所示.

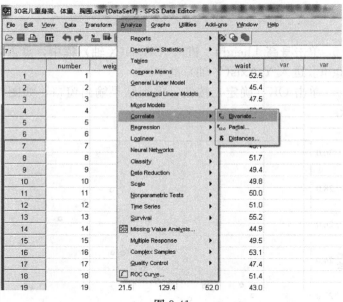

图 8-41

3. 在"Bivariate Correlations"（双变量相关分析）对话框中，将体重（weight）、身高（height）放入 Variables 框中，如图 8-42 所示.

4. Correlation Coefficients 框内选择 Pearson（皮尔逊相关系数，即通常所指的相关系数 r），其他选默认值（Test of Significance 选 Two-tailed）.

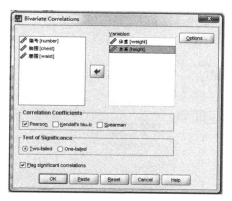

图 8-42

5. 单击 OK 按钮，得表 8-17.

相关性分析表（Correlations）　　表 8-17

		体重	身高
体重	Pearson Correlation	1	.803（＊＊）
	Sig.（2-tailed）	.	.000
	N	30	30
身高	Pearson Correlation	.803（＊＊）	1
	Sig.（2-tailed）	.000	.
	N	30	30

＊＊Correlation is significant at the 0.01 level（2-tailed）.

6. 解释：

结果说明，30 名儿童的体重和身高间的相关系数 r 为 0.803，检验的概率 P 值接近于 0；如果显著性水平 α 为 0.01，则概率 P 值小于 0.01，拒绝原假设，即在显著性为 0.01 的情况下，30 名儿童的体重和身高间的相关性是显著的.

三、一元线性回归分析

【例3】 以 30 名儿童的身高和体重为例，进行一元线性回归，以体重为因变量 y，身高为自变量 x.

（一）参数估计

1. 调出数据文件："30 名儿童身高、体重、胸围.sav".

2. 点击 Analyze（分析）→Regression（回归）→Linear（线性），如图 8-43 所示.

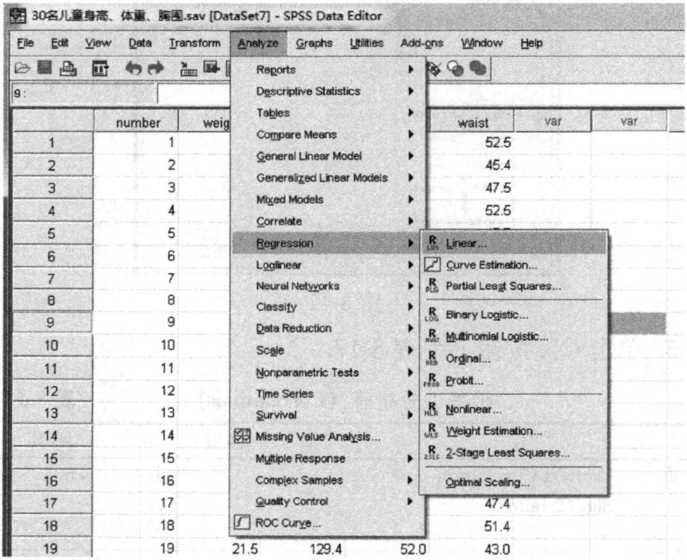

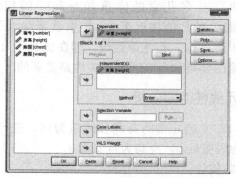

图 8-43

3. 在"Linear Regression"（线性回归）对话框中，点击体重［weight］进入 Dependent（因变量）框内，点击身高［height］进入 Independent（自变量）框中，如图 8-44 所示.

图 8-44

4. Method（方法）处，采用默认的 Enter（全部进入法），若是多元线性回归，此处可选别的方法，如常用的 Stepwise（逐步回归法）.

5. 点击 Statistics（统计量）按钮，选择系统默认的两个选项（图 8-45）：

① Regression Coefficient—Estimates（回归系数估计值），

② Model Fit（模型拟合）.

6. 点击 Continue（继续）按钮，返回主对话框，点击 OK（确定）按钮，得以下三个表，见表 8-18（a）、表 8-18（b）和表 8-18（c）.

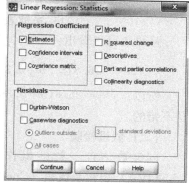

图 8-45

线性回归分析结果表（一）（**Model Summary**）　表 8-18（a）

Model	R	R Square	Adjusted R Square	Std. Error of the Estimate
1	.803a	.645	.632	1.5505

a. Predictors：(Constant)，身高

线性回归分析结果表（二）（**ANOVA**b）　表 8-18（b）

Model		Sum of Squares	df	Mean Square	F	Sig.
1	Regression	122.208	1	122.208	50.836	.000a
	Residual	67.311	28	2.404		
	Total	189.519	29			

a. Predictors：(Constant)，身高

b. Dependent Variable：体重

线性回归分析结果表（三）（**Coefficients**a）　表 8-18（c）

Model		Unstandardized Coefficients		Standardized Coefficients	t	Sig.
		B	Std. Error	Beta		
1	(Constant)	−26.615	7.007		−3.798	.001
	身高	.395	.055	.803	7.130	.000

a. Dependent Variable：体重

7. 解释：

三个表分别是：① 模型综述表（Model Summary）；

② 方差分析表（ANOVA）；

③ 系数表（Coefficients）.

从该表可以看出：

$$\hat{a}=-26.615 \quad \hat{b}=0.395 \quad \text{相关系数：} r=0.803$$

所以：$\hat{y}=-26.615+0.395x$，从相关系数看，回归效果还是不错的.

（二）假设检验

同参数估计一样的操作，只需要分析输出的方差分析（ANOVA）表和系数表（Coefficients）.

由于一元线性回归方程的检验与自变量显著性检验合二为一，所以既可以从方差分析表作出判断，又可以从系数表作出判断，二者的结果是一致的.

在决定是否推翻原假设 $H_0：b=0$ 的过程中，有两种决策的方法，一种是用 $|t|$ 与 $t_{\frac{\alpha}{2}}(n-2)$ 比较，若 $|t| \geqslant t_{\frac{\alpha}{2}}(n-2)|$，则拒绝原假设，即方程显著成立；否则，方程显著不成立. 或者，若 $F \geqslant F_\alpha(1,n-2)|$，则拒绝原假设，即方程显著成立；否则，方程显著不成立.

另一种方法是 P 值法. P 值是 t 统计量或 F 统计量的累积概率值，与 α 相比较，若 t 统计量的 P 值 $<\alpha$，则拒绝原假设；否则，接受原假设. 或者，若 F 统计量的 P 值 $<\alpha$，则拒绝原假设；否则，接受原假设.

1. 从 ANOVA 方差分析表可以看出，$S_\text{回}=122.208$，$S_\text{剩}=67.311$，$F=50.836$，F 值所对应的 P 值为 0.000，这个 P 值很小，远小于通常的显著水平 0.05 或 0.01，故拒绝 H_0，即回归方程是显著的.

2. 从 Coefficients 回归系数表可以看出，回归系数 b 对应的 t 统计量的值为 -3.798，其 P 值为 0.001，远小于 α（通常 $\alpha=$

0.01，0.05），故回归方程显著成立.

（三）回归预测

1. 数据文件："30 名儿童身高、体重、胸围. sav".

2. 单击 Analyze（分析）→Regression（回归）→Linear（线性）.

3. 在 "Linear Regression"（线性回归）对话框中，点击体重［weight］进入 Dependent（因变量）框内，点击身高［height］进入 Independent（自变量）框中.

4. Method（方法）处，采用默认的 Enter（全部进入法），若是多元线性回归，此处可选别的方法，如常用的 Stepwise（逐步回归法）.

5. 点击 Statistics（统计量）按钮，选择系统默认的两个选项：

① Regression Coefficient—Estimates（回归系数估计值），

② Model Fit（模型拟合）.

6. 点击 Continue 按钮，返回主对话框，再点击 Save 按钮.

7. 在弹出的 "Linear Regression：Save" 对话框中（图 8-46），可以选中 Unstandardized Predicted Values，S. E. of Mean Predictions，Mean Prediction Intervals，Individual Prediction Intervals（即未标准化的预测值 $\hat{y}_i$，均值预测的标准误差，均值即 $E(y_i)$ 的预测区间，个别值即 y_i，的预测区间），并指定置信概率 99%（$\alpha=0.01$）或 95%（$\alpha=0.05$）.

8. 点击 Continue 按钮，返回主对话框，再点击 OK 按钮，

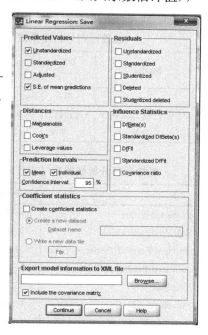

图 8-46

系统将从输出窗口和数据编辑窗口输出回归预测的结果，见表 8-19.
另外，将得到的预测值及置信区间作为变量保存到数据中，如
图 8-47 所示.

线性回归分析结果表（一）（Model Summary）　表 8-19（a）

Model	R	R Square	Adjusted R Square	Std. Error of the Estimate
1	.803（a）	.645	.632	1.5505

　a　Predictors：(Constant)，身高
　b　Dependent Variable：体重

线性回归分析结果表（二）（ANOVA）　表 8-19（b）

Model		Sum of Squares	df	Mean Square	F	Sig.
	Regression	122.208	1	122.208	50.836	.000（a）
1	Residual	67.311	28	2.404		
	Total	189.519	29			

线性回归分析结果表（三）（Coefficients）　表 8-19（c）

Model		Unstandardized Coefficients		Standardized Coefficients	t	Sig.
		B	Std. Error	Beta	B	Std. Error
1	(Constant)	−26.615	7.007		−3.798	.001
	身高	.395	.055	.803	7.130	.000

线性回归分析结果表（四）（Residuals Statistics）　表 8-19（d）

	Minimum	Maximum	Mean	Std. Deviation	N
Predicted Value	19.610	27.907	23.307	2.0528	30
Std. Predicted Value	−1.801	2.241	.000	1.000	30
Standard Error of Predicted Value	.2832	.7046	.3847	.1126	30
Adjusted Predicted Value	19.527	27.674	23.296	2.0507	30
Residual	−3.009	2.601	.000	1.5235	30
Std. Residual	−1.941	1.677	.000	.983	30
Stud. Residual	−1.986	1.735	.003	1.013	30
Deleted Residual	−3.151	2.784	.011	1.6189	30

续表

	Minimum	Maximum	Mean	Std. Deviation	N
Stud. Deleted Residual	-2.104	1.804	-.001	1.036	30
Mahal. Distance	.001	5.022	.967	1.242	30
Cook's Distance	.000	.106	.031	.031	30
Centered Leverage Value	.000	.173	.033	.043	30

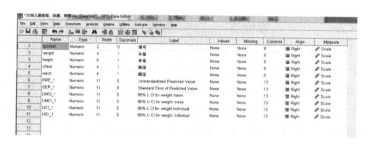

图 8-47

四、多元线性回归

【例 4】 测得了 29 例儿童的每 100mL 血中的血红蛋白与微量元素，结果如表 8-20 所示．试建立多元线性回归模型．

血红蛋白与微量元素数据表 表 8-20

Case	y(g)	Ca(μg)	Fe(μg)	Mn(μg)	Cu(μg)
1	13.50	54.89	448.70	.012	1.010
2	13.00	72.49	467.30	.008	1.640
3	13.75	53.81	452.61	.004	1.220
4	14.00	64.74	469.80	.005	1.220
5	14.25	58.80	456.55	.012	1.010
	...		...		...
	...		...		...
28	7.25	73.89	312.50	.064	1.150
29	7.00	76.60	294.70	.005	.838

1. 建立数据文件：血红蛋白. Sav

其中

Case	数值型	宽度 3 位	小数位 0
y	数值型	宽度 6 位	小数位 2
Ca	数值型	宽度 6 位	小数位 2
Fe	数值型	宽度 6 位	小数位 2
Mn	数值型	宽度 6 位	小数位 3
Cu	数值型	宽度 6 位	小数位 3

2. 单击主菜单的 Analyze（分析）→Regression（回归）→Linear（线性）.

3. 在 Linear Regression（线性回归）的对话框中，将 y 调入 Dependent（因变量）矩形框，将 Ca、Cu、Mn、Fe 调入 Independent（s）矩形框内，如图 8-48 所示.

4. 在 Method（方法）框内选 Stepwise（逐步回归）.

图 8-48

5. 点击 OK 按钮，得结果，如表 8-21 所示.

多元线性回归分析结果表（一）(Model Summary)　表 8-21（a）

Model	R	R Square	Adjusted R Square	Std. Error of the Estimate
1	.874(a)	.764	.755	1.07928
2	.896(b)	.804	.789	1.00236

a　Predictors：(Constant)，FE

b　Predictors：(Constant)，FE, CA

多元线性回归分析结果表（二）(ANOVA)

表 8-21 （b）

Model		Sum of Squares	df	Mean Square	F	Sig.
1	Regression	101.614	1	101.614	87.234	.000 (a)
	Residual	31.451	27	1.165		
	Total	133.064	28			
2	Regression	106.942	2	53.471	53.220	.000 (b)
	Residual	26.123	26	1.005		
	Total	133.064	28			

a Predictors：(Constant)，FE

b Predictors：(Constant)，FE，CA

c Dependent Variable：Y

多元线性回归分析结果表（三）(Variables Entered/Removed)

表 8-21 （c）

Model	Variables Entered	Variables Removed	Method
1	FE	.	Stepwise(Criteria：Probability-of-F-to-enter＜=.050,Probability-of-F-to-remove＞=.100).
	CA	.	Stepwise(Criteria：Probability-of-F-to-enter＜=.050,Probability-of-F-to-remove＞=.100).

a Dependent Variable：Y

多元线性回归分析结果表（四)(Coefficients)

表 8-21 （d）

Model		Unstandardized Coefficients		Standardized Coefficients	t	Sig.
		B	Std. Error	Beta	B	Std. Error
1	(Constant)	−.669	1.216		−.550	.587
	FE	2.934E-02	.003	.874	9.340	.000
2	(Constant)	1.724	1.535		1.123	.272
	FE	3.026E-02	.003	.901	10.277	.000
	CA	−.045	.020	−.202	−2.303	.030

a Dependent Variable：Y

多元线性回归分析结果表（五）(Excluded Variables)

表 8-21（e）

Model		Beta In	t	Sig.	Partial Correlation	Collinearity Statistics
1	CA	−.202(a)	−2.303	.030	−.412	.981
	MN	−.103(a)	−1.050	.304	−.202	.899
	CU	−.021(a)	−.213	.833	−.042	.905
2	MN	−.075(b)	−.803	.429	−.159	.881
	CU	.100(b)	.964	.344	.189	.704

a　Predictors in the Model：(Constant)，FE
b　Predictors in the Model：(Constant)，FE，CA
c　Dependent Variable：Y

6. 从结果看，建立回归方程可分为两步：

第一步引进自变量"Fe"，得 $R=0.874$，R^2（可决系数：复相关系数 R 平方）$=0.764$，$F=87.234$，

第二步引入自变量"Ca"，得 $R=0.896$，$R^2=0.804$，$F=53.220$，其他变量没有引入回归方程.

从方差分析表（ANOVA）及回归系数表（Coefficients）可以看出，含 Fe 及 Ca 的方程为：

$\hat{y}=1.724+0.03026\text{Fe}-0.0452\text{Ca}$，方程的 $F=53.220$，其 P 值为 0.000 很小，小于通常的 0.05 或 0.01，所以方程显著成立. Fe 的 t 值为 10.277，其 p 值为 0.000 很小，得 Fe 对 y 有显著影响. Ca 的 t 值为 -2.303，其 P 值为 $0.030<0.05$，得 Ca 对 y 有显著影响. 但常数的 t 值为 1.123，其 P 值为 $0.272>0.05$ 或 0.01，得常数项不适合放在方程中，故可把常数项去掉.

7. 再返回步骤 4 末，单击下部的 Options，选择不激活 Include constant in equation.

8. 单击 Continue 按钮，返回上一个界面，再单击 OK 按钮，得类似一些结果，可以看出新建方程的 $\hat{y}=0.03234\text{Fe}-0.0303\text{Ca}$，在显著水平 $\alpha=0.05$ 下检验通过.

§5　方差分析的 SPSS 实际操作举例

一、单因素方差分析

【例1】　一位教师想检查 3 种不同的教学方法的效果，为此随机选取了水平相当的 15 位学生．把他们分为 3 组，每组 5 人，每一组用一种教学方法．一段时间后，这位老师给 15 位学生进了统考，统考成绩（单位：分）如下：

方法	成绩				
甲	75	62	71	58	73
乙	81	85	68	92	90
丙	73	79	60	75	81

要求检验这 3 种教学方法的效果有无显著差异（$\alpha = 0.05$）？

1. 建立数据文件，名为"教学方法.sav"．

在 Variable View 界面下，Name 列从上到下输入"chengji"、"fangfa"、"case"，Label 列从上到下输入"成绩"、"方法"、"序号"．Width 列从上到下输入 3、2、2．

在 Data View 界面下，chengji 列从上到下输入：75，62，71，58，73，81，85，68，92，90，73，79，60，75，81．Fangfa 列从上到下输入：1，1，1，1，1，2，2，2，2，2，3，3，3，3，3．case 列从上到下输入：1，2，3，4，5，1，2，3，4，5，1，2，3，4，5．

点击 File→Save as→桌面（或其他保存的位置）→文件名：教学方法.sav→保存．

2. 打开上面的文件，再单击 Analyze，展开下拉菜单．

3. 在下拉菜单中寻找"Compare Means"，弹出小菜单，寻找"One-Way ANOVA"并单击之，弹出单因素方差分析"One-Way ANOVA"对话框，如图 8-49 所示．

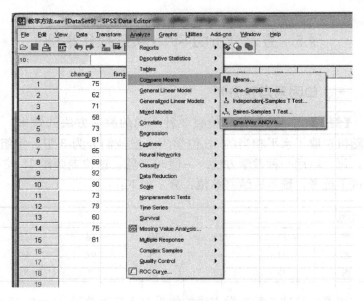

图 8-49

4. 将成绩［chengji］调入右边的"Dependent List"下的矩形框内，将方法［fangfa］调入右边的"Factor"下的矩形框，如图 8-50 所示.

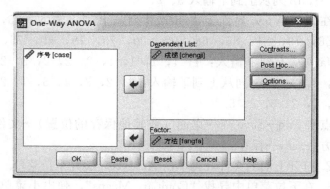

图 8-50

5. 单击 OK 按钮，得输出结果如表 8-22 所示.

ANONA（方差分析表）　　表 8-22

成绩	Sun of squares	df	Mean Spuare	F	Sig.
Between Groups	604.933	2	302.467	4.256	.040
within Groups	852.800	12	71.067		
total	1457.733	14			

6. 解释：表 8-22 中，第 1 列为方差来源（组间，组内，总离差），第 2 列为离差平方和，第 3 列为自由度（df），第 4 列为均方离差（Mean Square），第 5 列为 F 值，第 6 列为 F 值的概率 P 值（sig.），其概率 P 值为 0.040，如果显著水平 $\alpha = 0.05$，则由于概率 P 值小于 0.05，因此拒绝原假设，即认为这 3 种教学方法的效果有显著差异．若给定的显著水平 $\alpha = 0.01$，则由于概率 P 值大于 0.05，因此不能拒绝原假设，即认为这 3 种教学方法的效果无显著差异．因此，我们判断方差在某因素下是否有显著差异，不能仅仅看概率 P 值，还要看给定的显著水平 α 值的大小．

二、双因素方差分析

【例 2】　某企业对不同广告形式在不同地区的广告效果（销售额）进行评估．其中，广告形式有四种，分别用 1、2、3、4 记之．地区：18 个．请检验销售额是否受到广告形式、地区等因素的影响，具体数据见表 8-23.

企业销售数据表　　表 8-23

广告形式	地区	销售额	广告形式	地区	销售额	广告形式	地区	销售额
1	1	75	2	13	68	1	7	70
2	1	69	4	13	51	2	7	68
4	1	63	3	11	41	4	7	68
3	1	52	3	13	65	3	7	52
1	2	57	1	14	65	1	8	86
2	2	51	2	14	63	2	8	75
4	2	67	4	14	61	4	8	61
3	2	61	3	14	58	3	8	61

广告形式	地区	销售额	广告形式	地区	销售额	广告形式	地区	销售额
1	3	76	1	15	65	1	9	62
2	3	100	2	15	83	2	9	65
4	3	85	4	15	75	4	9	55
3	3	61	3	15	50	3	9	43
1	4	77	1	16	79	1	10	88
2	4	90	2	16	76	2	10	70
4	4	80	4	16	64	4	10	76
3	4	76	3	16	44	3	10	69
1	5	75	1	17	62	1	11	56
2	5	77	2	17	73	2	11	53
4	5	87	4	17	50	4	11	70
3	5	57	3	17	45	3	11	43
1	6	72	1	18	75	1	12	86
2	6	60	2	18	74	2	12	73
4	6	62	4	18	62	4	12	77
3	6	52	3	18	58	3	12	51
1	7	76	1	1	68	1	13	84
2	7	33	2	1	54	2	13	79
4	7	70	4	1	58	4	13	42
3	7	33	3	1	41	3	13	60
1	8	81	1	2	75	1	14	77
2	8	79	2	2	78	2	14	66
4	8	75	4	2	82	4	14	71
3	8	69	3	2	44	3	14	52
1	9	63	1	3	83	1	15	78
2	9	73	2	3	79	2	15	65
4	9	40	4	3	78	4	15	65
3	9	60	3	3	86	3	15	55
1	10	94	1	4	66	1	16	80
2	10	100	2	4	83	2	16	81
4	10	64	4	4	87	4	16	78

广告形式	地区	销售额	广告形式	地区	销售额	广告形式	地区	销售额
3	10	61	3	4	75	3	16	52
1	11	54	1	5	66	1	17	62
2	11	61	2	5	74	2	17	57
4	11	40	4	5	70	4	17	37
1	12	70	3	5	75	3	17	45
2	12	68	1	6	76	1	18	70
4	12	67	2	6	69	2	18	65
3	12	66	4	6	77	4	18	83
1	13	87	3	6	63	3	18	60

1. 建立数据表：广告城市与销售额. sav，选择菜单 Analyze，展开下拉菜单. 在下拉菜单中选择 General Linear Model. 在弹出的菜单中选择 Univariate，于是，出现如图 8-51 所示窗口：

图 8-51

2. 将变量"销售额"作为因变量，将变量"广告形式"、"地区"作为因素.

3. 单击 OK 按钮，双因素方差分析结果如下.

4. 结果分析：表 8-24 中，第一列是对观测变量总变差分解说明；第二列是对观测变量变差分解的结果；第三列是自由度；第四列是均方；第五列是 F 检验统计量的观测值；第六列是检

验的概率 P 值. X1（广告因素）、X2（地区因素）以及它们的交互因素的概率 P 值分别为 0.00、0.00 和 0.286. 如果显著性水平 $\alpha = 0.05$，则由 X1、X2 的概率 P 值小于 0.05，则应拒绝原假设，可以认为不同广告形式、地区下的销售额总体存在显著差异. 同时，由于 X1 * X2（交互因素）的概率 P 值大于 0.05，因此不应拒绝原假设，可以认为不同广告形式和地区没有对销售额产生显著的交互作用.

双因素方差分析结果表（Tests of Between-Subjects Effects）

表 8-24

Dependent Variable：销售额

Source	Type Ⅲ Sum of Squares	df	Mean Square	F	Sig.
Corrected Model	20094.306a	71	283.018	3.354	.000
Intercept	642936.694	1	642936.694	7.620E3	.000
x2	9265.306	17	545.018	6.459	.000
x1	5866.083	3	1955.361	23.175	.000
x2 * x1	4962.917	51	97.312	1.153	.286
Error	6075.000	72	84.375		
Total	669106.000	144			
Corrected Total	26169.306	143			

a. R Squared＝.768（Adjusted R Squared＝.539）

§6 主成分分析与聚类分析的 SPSS 实际操作举例

一、主成分分析

主成分分析法，在 SPSS 软件里是通过因子分析法的其中一个特点方法实现的.

【例1】 某企业对不同广告形式在不同地区的广告效果（销售额）进行评估. 其中，广告形式有：四种，地区：18 个. 请检验销售额是否受到广告形式、地区等因素的影响，具体数据见表 8-25.

基本建设投资分析数据表　　　表 8-25

国家预算内资金	国内贷款	利用外资	自筹资金	其他投资
65. 14	39. 28	31. 64	133. 39	21. 27
4. 69	36. 44	41. 27	54. 39	7. 61
13. 86	41. 76	39. 38	148. 5	43. 62
5. 95	40. 08	10. 53	67. 39	10. 99
9. 69	40. 85	13. 16	43. 25	11. 13
17. 43	70. 42	58. 31	120. 09	43. 71
3. 41	37. 66	43. 25	45. 82	15. 95
13. 87	38. 79	20. 78	87. 78	28. 01
14. 12	68. 19	66. 42	295. 61	83. 28
17. 39	52. 38	37. 99	199. 9	35. 28
6. 69	44. 04	37. 4	185. 47	40. 3
14. 17	57. 18	17. 11	63. 42	16. 63
7. 25	42. 25	30. 14	83. 47	31. 63
10. 62	18. 26	11. 11	42. 98	13. 48
16. 11	85. 86	63. 08	171. 21	31. 12
27. 87	78. 4	59. 12	122. 91	36. 08
44. 13	98. 14	56. 35	142. 1	18. 34
10. 99	41. 94	15. 41	97. 64	23. 39
17. 48	118. 43	203. 76	411. 6	84. 2
6. 97	43. 53	13. 9	65. 34	23. 85
3. 47	22	41. 07	51. 49	12. 2
26. 8	102. 37	33. 89	131. 51	39. 7
3. 99	26. 46	3. 01	26. 34	5. 7
9. 27	29. 72	11. 12	50. 12	13. 02
18. 79	33. 66	2. 51	51. 15	13. 48
6. 21	26. 89	4. 44	18. 14	5. 44
2. 97	14. 99	0. 32	8. 42	3. 36
2. 27	8. 59	1. 52	8. 54	3. 87
7. 71	53. 85	24. 28	76. 66	18. 4

1. 建立数据表：基本建设投资分析. sav，变量名称分别为：X1（国家预算内资金）、X2（国内贷款）、X3（利用外资）、X4

（自筹资金）、X5（其他投资）.

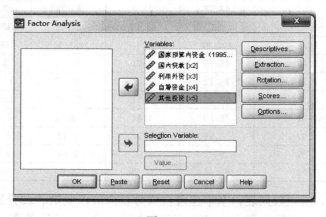

图 8-52

2. 选择菜单 Analyze，展开下拉菜单. 在下拉菜单中选择 Data Reduction，在弹出的菜单中选择 Factor，如图 8-52 所示，于是，出现如下窗口：

图 8-53

3. 将所有变量，选择到 Variables 框中，如图 8-53 所示.

4. 点击 Descriptives 按钮指定输出结果，如图 8-54 所示. 然后，点击 Continue 按钮.

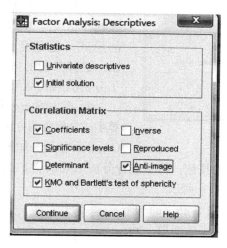

图 8-54

5. 点击 Extraction 按钮，指定提取主成分的方法及主成分个数，如图 8-55 所示. 然后，点击 Continue 按钮.

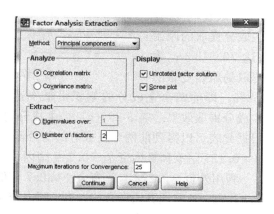

图 8-55

图 8-56

6. 点击 Rotation 按钮，选择因子旋转的方法，Method 框中选择"None"，如图 8-56 所示. 然后，点击 Continue 按钮. 此选择是决定得到的结果是因子的形式，还是主成分的形式给出. 选择其他的方法，将得到因子分析的形式结果.

7. 点击 Scores 按钮，选择计算主成分得分的方法. 然后，点击 Continue 按钮，如图 8-57 所示.

8. 点击 OK 按钮，得主成分分析结果如表 8-26（a）、表 8-26（b）和表 8-26（c）所示.

9. 解释：表 8-26（a）是原有变量的相关系数矩阵. 可以看出，原有变量的相关系数很高，能够从中提取主成分，适合进行主成分分析. 表 8-26（b）是主成分解释原有变量总方差的情况. 从表中可以看出，第一个主成分提取的原始变量的信息达 70.518%；第二个主成分提取的原始变量的

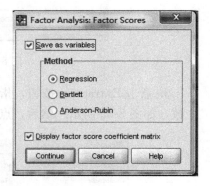

图 8-57

信息达 18.452%，即前两个主成分的累积贡献率达 88.970%. 达到了很好主成分提取效果. 表 8-26（c）是主成分得分系数矩阵. 因此，根据此表可以得到前两个主成分的得分函数：

主成分 1＝0.126 国家预算内资金＋0.249 国内贷款＋0.257
利用外资＋0.272 自筹资金＋0.257 其他投资

主成分 2＝0.956 国家预算内资金＋0.174 国内贷款－0.216
利用外资－0.144 自筹资金－0.268 其他投资

主成分分析结果表（一）(Correlation Matrix)

表 8-26 （a）

		国家预算内资金 （1995 年、亿元）	国内 贷款	利用 外资	自筹 资金	其他 投资
Correlation	国家预算内资金 （1995 年、亿元）	1.000	.458	.229	.331	.211
	国内贷款	.458	1.000	.746	.744	.686
	利用外资	.229	.746	1.000	.864	.776
	自筹资金	.331	.744	.864	1.000	.928
	其他投资	.211	.686	.776	.928	1.000

主成分分析结果表（二）(Total Variance Explained)

表 8-26 （b）

Component	Initial Eigenvalues			Extraction Sums of Squared Loadings		
	Total	% of Variance	Cumulative %	Total	% of Variance	Cumulative %
1	3.526	70.518	70.518	3.526	70.518	70.518
2	.923	18.452	88.970	.923	18.452	88.970
3	.306	6.112	95.082			
4	.200	3.993	99.075			
5	.046	.925	100.000			

主成分分析结果表（三）(Component Score Coefficient Matrix)

表 8-26 （c）

	Component	
	1	2
国家预算内资金（1995 年、亿元）	.126	.956
国内贷款	.249	.174
利用外资	.257	—.216
自筹资金	.272	—.144
其他投资	.257	—.268

Extraction Method：Principal Component Analysis.

二、聚类分析

【例2】 31个省市自治区小康和现代化指数. 根据这些数据，对31个省市自治区进行聚类. 具体数据如下，见表8-27.

小康指数表　　　　　　　　　　　表8-27

省市	综合指数	社会结构	经济与技术发展	人口素质	生活质量	法制与治安
北京	93.2	100	94.7	108.4	97.4	55.5
上海	92.3	95.1	92.7	112	95.4	57.5
天津	87.9	93.4	88.7	98	90	62.7
浙江	80.9	89.4	85.1	78.5	86.6	58
广东	79.2	90.4	86.9	65.9	86.5	59.4
江苏	77.8	82.1	74.8	81.2	75.9	74.6
辽宁	76.3	85.8	65.7	93.1	68.1	69.6
福建	72.4	83.4	71.7	67.7	76	60.4
山东	71.7	70.8	67	75.7	70.2	77.2
黑龙江	70.1	78.1	55.7	82.1	67.6	71
吉林	67.9	81.1	51.8	85.8	56.8	68.1
湖北	65.9	73.5	48.7	79.9	56	79
陕西	65.9	71.5	48.2	81.9	51.7	85.8
河北	65	60.1	52.4	75.6	66.4	76.6
山西	64.1	73.2	41	73	57.3	87.8
海南	64.1	71.6	46.2	61.8	54.5	100
重庆	64	69.7	41.9	76.2	63.2	77.9
内蒙古	63.2	73.5	42.2	78.2	50.2	81.4
湖南	60.9	60.5	40.3	73.9	56.4	84.4
青海	59.9	73.8	43.7	63.9	47	80.1
四川	59.3	60.7	43.5	71.9	50.6	78.5
宁夏	58.2	73.5	45.9	67.1	46.7	61.6
新疆	64.7	71.2	57.2	75.1	57.3	64.6
安徽	56.7	61.3	41.2	63.5	52.5	72.6
云南	56.7	59.4	49.8	59.8	48.1	72.3
甘肃	56.6	66	36.6	66.2	45.8	79.4

续表

省市	综合指数	社会结构	经济与技术发展	人口素质	生活质量	法制与治安
广西	56.1	63.8	37.1	64.4	56.1	66.6
江西	54.7	66.4	33.3	61.6	45.6	77.5
河南	54.5	51.6	42.1	63.3	55	66.9
贵州	51.1	61.9	31.5	56	41	75.6
西藏	50.9	59.7	50.1	56.7	29.9	62.4

1. 建立数据表：小康指数.sav，变量名称分别为：dq（省市）、X1（综合指数）、X2（社会结构）、X3（经济与技术发展）、X4（人口素质）、X5（生活质量）、X6（法制与治安）.

2. 选择菜单 Analyze，展开下拉菜单. 在下拉菜单中选择 Classify，在弹出的菜单中选择 Hierarchical Cluster，如图 8-58 所示. 于是，出现如下窗口：

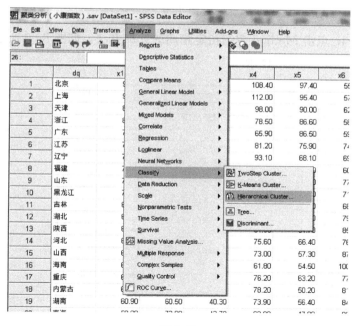

图 8-58

3. 将所有参与聚类数值型变量，选择到 Variables 框中，将标记变量选择到 Label Cases by 框中. 在 Cluster 框中选择聚类类型，其中 Cases 表示样本聚类，Variables 表示变量聚类，此处选择 Cases，如图 8-59 所示.

图 8-59

4. 点击 Method 按钮指定距离的计算方法，如图 8-60 所示，然后点击 Continue 按钮.

图 8-60

5. 单击 OK 按钮，得主成分分析结果如表 8-28 所示.

层次聚类分析的凝聚状态表（Agglomeration Schedule）

表 8-28

Stage	Cluster Combined		Coefficients	Stage Cluster First Appears		Next Stage
	Cluster 1	Cluster 2		Cluster 1	Cluster 2	
1	26	28	6. 283	0	0	7
2	1	2	7. 055	0	0	18
3	12	13	8. 543	0	0	6
4	24	27	8. 555	0	0	9
5	19	21	9. 235	0	0	16
6	12	18	9. 335	3	0	12
7	26	30	12. 135	1	0	14
8	15	17	12. 495	0	0	12
9	24	29	12. 573	4	0	13
10	10	11	12. 953	0	0	15
11	4	5	12. 956	0	0	23
12	12	15	13. 339	6	8	16
13	24	25	14. 144	9	0	19
14	20	26	15. 904	0	7	19
15	10	23	16. 423	10	0	24
16	12	19	16. 467	12	5	20
17	6	9	17. 183	0	0	22
18	1	3	17. 499	2	0	29
19	20	24	19. 075	14	13	21
20	12	14	19. 890	16	0	24
21	20	22	21. 312	19	0	25
22	6	7	21. 408	17	0	26
23	4	8	21. 927	11	0	26
24	10	12	24. 262	15	20	25
25	10	20	27. 653	24	21	27
26	4	6	30. 638	23	22	29
27	10	16	31. 087	25	0	28

Stage	Cluster Combined		Coefficients	Stage Cluster First Appears		Next Stage
	Cluster 1	Cluster 2		Cluster 1	Cluster 2	
28	10	31	37.118	27	0	30
29	1	4	46.056	18	26	30
30	1	10	63.160	29	28	0

6. 解释：表 8-28 显示了聚类分析的阶段过程，例如，聚类分析的第 1 步，26 号样本与 28 号样本聚为一小类，此时他们的个体距离为 6.283. 这个小类将在下面的第 7 步用到，并与 30 号样本聚为一新的小类. 第二步，将 1 号样本和 2 号样本聚为一小类，此时他们的个体距离为 7.055，这个小类将在下面的第 18 步用到，并与 3 号样本聚为一新的小类. 如此这样下去，直到所有样本聚为 1 大类. 另外，也可从图 8-61 看出，样本之间的距离大小，可以用竖线切割树形图，竖线与树形图的交点个数决定聚类个数. 每个交点相应左侧的分支节点为一个类，从而实现聚类的分析.

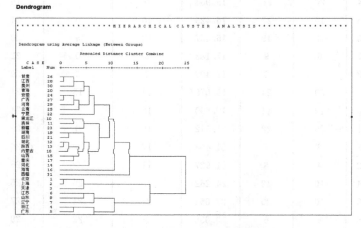

图 8-61　层次聚类分析的树形图

习 题 答 案

习题一答案

1. $X_2+\mu$，$X_1+X_2+X_3$，$X_{(3)}$，$\dfrac{1}{2}(X_3-X_1)$ 是统计量，$\displaystyle\sum_{i=1}^{3}\dfrac{X_i^2}{\sigma^2}$ 不是统计量.

2. 略.

3. 0.8293

4. 0.1

5. 略.

6. $\chi^2(n)$

7. -4，-2.1，-2.1，-0.1，-0.1，0，0，1.2，1.2，2.01，2.22，3.2，3.21，$\tilde{x}=0$，$r=7.21$，添加2.7后，$\tilde{x}\approx0.6$

8. $\bar{x}=3.59$，$s^2=2.881$

9. $C=\dfrac{1}{3}$

10. (1) $Y\sim t(m)$；(2) $Z\sim F(n,m)$

11. 略.

12. 2.42，0.106，0.114.

习题二答案

1. 答：$\hat{\mu}=74.002$，$\hat{\sigma}^2=6\times10^{-6}$，$s^2=6.86\times10^{-6}$

2. 答：$\hat{\theta}=2\bar{X}$

3. 答：(1) $\hat{\alpha} = \dfrac{1-2\bar{X}}{\bar{X}-1}$ $\qquad$ $\hat{\alpha} = -\left[1 + \dfrac{n}{\sum\limits_{i=1}^{n}\ln X_i}\right]$

(2) $\hat{\theta} = \sqrt{\dfrac{1}{n}\sum\limits_{i=1}^{n}(X_i-\bar{X})^2}$ $\qquad$ $\hat{\theta} = \bar{X}-X_{(1)}$

$\qquad$ $\hat{\mu} = \bar{X} - \sqrt{\dfrac{1}{n}\sum\limits_{i=1}^{n}(X_i-\bar{X})^2}$ $\hat{\mu} = X_{(1)}$

4. 答：$\hat{\sigma}^2 = \dfrac{1}{n}\sum\limits_{i=1}^{n}X_i^2$

5. 答：$DT_1 = 0.36$ 最小.

6. 答：$\hat{\theta} = \min(X_1, X_2, \cdots, X_n)$

7. 答：(1) (5.608，6.392)；(2) (5.558，6.418)

8. 答：(1) 6.329；(2) 6.356

9. 答：(7.4，21.1)

10. 答：(−0.002，0.006)

11. 答：−0.0008

12. 答：(−6.04，−5.96)

13. 答：(0.222，3.601)

习题三答案

1. 答：接受 H_0.

2. 答：方差显著改变.

3. 答：H_0：$\mu \leqslant 1.25$，H_1：$\mu > 1.25$，接受 H_0，土地面积不超过 1.25km^2.

4. 答：(1) H_0：$\mu = 500$，H_1：$\mu \neq 500$，接受 H_0，包装机没有明显系统误差.

$\qquad$ (2) H_0：$\sigma^2 \leqslant 10^2$，H_1：$\sigma^2 > 10^2$，拒绝 H_0，接受 H_1，方差超过 10^2.

综合 (1)、(2)，包装机工作不够正常.

5. 答：H_0：$\sigma^2 \leqslant 16$，H_1：$\sigma^2 > 16$，接受 H_0，方差不超过

16，符合标准.

6. 答：(1) H_0：$\sigma_1^2 = \sigma_2^2$，H_1：$\sigma_1^2 \neq \sigma_2^2$，接受 H_0，方差相等；

    (2) H_0：$\mu_1 = \mu_2$，H_1：$\mu_1 \neq \mu_2$，接受 H_0，均值相等.

综合 (1)、(2)，两灯泡是同一批产的.

7. 答：直径无显著差异.

8. 答：拒绝 $\mu = 0.5\%$，接受 $\sigma = 0.04\%$.

9. 答：接受 $\sigma_1^2 = \sigma_2^2$，接受 $\mu_1 = \mu_2$.

10. 答：与泊松分布有显著差异.

11. 答：可以认为服从正态分布.

习题四答案

1. $\hat{y} = -11.3 + 36.95x$

2. (1) $\hat{y} = 9.1225 + 0.2230x$，$r = 0.991$

    (2) 回归效果显著

    (3) $\hat{y}_0 = 18.4885$

        区间预测为：(17.3113，19.6657)

3. $\hat{y} = -39.02 + 0.63x$，$\hat{\sigma}^2 = 66.81$，$\hat{y}_0 = 59.16$

    区间预测为 (39.01，79.31)

4. $\hat{y} = 1.73 e^{-0.146/x}$

5. (1) $\hat{y} = 111.6892 + 0.0143x_1 - 7.1882x_2$

    (2) 回归方程显著成立.

6. (1) $\hat{y} = 9.9 + 0.575x_1 + 0.55x_2 + 1.15x_3$

    (2) 回归方程显著成立.

习题五答案

1. 有显著差异.

2. 无显著差异.

3. 有显著差异.

4. 五位工人技术之间和不同车床型号之间对产量均无显著影响.

5. 浓度、温度对产量均无显著影响，但二者的交互作用对产量有显著影响.

习题六答案

1. $A_1B_1C_3D_1$；B、A、D、C.

2. D；C；A；B；$A×B$；$B×C$；$A_2B_1C_2D_1$.

3. 因素主→次：CAB，最优条件为 $A_3B_2C_3$.

4. 因素主→次：ACB，最优条件为 $A_2B_1C_1$.

5. 因素主→次：ACB，最优条件为 $A_3B_2C_3$.

6. 最优方案：$A_2B_2C_2D_1E_2F_1$.

7. 最优方案：$A_3B_1C_1$.

8. 最优方案：$A_1B_2C_1D_2E_1$.

9. 每一种因素对铁损都没有显著影响.

10. 若把苗数、秧龄和苗数交互作用、秧龄和氮肥交互作用引起的三项离差，合并到误差项中，则秧龄对亩产有显著影响，而氮肥、苗数和氮肥交互作用无显著影响.

11. $F_A=23.7168$（"＊＊"）、$F_B=13.5714$（"＊＊"）、$F_C=1813.285$（"＊＊"）、$F_{A×B}=7.67159$（"＊＊"），$A×C$、$B×C$ 均不显著，$A×B$ 最佳搭配为 A_1B_1 或 A_1B_3，最优方案为 $A_1B_1C_3$ 或 $A_1B_3C_3$，即第 3 号或第 9 号试验的条件.

12. 若把加碱量引起的离差合并到误差项中，则反应温度有显著作用，催化剂无显著作用.

习题七答案

1. $y_1=0.46x_1+0.56x_2+0.48x_3+0.49x_4$

$y_2=0.54x_1-0.34x_2-0.60x_3+0.48x_4$

2. 略

3. 略

4. 略

附录一 概率论知识复习

1. 随机事件与概率

（1）随机事件与样本空间

在一定条件下可能发生也可能不发生的现象叫随机现象，概率论与数理统计就是研究随机现象统计规律性的一门数学学科．

对随机现象所进行的试验或观察叫随机试验．

随机试验的结果叫随机事件，简称事件，常用 A、B、C 等表示．每次试验必然要发生的事件，称为必然事件，记作 Ω．每次试验必不发生的事件，称为不可能事件，记作空集 Φ．

随机试验所有可能结果组成的集合叫样本空间，记作 Ω．

样本空间的每个元素叫样本点，样本点也叫基本事件．事件是样本空间 Ω 的子集．

（2）事件的关系与运算

事件的关系

① 包含 $A \subset B$ 事件 A 发生必然导致事件 B 发生，称事件 B 包含事件 A，或称事件 A 是事件 B 的子事件．

② 相等 $A = B$ 若 $A \subset B$ 且 $B \subset A$，称事件 A 与 B 相等．

③ 和事件 $A \cup B$ 事件 A 与 B 中至少有一个发生的事件叫事件 A 与 B 的和事件，有时也叫并事件．

④ 积事件 $A \cap B$ 或 AB 事件 A 与事件 B 同时发生的事件叫事件 A 与 B 的积事件，有时也叫交事件．

⑤ 互不相容事件 事件 A 与事件 B 不能同时发生，即 $A \cap B = \Phi$，称事件 A 与事件 B 互不相容，也称 A 与 B 互斥．

⑥ 对立事件 $\bar{A}$ 事件 A 与 $\bar{A}$ 满足 $A \cup \bar{A} = \Omega$，同时 $AB = \Phi$，

称 $\bar{A}$ 是 A 的对立事件.

⑦ 差事件 $A-B$　事件 A 发生且事件 B 不发生的事件叫事件 A 与 B 的差，显然 $A-B=A\bar{B}$.

事件的运算规律

① 交换律　$A\cup B=B\cup A$，$AB=BA$；

② 结合律　$(A\cup B)\cup C=A\cup (B\cup C)$，$(AB)C=A(BC)$；

③ 分配律　$(A\cup B)C=AC\cup BC$，

$\qquad (AB)\cup C=(A\cup C)(B\cup C)$；

④ 德摩根定律　$\overline{A\cup B}=\bar{A}\bar{B}$，$\overline{AB}=\bar{A}\cup \bar{B}$.

（3）概率及性质

事件的概率就是事件发生的可能大小，用 $P(A)$ 表示，它有以下几个性质：

① $0\leqslant P(A)\leqslant 1$，且 $P(\Phi)=0$，$P(\Omega)=1$；

② 当 $A\subset B$ 时，$P(B-A)=P(B)-P(A)$，且 $P(A)\leqslant P(B)$；

③ 若 $A_1,A_2,\cdots,A_n$ 两两互不相容，

有 $P\left(\bigcup_{i=1}^{n}A_i\right)=\sum_{i=1}^{n}P(A_i)$；

④ $P(A\cup B)=P(A)+P(B)-P(AB)$；

⑤ $P(\bar{A})=1-P(A)$.

（4）条件概率与事件的独立性

① 条件概率

设 A，B 是两个随机事件，且 $P(B)>0$，则称在事件 B 发生条件下事件 A 发生的概率为条件概率，记为 $P(A|B)$，计算公式为

$$P(A|B)=\frac{P(AB)}{P(B)}\quad (P(B)>0).$$

② 事件的相互独立性

若 $P(AB)=P(A)P(B)$，则称 A 与 B 相互独立.

在 $P(A)>0$，$P(B)>0$ 条件下，A 与 B 相互独立的充要条

件是：$P(B|A)=P(B)$ 或 $P(A|B)=P(A)$.

③ 乘法公式

若 $P(B)>0$，有 $P(AB)=P(B)P(A|B)$；

若 $P(A)>0$，有 $P(AB)=P(A)P(B|A)$.

（5）全概率公式与贝斯公式

① 全概率公式

设事件 $A_1,A_2,\cdots,A_n$ 满足

（a）$A_1,A_2,\cdots,A_n$ 两两互不相容；（b）$\bigcup\limits_{i=1}^{n}A_i=\Omega$，且 $P(A_i)>0$，$i=1,2,\cdots,n$

则对任一事件 B，有　$P(B)=\sum\limits_{i=1}^{n}P(A_i)P(B|A_i)$.

② 贝叶斯公式

设 $A_1,\cdots,A_n$ 满足全概率公式中的条件，且 $P(B)>0$

则有　$P(A_i\mid B)=\dfrac{P(A_i)P(B\mid A_i)}{\sum\limits_{i=1}^{n}P(A_i)P(B\mid A_i)}$　$i=1,2,\cdots,n$.

【例1】　设 A、B、C 为三个事件，则 A、B、C 中至少有两个发生的事件是（　　）.

A. $A\cup B\cup C$　　　　　　　　B. $A(B\cup C)$

C. $AB\cup AC\cup BC$　　　　　　D. $A\cup\bar{B}\cup\bar{C}$

【解】　事件 A、B、C 中，两个同时发生的事件有 AB、BC、AC，事件 A、B、C 中至少有两个发生的事件为 $AB\cup AC\cup BC$，故选择答案 C.

【例2】　设 $P(A)=0.2$，$P(B)=0.3$. 设下列两种情形下，分别求 $P(A\cup B)$ 与 $P(B-A)$.

（1）A、B 有包含关系；（2）A、B 相互独立.

【解】　（1）由于 $P(A)<P(B)$，因此只能有 $A\subset B$，

所以　$P(A\cup B)=P(B)=0.3$，

$P(B-A)=P(B)-P(A)=0.3-0.2=0.1$.

（2）由于 A、B 独立，所以 $P(AB)=P(A)P(B)$，

$$P(A \cup B) = P(A) + P(B) - P(AB)$$
$$= P(A) + P(B) - P(A)P(B) = 0.2 + 0.3 - 0.2 \times 0.3 = 0.44,$$

又由于 A、B 独立，因此 $\bar{A}$ 与 B 也独立，即 $P(B\bar{A}) = P(B)P(\bar{A})$，

而 $P(B-A) = P(B\bar{A}) = P(B)P(\bar{A}) = 0.3 \times 0.8 = 0.24$.

【例 3】 甲乙两人向同一目标射击，甲击中目标的概率为 0.6，乙击中目标的概率为 0.5，求目标被击中的概率.

【解】 设 A＝"甲击中目标"，B＝"乙击中目标"，C＝"目标被击中"

则 $P(C) = P(A \cup B) = P(A) + P(B) - P(AB)$
$$= P(A) + P(B) - P(A)P(B)$$
$$= 0.6 + 0.5 - 0.6 \times 0.5 = 0.8.$$

【例 4】 同一种产品由甲、乙、丙三个厂家供货，供货比例分别为 20%、30%、50%，又知道各厂产品的正品率分别为 95%、90%、80%，三家产品混合放在一起.

（1）从中任取一件，问取到正品的概率为多少？

（2）现取到 1 件产品为正品，它是甲厂生产的概率为多少？

【解】 设事件 B 为"任取一件产品是正品"事件，A_1 为"产品由甲厂生产"事件，A_2 为"产品由乙厂生产"事件，A_3 为"产品由丙厂生产"事件，已知 $P(A_1) = 20\%$，$P(A_2) = 30\%$，$P(A_3) = 50\%$，$P(B|A_1) = 95\%$，$P(B|A_2) = 90\%$，$P(B|A_3) = 80\%$.

（1）由全概率公式得

$$P(B) = \sum_{i=1}^{3} P(A_i)P(B|A_i)$$
$$= 20\% \times 95\% + 30\% \times 90\% + 50\% \times 80\% = 0.86.$$

（2）由贝叶斯公式得

$$P(A_1|B) = \frac{P(A_1)P(B|A_1)}{\sum_{i=1}^{3} P(A_i)P(B|A_i)} = \frac{20\% \times 95\%}{0.86} = 0.2209.$$

2. 古典概型

具备下面两个特点的随机试验的数学模型，称为古典概型：

（1）随机试验可能出现的结果为有限多个，记为 n 个，即样本空间 $\Omega = \{e_1, e_2, \cdots, e_n\}$；

（2）每一个可能出现的结果的发生具有等可能性，即

$$P(e_1) = P(e_2) = \cdots = P(e_n) = \frac{1}{n}.$$

这时，事件 A 的概率公式为 $P(A) = \dfrac{m}{n}$. 其中，m 为随机事件 A 所包含的样本点的个数.

【**例 5**】 设有 10 件产品，其中有 6 件正品，4 件次品，现从中任取 3 件，求下列事件的概率：

（1）$A = \{$没有次品$\}$；　　　（2）$B = \{$只有 1 件次品$\}$；

（3）$C = \{$最多 1 件次品$\}$；　　（4）$D = \{$至少 1 件次品$\}$.

【**解**】 这是古典概型，因为产品无序，用组合计算 n，m.

$$n = C_{10}^3 = \frac{10!}{3! \ 7!} = 120.$$

（1）$m_A = C_6^3 = 20$，$P(A) = \dfrac{m_A}{n} = \dfrac{20}{120} = \dfrac{1}{6}$.

（2）$m_B = C_4^1 C_6^2 = 60$，$P(B) = \dfrac{m_B}{n} = \dfrac{60}{120} = \dfrac{1}{2}$.

（3）$m_C = m_A + m_B = 80$，$P(C) = \dfrac{m_C}{n} = \dfrac{80}{120} = \dfrac{2}{3}$.

（4）$m_D = C_4^1 C_6^2 + C_4^2 C_6^1 + C_4^3 C_6^0 = 100$，$P(D) = \dfrac{100}{120} = \dfrac{5}{6}$.

还可以用对立事件计算. 显然，$D = \bar{A}$，所以 $P(D) = P(\bar{A}) = 1 - P(A) = \dfrac{5}{6}$.

一般地，一批 N 个产品中有 M 个次品，设事件 A 是"从这批产品中任取 n 个产品，其中恰有 m 个次品"，则

$$P(A) = \frac{C_M^m C_{N-M}^{n-m}}{C_N^n}.$$

【例 6】 有标号 1、2、$\cdots$、9 的 9 张数字卡片，先后无放回地随机抽出两张卡片，试求（1）第一张卡片为奇数标号，第二张卡片为偶数标号的概率；（2）至少有一张卡片标号不小于 6 的概率.

【解】（1）设事件 A 表示"第一张卡片标号为奇数，第二张卡片标号为偶数"，由于是无放回抽样，所以事件 A 所有可能出现的结果的个数为 5×4，而无放回两次抽取的卡片的所有可能的结果数为 9×8，因此有 $P(A) = \frac{5 \times 4}{9 \times 8} = \frac{5}{18}$；

（2）设事件 B 表示"随机抽取的两张卡片号都小于 6"，则 $\bar{B}$ 表示"两张卡片中至少有一张卡片号不小于 6"．事件 B 所有可能出现的结果数为 5×4，因此有 $P(B) = \frac{5 \times 4}{9 \times 8} = \frac{5}{18}$，而 $P(\bar{B}) = 1 - P(B) = 1 - \frac{5}{18} = \frac{13}{18}$.

3. 随机变量及其分布

为了深入研究随机现象，需要将随机试验的结果数量化，这就是随机变量.

（1）随机变量及其分布函数

① 随机变量

设随机试验的样本空间为 Ω，若对 Ω 中的每个样本点 e 都有一个实数 X 与之对应，称 X 为随机变量．随机变量分为两类：离散型随机变量和连续型随机变量.

② 随机变量的分布函数：$F(x) = P\{X \leqslant x\}$ （$-\infty < x < +\infty$）

③ 分布函数的性质

(a) $0 \leqslant F(x) \leqslant 1$ （$-\infty < x < +\infty$）；

(b) 当 $x_1 < x_2$ 时，有 $F(x_1) \leqslant F(x_2)$；

(c) $\lim\limits_{x \to +\infty} F(x) = 1$，$\lim\limits_{x \to -\infty} F(x) = 0$；

(d) $P\{x_1 < X \leqslant x_2\} = F(x_2) - F(x_1)$.

（2）离散型随机变量及其分布律

当随机变量 X 只可能取有限个或无限可列多个值时，称 X 为离散型随机变量.

离散型随机变量 X 的分布可用下列表格给出：

X	x_1	x_2	$\cdots$	x_i	$\cdots$
p_i	p_1	p_2	$\cdots$	p_i	$\cdots$

其中 $x_i(i=1,2,\cdots)$ 为 X 的所有可能取的值，$p_i = P\{X = x_i\}$，$(i=1,2,\cdots)$，且 p_i 满足 （1） $0 \leqslant p_i \leqslant 1$；（2） $\displaystyle\sum_{i=1}^{\infty} p_i = 1$. 也把上述表格称为 X 的分布律.

离散型随机变量的分布函数为 $F(x) = \displaystyle\sum_{x_i \leqslant x} P\{X = x_i\} = \sum_{x_i \leqslant x} p_i$.

（3）连续型随机变量及其概率密度

对于随机变量 X，如果存在非负函数 $f(x)$，使对任意实数 x 有

$$F(x) = P\{X \leqslant x_i\} = \int_{-\infty}^{x} f(t)\mathrm{d}t,$$

则称 X 为连续型随机变量，$f(x)$ 称为 X 的概率密度. 此时，$F(x)$ 为连续函数.

X 的概率密度 $f(x)$ 具有以下主要性质：

① $\displaystyle\int_{-\infty}^{+\infty} f(x)\mathrm{d}x = 1$；

② $P\{x_1 < X \leqslant x_2\} = F(x_2) - F(x_1) = \displaystyle\int_{x_1}^{x_2} f(x)\mathrm{d}x$；

③ 在 $f(x)$ 的连续点有 $F'(x) = f(x)$；

④ 对任意实数 a，有 $P\{X = a\} = 0$.

（4）常见随机变量的分布

① （0—1）分布或 $B(1,p)$.

也叫两点分布，其分布律为

X	0	1
p_i	$1-p$	p

其中，$0<p<1$.

② 二项分布 $B(n,p)$.

分布律为 $\quad P\{X=k\}=C_n^k p^k (1-p)^{n-k}$，$k=0,1,2,\cdots,n$，$0<p<1$.

③ 泊松分布 $P(\lambda)$ 分布律为 $P\{X=k\}=\dfrac{\lambda^k \mathrm{e}^{-\lambda}}{k!}$，$k=0,1,2,\cdots$，且 $\lambda>0$.

④ 均匀分布 $U(a,b)$ 密度函数为 $f(x)=\begin{cases}\dfrac{1}{b-a}, & a\leqslant x\leqslant b, \\ 0, & \text{其他}.\end{cases}$

⑤ 正态分布 $N(\mu,\sigma^2)$.

密度函数为 $f(x)=\dfrac{1}{\sqrt{2\pi}\sigma}\mathrm{e}^{-\frac{(x-\mu)^2}{2\sigma^2}}$，

当 $\mu=0$，$\sigma=1$ 时，$N(0,1)$ 称为标准正态分布.

标准正态分布密度函数为 $\varphi(x)=\dfrac{1}{\sqrt{2\pi}}\mathrm{e}^{-\frac{x^2}{2}}$，$-\infty<x<+\infty$.

标准正态分布的分布函数为 $\Phi(x)=\displaystyle\int_{-\infty}^{x}\dfrac{1}{\sqrt{2\pi}}\mathrm{e}^{-\frac{t^2}{2}}\mathrm{d}t$，$-\infty<x<+\infty$，$\Phi(x)$ 的值可查表得到.

$\Phi(x)$ 有如下性质：(a) $\Phi(0)=\dfrac{1}{2}$；(b) $\Phi(-x)=1-\Phi(x)$；(c) $P\{|x|<a\}=2\Phi(a)-1$.

当 $X\sim N(0,1)$ 时，$P\{a<X\leqslant b\}=\Phi(b)-\Phi(a)$；

当 $X\sim N(\mu,\sigma^2)$ 时，$P\{a<X\leqslant b\}=\Phi\left(\dfrac{b-\mu}{\sigma}\right)-\Phi\left(\dfrac{a-\mu}{\sigma}\right)$.

【例7】 已知随机变量 X 的概率密度函数为

$$f(x)=\begin{cases} \dfrac{a}{x^2} & x\geqslant 10 \\ 0 & x<10 \end{cases},$$ （1）求常数 a；（2）求 $F(20)$.

【解】 （1）由 $\displaystyle\int_{-\infty}^{+\infty} f(x)\mathrm{d}x=1$ 可知，$\displaystyle\int_{10}^{+\infty} \dfrac{a}{x^2}\mathrm{d}x=1$，即

$-\dfrac{a}{x}\Big|_{10}^{-\infty}=1$，所以 $a=10$.

（2）$F(20)=\displaystyle\int_{-\infty}^{20} f(t)\mathrm{d}t=\int_{-\infty}^{10} 0\mathrm{d}t+\int_{10}^{20} \dfrac{10}{x^2}\mathrm{d}t=-\dfrac{10}{x}\Big|_{10}^{20}=\dfrac{1}{2}$.

【例8】 设随机变量 X 的分布函数为 $F(x)=\begin{cases} 0 & x<0 \\ kx^2 & 0\leqslant x<1 \\ 1 & x\geqslant 1 \end{cases}$，

求 k 值.

【解】 X 的密度函数为 $f(x)=F'(x)=\begin{cases} 0 & x<0 \\ 2kx & 0\leqslant x<1 \\ 0 & x>1 \end{cases}$，而

$\displaystyle\int_{-\infty}^{+\infty} f(x)\mathrm{d}x=\int_{0}^{1} 2kx\mathrm{d}x=kx^2\Big|_{0}^{1}=k$，由 $\displaystyle\int_{-\infty}^{+\infty} f(x)\mathrm{d}x=1$ 得，

$k=1$.

【例9】 $X\sim N(0.5,0.25^2)$，求（1）$P\{X<0\}$，（2）$P\{0<X^3<1\}$.

【解】 （1）令 $Y=\dfrac{X-0.5}{0.25}$，则 $Y\sim N(0,1)$，

所以 $P\{X<0\}=P\left\{\dfrac{X-0.5}{0.25}<\dfrac{0-0.5}{0.25}\right\}=P\{Y<-2\}=$
$P\{Y\leqslant-2\}$

$=\Phi(-2)=1-\Phi(2)=1-0.9772=0.0228$.

（2）$P\{0<X^3<1\}=P\{0<X<1\}$

$=F(1)-F(0)=\Phi\left(\dfrac{1-0.5}{0.25}\right)-\Phi\left(\dfrac{0-0.5}{0.25}\right)$

$=\Phi(2)-\Phi(-2)=2\Phi(2)-1=2\times 0.9772-1=0.9544$.

4. 多维随机变量及其分布

n 个随机变量 $X_1, X_2, \cdots, X_n$ 的整体 $(X_1, X_2, \cdots, X_n)$ 称为 n 维随机变量或随机向量，特别地 $n=2$ 时，为二维随机变量 (X, Y). 我们重点研究，n 维情形类似.

（1）二维随机变量的分布函数

$F(x, y) = P\{X \leqslant x, Y \leqslant y\}$，$x, y$ 为任意实数

（2）二维分布函数的性质

① $0 \leqslant F(x, y) \leqslant 1$

② $F(x, y)$ 分别对 x 和 y 是单调非降函数

③ $F(x, y)$ 关于 x 右连续，关于 y 也右连续

④ $\lim\limits_{x \to -\infty} F(x, y) = F(-\infty, y) = 0$，对于任意固定的 y.

$\lim\limits_{y \to -\infty} F(x, y) = F(x, -\infty) = 0$，对于任意固定的 x.

$\lim\limits_{\substack{x \to -\infty \\ y \to -\infty}} F(x, y) = F(-\infty, +\infty) = 0$

$\lim\limits_{\substack{x \to +\infty \\ y \to +\infty}} F(x, y) = F(+\infty, +\infty) = 1$

⑤ 对于任意四个实数，$x_1 < x_2$，$y_1 < y_2$，有下述不等式成立.

$F(x_2, y_2) - F(x_1, y_2) - F(x_2, y_1) + F(x_1, y_1) \geqslant 0$

（3）边缘分布

$F_X(x) = F(x, +\infty) = \lim\limits_{y \to +\infty} F(x, y)$，$F_Y(y) = F(+\infty, y) = \lim\limits_{x \to +\infty} F(x, y)$ 分别称二维随机变量 (X, Y) 的边缘分布函数.

若对任意的 x，y，有 $F(x, y) = F_X(x) F_Y(y)$，则称随机变量 X，Y 相互独立.

（4）二维离散型随机变量及其分布律

如果二维随机变量 (X, Y) 可能取的值只有有限个或可列多个数组，则 (X, Y) 为二维离散型随机变量，其概率分布可用分布律表达.

设 X 的取值分别为 $x_1, x_2, \cdots$（有限个或可列个），Y 的取值分别为 $y_1, y_2, \cdots$（有限个或可列个），则 (X, Y) 可能的取值分

别是：$(x_1,y_1),(x_1,y_2),\cdots,(x_i,y_1),(x_i,y_2),\cdots,(X,Y)$ 的分布律可由下表给出

X ＼ Y	y_1	y_2	$\cdots$	y_j	$\cdots$
x_1	p_{11}	p_{12}	$\cdots$	p_{1j}	$\cdots$
x_2	p_{21}	p_{22}	$\cdots$	p_{2j}	$\cdots$
$\vdots$	$\vdots$	$\vdots$		$\vdots$	
x_i	p_{i1}	p_{i2}	$\cdots$	p_{ij}	$\cdots$
$\vdots$	$\vdots$	$\vdots$		$\vdots$	

其中 $\quad p_{ij}=P\{X=x_i,Y=y_j\}\quad(i=1,2,\cdots,j=1,2,\cdots)$，
$p_{ij}\geqslant0,\sum\limits_{i=1}^{\infty}\sum\limits_{j=1}^{\infty}p_{ij}=1$.

这时，X 与 Y 的边缘分布律分别为：

$$p_{i\cdot}=\sum_{j=1}^{\infty}p_{ij}=P\{X=x_i\},p_{\cdot j}=\sum_{i=1}^{\infty}p_{ij}=P\{Y=y_j\},i=$$
$1,2,\cdots,j=1,2,\cdots$

若对一切 i，j，有 $p_{ij}=p_{i\cdot}\cdot p_{\cdot j}$，则称 X 与 Y 相互独立.

（5）二维连续型随机变量

对于二维随机变量 (X,Y) 的分布函数 $F(x,y)$，如果存在非负函数 $f(x,y)$，使得对于任何实数 x，y，有 $F(x,y)=$
$\int_{-\infty}^{y}\int_{-\infty}^{x}f(u,v)\mathrm{d}u\mathrm{d}v$

则称 (X,Y) 是连续型二维随机变量，函数 $f(x,y)$ 称为 (X,Y) 的联合密度函数.

二维密度函数具有下列性质：

① $f(x,y)\geqslant0$

② $\int_{-\infty}^{+\infty}\int_{-\infty}^{+\infty}f(x,y)\mathrm{d}x\mathrm{d}y=F(+\infty,+\infty)=1$

③ 若 $f(x,y)$ 在点 (x,y) 连续，则有 $\dfrac{\partial^2 F(x,y)}{\partial x\partial y}=f(x,y)$

④ 若 D 是 xOy 面上任一区域，则 $P\{(X,Y)\in D\} = \iint\limits_{D}f(x,y)\mathrm{d}x\mathrm{d}y$

X 的边缘密度函数和边缘分布函数分别为：

$$f_X(x) = \int_{-\infty}^{+\infty}f(x,y)\mathrm{d}y, \quad F_X(x) = \int_{-\infty}^{x}f_X(t)\mathrm{d}t$$

Y 的边缘密度函数和边缘分布函数分别为：

$$f_Y(y) = \int_{-\infty}^{+\infty}f(x,y)\mathrm{d}x, \quad F_Y(y) = \int_{-\infty}^{y}f_Y(t)\mathrm{d}t$$

若对一切 x，y，有 $f(x,y) = f_X(x)\cdot f_Y(y)$，则称 X 与 Y 相互独立.

常见的二维连续型分布是二维正态分布，简记为 $(X,Y)\sim N(\mu_1,\mu_2,\sigma_1^2,\sigma_2^2,\rho)$，其密度函数为：$f(x,y) = \dfrac{1}{2\pi\sigma_1\sigma_2\sqrt{1-\rho^2}}$

$\exp\left\{-\dfrac{1}{2(1-\rho^2)}\left[\dfrac{(x-\mu_1)^2}{\sigma_1^2} - \dfrac{2\rho(x-\mu_1)(y-\mu_2)}{\sigma_1\sigma_2} + \dfrac{(y-\mu_2)^2}{\sigma_2^2}\right]\right\}$，

其中 $-\infty<\mu_1,\mu_2<+\infty,\sigma_1,\sigma_2>0,-1<\rho<1$

X，Y 的边缘分布为 $N(\mu_1,\sigma_1^2)$，$N(\mu_2,\sigma_2^2)$，X 与 Y 独立的充要条件是 $\rho=0$.

（6）条件分布

① 若 (X,Y) 是二维离散型随机变量，则称

$$P\{Y=y_j|X=x_i\} = \frac{P\{X=x_i,Y=y_j\}}{P\{X=x_i\}} = \frac{p_{ij}}{p_{i\cdot}}$$

为 Y 在 $X=x_i$ 条件下的条件概率，当 j 取遍 $1,2,\cdots,$ 得条件分布律如下：

Y	y_1	y_2	$\cdots$	y_j	$\cdots$
条件概率	$\dfrac{p_{i1}}{p_{i\cdot}}$	$\dfrac{p_{i2}}{p_{i\cdot}}$	$\cdots$	$\dfrac{p_{ij}}{p_{i\cdot}}$	$\cdots$

而称 $\quad P\{X=x_i|Y=y_j\} = \dfrac{P\{X=x_i,Y=y_j\}}{P\{Y=y_j\}} = \dfrac{p_{ij}}{p_{\cdot j}}$

为 X 在 $Y=y_j$ 条件下的条件概率，当 i 取遍 1，2，$\cdots$，得条件分布律如下：

X	x_1	x_2	$\cdots$	x_i	$\cdots$
条件概率	$\dfrac{p_{1j}}{p_{\cdot j}}$	$\dfrac{p_{2j}}{p_{\cdot j}}$	$\cdots$	$\dfrac{p_{ij}}{p_{\cdot j}}$	$\cdots$

② 若 (X,Y) 是二维连续型随机变量，则称

$$f(y \mid x) = \frac{f(x,y)}{\displaystyle\int_{-\infty}^{+\infty} f(x,y)\mathrm{d}y} = \frac{f(x,y)}{f_X(x)}$$

为 Y 在 $X=x$ 条件下的条件密度，而称

$$F(y \mid x) = \int_{-\infty}^{y} f(t \mid x)\mathrm{d}t \text{ 为 } Y \text{ 在 } X=x \text{ 条件下的条件分布}$$

函数.

类似地还有 $f(x|y)$ 及 $F(x|y)$.

（7）随机变量函数的分布

① 一个随机变量函数的分布

设连续型随机变量 X 的密度函数为 $f_X(x)$，随机变量 $Y=g(X)$ 的密度函数为 $f_Y(y)$，若 $g(x)$ 严格单调，则 $f_Y(y)=f_X[h(y)]|h'(y)|$，其中 $x=h(y)$ 是 $y=g(x)$ 的反函数.

② 多个随机变量函数的分布

若 $X_1,X_2,\cdots,X_n$ 的联合分布函数为 $F(x_1,x_2,\cdots,x_n)$，密度函数为 $f(x_1,x_2,\cdots,x_n)$，$y=g(x_1,x_2,\cdots,x_n)$ 为连续函数，则 $Y=g(X_1,X_2,\cdots,X_n)$ 的分布函数为：

$$F_Y(y) = \int\cdots\int_{g(x_1,x_2,\cdots,x_n)<y} f(x_1,x_2,\cdots,x_n)\mathrm{d}x_1\mathrm{d}x_2\cdots\mathrm{d}x_n$$

③ 两个随机变量和的分布

设 (X,Y) 的概率密度函数为 $f(x,y)$，则 $Z=X+Y$ 的分布函数为：$F_Z(z) = \iint\limits_{x+y\leqslant z} f(x,y)\mathrm{d}x\mathrm{d}y$

密度函数为 $f_Z(z) = \int_{-\infty}^{+\infty} f(z-y,y)\mathrm{d}y = \int_{-\infty}^{+\infty} f(x,z-x)\mathrm{d}x$

如果 X 与 Y 相互独立，则 $f(x,y) = f_X(x) \cdot f_Y(y)$

于是 $Z = X+Y$ 的密度函数为 $f_Z(z) = \int_{-\infty}^{+\infty} f_X(z-y) \cdot$

$f_Y(y)\mathrm{d}y = \int_{-\infty}^{+\infty} f_X(x)f_Y(z-x)\mathrm{d}x$

④ 两个随机变量商的分布

设 (X,Y) 的概率密度函数为 $f(x,y)$，则 $Z = \dfrac{X}{Y}$ 的分布

函数为：

$$F_Z(z) = \iint\limits_{x/y \leqslant z} f(x,y)\mathrm{d}x\mathrm{d}y,$$

密度函数为 $f_Z(z) = \int_{-\infty}^{+\infty} |x| f(xz,x)\mathrm{d}x$

当 X 与 Y 相互独立时，有 $f_Z(z) = \int_{-\infty}^{+\infty} |x| f_X(xz) \cdot f_Y(x)\mathrm{d}x$

⑤ 极值分布

设 X 和 Y 是两个相互独立的随机变量，它们的分布函数分别为 $F_X(x)$，$F_Y(y)$，则 $M = \max\{X,Y\}$，$N = \min\{X,Y\}$ 的分布函数分别为：

$F_M(z) = F_X(z)F_Y(z), F_N(z) = 1 - [1-F_X(z)][1-F_Y(z)]$

特别当 X 与 Y 相互独立且有相同的分布函数 $F(z)$ 时，有

$$F_M(z) = [F(z)]^2, \quad F_N(z) = 1 - [1-F(z)]^2.$$

推广到一般情形. 设 $X_1, X_2, \cdots, X_n$ 独立且具有相同的分布函数 $F(x)$ 和密度函数 $f(x)$，则 $M = \max\{X_1, X_2, \cdots, X_n\}$ 和 $N = \min\{X_1, X_2, \cdots, X_n\}$ 的分布函数分别为：$F_M(z) = [F(z)]^n, F_N(z) = 1 - [1-F(z)]^n$.

M 和 N 的密度函数分别为：$f_M(z) = n[F(z)]^{n-1} f(z)$，$f_N(z) = n[1-F(z)]^{n-1} f(z)$.

【例 10】 设二维随机变量 (X,Y) 的联合密度函数为：

$$f(x,y)=\begin{cases}8xy\mathrm{e}^{-x^2-2y^2}, & x\geqslant 0,y\geqslant 0;\\ 0, & \text{其他}.\end{cases}$$

（1）求边缘密度 $f_X(x)$，$f_Y(y)$；（2）问 X，Y 是否相互独立？

【解】（1）当 $x<0$ 时，虽然有 $f_X(x)=\displaystyle\int_{-\infty}^{+\infty}f(x,y)\mathrm{d}y=0$.

当 $x\geqslant 0$ 时，$f_X(y)=\displaystyle\int_{-\infty}^{+\infty}f(x,y)\mathrm{d}y=\int_0^{+\infty}8xy\mathrm{e}^{-x^2-2y^2}\mathrm{d}y=2x\mathrm{e}^{-x^2}$

故 $f_X(x)=\begin{cases}2x\mathrm{e}^{-x^2}, & x\geqslant 0\\ 0, & x<0\end{cases}$

同理，可得 $f_Y(y)=\begin{cases}4y\mathrm{e}^{-2y^2}, & y\geqslant 0\\ 0, & y<0\end{cases}$

（2）$\because\ f(x,y)=f_X(x)\cdot f_Y(y)$，$\therefore X$ 与 Y 相互独立.

【例 11】 设 $X\sim N(0,1)$，求 $Y=X^2$ 的密度函数.

【解】 $F_Y(y)=P\{Y\leqslant y\}=P\{X^2\leqslant y\}$

当 $y<0$ 时，"$X^2\leqslant y$" 是不可能事件，$P\{X^2\leqslant y\}=0$，得 $F_Y(y)=0$，因此 $f_Y(y)=0$.

当 $y\geqslant 0$ 时，$X^2\leqslant y$ 等价于 $-\sqrt{y}\leqslant X\leqslant\sqrt{y}$.

$\because X\sim N(0,1)$，$\therefore X$ 的密度函数 $\varphi(x)=\dfrac{1}{\sqrt{2\pi}}\mathrm{e}^{-\frac{x^2}{2}}$

$\therefore F_Y(y)=P\{-\sqrt{y}\leqslant x\leqslant\sqrt{y}\}=\displaystyle\int_{-\sqrt{y}}^{\sqrt{y}}\dfrac{1}{\sqrt{2\pi}}\mathrm{e}^{-\frac{x^2}{2}}\mathrm{d}x=2\int_0^{\sqrt{y}}\dfrac{1}{\sqrt{2\pi}}\mathrm{e}^{-\frac{x^2}{2}}\mathrm{d}x$

$\therefore f_Y(y)=F_Y'(y)=\dfrac{2}{\sqrt{2\pi}}\mathrm{e}^{-\frac{(\sqrt{y})^2}{2}}\cdot\dfrac{1}{2\sqrt{y}}=\dfrac{1}{\sqrt{2\pi}}y^{-\frac{1}{2}}\mathrm{e}^{-\frac{y}{2}}$

故 $f_Y(y)=\begin{cases}\dfrac{1}{\sqrt{2\pi}}y^{-\frac{1}{2}}\mathrm{e}^{-\frac{y}{2}}, & y>0\\ 0, & y\leqslant 0\end{cases}$

【**例 12**】 设 X 与 Y 相互独立，服从相同的分布 $N(0, 1)$，求 $Z=X+Y$ 的分布密度函数.

【**解**】 由题设知 (X, Y) 的联合分布密度为

$$\varphi(x, y) = \frac{1}{2\pi} e^{-\frac{x^2+y^2}{2}}$$

Z 的分布密度为

$$f_Z(z) = \int_{-\infty}^{+\infty} \varphi(x, z-x) \mathrm{d}x$$

$$= \int_{-\infty}^{+\infty} \frac{1}{2\pi} e^{-\frac{x^2+(z-x)^2}{2}} \mathrm{d}x = \frac{1}{2\pi} e^{-\frac{z^2}{4}} \int_{-\infty}^{+\infty} e^{-\left(x-\frac{z}{2}\right)^2} \mathrm{d}x$$

令 $x - \dfrac{z}{2} = \dfrac{t}{\sqrt{2}}$，得

$$f_Z(z) = \frac{1}{2\sqrt{\pi}} e^{-\frac{z^2}{4}} \int_{-\infty}^{+\infty} \frac{1}{\sqrt{2\pi}} e^{-\frac{t^2}{2}} \mathrm{d}t = \frac{1}{2\sqrt{\pi}} e^{-\frac{z^2}{4}} = \frac{1}{\sqrt{2\pi}\sqrt{2}} e^{-\frac{z^2}{2(\sqrt{2})^2}}$$

即 $Z \sim N(0, 2)$.

一般地，设 X, Y 相互独立，且 $X \sim N(\mu_1, \sigma_1^2)$，$Y \sim N(\mu_2, \sigma_2^2)$，则 $Z = X+Y \sim N(\mu_1+\mu_2, \sigma_1^2+\sigma_2^2)$. 这个结论还可推广到有限多个独立随机变量之和的情形.

即若 $X_i \sim N(\mu_i, \sigma_i^2)(i=1, 2, \cdots, n)$，且 $X_1, X_2, \cdots, X_n$ 相互独立，则它们的和 $Z = X_1 + X_2 + \cdots + X_n = \sum\limits_{i=1}^{n} X_i$ 仍服从正态分布，且有 $Z \sim N\left(\sum\limits_{i=1}^{n} \mu_i, \sum\limits_{i=1}^{n} \sigma_i^2\right)$.

【**例 13**】 设 X 与 Y 独立，且同服从正态分布 $N(0, 1)$，求 $Z = \dfrac{X}{Y}$ 的分布密度.

【**解**】 $f_Z(z) = \int_{-\infty}^{+\infty} \varphi_X(yz) \varphi_Y(y) \mid y \mid \mathrm{d}y$

$$= \int_{-\infty}^{+\infty} \frac{1}{\sqrt{2\pi}} e^{-\frac{(yz)^2}{2}} \cdot \frac{1}{\sqrt{2\pi}} e^{-\frac{y^2}{2}} \mid y \mid \mathrm{d}y$$

$$= \frac{1}{2\pi} \int_{-\infty}^{+\infty} e^{-\frac{y^2}{2}(1+z)^2} \mid y \mid \mathrm{d}y = \frac{1}{\pi} \int_{0}^{+\infty} y e^{-\frac{y^2}{2}(1+z^2)} \mathrm{d}y$$

$$= \frac{1}{\pi(1+z^2)}, -\infty < z < +\infty.$$

5. 随机变量的数学特征

（1）数学期望

数学期望是描述随机变量取值的平均水平的一个量.

① 离散型随机变量的数学期望

设离散型随机变量 X 的分布律为

X	x_1	x_2	$\cdots$	x_i	$\cdots$
p_i	p_1	p_2	$\cdots$	p_i	$\cdots$

若级数 $\displaystyle\sum_{i=1}^{\infty} x_i p_i$ 绝对收敛，则称 $\displaystyle\sum_{i=1}^{\infty} x_i p_i$ 为 X 的数学期望，记为 $E(X) = \displaystyle\sum_{i=1}^{\infty} x_i p_i$.

② 连续型随机变量的数学期望

设连续型随机变量 X 的概率密度为 $f(x)$，若广义积分 $\displaystyle\int_{-\infty}^{+\infty} x f(x) \mathrm{d}x$ 的绝对收敛，则称 $\displaystyle\int_{-\infty}^{+\infty} x f(x) \mathrm{d}x$ 为 X 的数学期望，记为 $E(X) = \displaystyle\int_{-\infty}^{+\infty} x f(x) \mathrm{d}x$.

③ 数学期望的性质

（a）$E(C) = C$（C 为常数）；

（b）$E(CX) = CE(X)$ （C 为常数）；

（c）$E(aX+b) = aE(X)+b$ （a，b 均为常数）；

（d）$E(X_1+X_2) = E(X_1)+E(X_2)$.

（2）方差

方差是描述随机变量取值分散程度的量.

① 随机变量 X 的方差为 $D(X) = E(X-EX)^2 = E(X)^2 - (E(X))^2$，随机变量 X 的标准差为 $\sqrt{D(X)}$.

② 离散型随机变量的方差 $D(X) = \sum\limits_{i=1}^{\infty} [x - E(X)]^2 p_i$.

③ 连续型随机变量的方差 $D(X) = \int_{-\infty}^{+\infty} [x - E(X)]^2 f(x) \mathrm{d}x$.

④ 方差的性质：

（a）$E(C) = 0$（C 为常数）；

（b）$D(CX) = C^2 D(X)$（C 为常数）；

（c）若 X_1，X_2，相互独立，则 $D(X_1 + X_2) = D(X_1) + D(X_2)$；

（d）$D(aX + b) = a^2 D(X)$（a，b 为常数）.

（3）随机变量函数的期望

离散型随机变量 X 的函数 $g(X)$ 的数学期望为：

$$E(g(X)) = \sum\limits_{i=1}^{\infty} g(x_i) p_i，假定级数是绝对收敛的.$$

连续型随机变量 X 的函数 $g(X)$ 的数学期望为：$E(g(X)) = \int_{-\infty}^{+\infty} g(x) f(x) \mathrm{d}x$.

（4）常见分布的数学期望与方差

① $X \sim B(1, p)$，$E(X) = p$，$D(X) = pq$，其中 $q = 1 - p$.

② $X \sim B(n, p)$，$E(X) = np$，$D(X) = npq$，其中 $q = 1 - p$.

③ $X \sim P(\lambda)$，$E(X) = \lambda$，$D(X) = \lambda$.

④ $X \sim U(a, b)$，$E(X) = \dfrac{a+b}{2}$，$D(X) = \dfrac{(b-a)^2}{12}$.

⑤ $X \sim N(\mu, \sigma^2)$，$E(X) = \mu$，$D(X) = \sigma^2$.

特别地，当 $X \sim N(0, 1)$ 时，$E(X) = 0$，$D(X) = 1$.

（5）协方差、相关系数、矩

协方差和相关系数是描述两个随机变量 X 与 Y 之间相互关系的数字特征.

① 协方差

$Cov(X, Y) = E\{[X - E(X)][Y - E(Y)]\} = E(XY) - E(X)E(Y)$.

② 相关系数 $\rho_{XY} = \dfrac{Cov(X,Y)}{\sqrt{D(X)} \cdot \sqrt{D(Y)}}$.

若 $\rho_{XY} = 0$，则称 X 与 Y 不相关.

③ 性质：

(a) $Cov(X,Y) = Cov(Y,X)$；

(b) $Cov(aX,bY) = abCov(X,Y)$（a，b 为常数）；

(c) $Cov(X+Y,Z) = Cov(X,Z) + Cov(Y,Z)$；

(d) $|\rho_{XY}| \leqslant 1$.

④ 矩

若 $E(X^k)$ 存在，则称 $E(X^k)$ 为随机变量 X 的 k 阶原点矩，简称 k 阶矩，$k = 1,2,\cdots$.

若 $E\{[X-E(X)]^k\}$ 存在，则称其为随机变量 X 的 k 阶中心矩，$k = 1,2,\cdots$.

若 $E(X^k Y^l)$ 存在，则称其为 X 与 Y 的 $k+l$ 阶混合原点矩，k，$l = 1,2,\cdots$.

若 $E\{[X-E(X)]^k [Y-E(Y)]^l\}$ 存在，则称其为 X 与 Y 的 $k+l$ 阶混合中心矩，$k,l = 1,2,\cdots$.

显然，数学期望 $E(X)$ 是一阶原点矩，方差 $D(X)$ 是二阶中心矩，协方差 $Cov(X,Y)$ 是 $1+1$ 阶混合中心矩.

（6）随机向量的数字特征

设 $X = (X_1,X_2,\cdots,X_p)^{\mathrm{T}}$，$Y = (Y_1,Y_2,\cdots,Y_q)^{\mathrm{T}}$ 是两个随机向量，则：

① X 的数学期望为 $E(X) = (E(X_1),E(X_2),\cdots,E(X_p))^{\mathrm{T}} = (\mu_1,\mu_2,\cdots,\mu_p)^{\mathrm{T}}$

② X 的协方差阵为

$$DX = E(X-EX)(X-EX)^{\mathrm{T}} =$$

$$\begin{pmatrix} D(X_1) & Cov(X_1,X_2) & \cdots & Cov(X_1,X_p) \\ Cov(X_2,X_1) & D(X_2) & \cdots & Cov(X_2,X_p) \\ \cdots & \cdots & \cdots & \\ Cov(X_p,X_1) & Cov(X_p,X_2) & \cdots & D(X_p) \end{pmatrix}$$

③ X 与 Y 的协方差阵为

$$Cov(X,Y) = E(X - E(X))(Y - E(Y))^T$$

$$= \begin{pmatrix} Cov(X_1,Y_1) & Cov(X_1,Y_2) & \cdots & Cov(X_1,Y_q) \\ Cov(X_2,Y_1) & Cov(X_2,Y_2) & \cdots & Cov(X_2,Y_q) \\ \cdots & \cdots & \cdots & \\ Cov(X_p,Y_1) & Cov(X_p,Y_2) & \cdots & Cov(X_p,Y_q) \end{pmatrix}$$

④ X 的相关矩阵为 $R = (\rho_{ij})_{p \times p}$

其中 $\rho_{ij} = \dfrac{Cov(X_i,Y_j)}{\sqrt{D(X_i)D(Y_j)}}, \quad i, j = 1, 2, \cdots, p$

⑤ 性质

$E(AX) = AE(X)$,

$E(AXB) = AE(X)B$,

$D(AX) = AD(X)A^T$,

$Cov(AX,BY) = ACov(X,Y)B^T$，其中 A, B 为两个常数矩阵.

【例 14】 设离散型随机变量 X 的分布律为

X	0	-1	2
p_i	0.6	0.3	0.1

试求 （1） $E(X)$；（2） $E(2X+3)$；（3） $E(|X|)$.

【解】 （1） $E(X) = 0 \times 0.6 + (-1) \times 0.3 + 2 \times 0.1 = -0.1$.

（2） $E(2X+3) = 2E(X) + 3 = 2 \times (-0.1) + 3 = 2.8$.

（3） $E(|X|) = 0 \times 0.6 + 1 \times 0.3 + 2 \times 0.1 = 0.5$.

【例 15】 设 X 与 Y 相互独立，$D(X) = 2$，$D(Y) = 4$，那么 $D(3X - 5Y) = ?$

【解】

$$D(3X - 5Y) = 3^2 D(X) + (-5)^2 D(Y) = 9D(X) + 25D(Y)$$
$$= 9 \times 2 + 25 \times 4 = 118$$

【例 16】 设随机变量 X 服从参数为 λ 的泊松分布，且 $P\{X = 0\} = e^{-2}$，试求 （1） 参数 λ；（2） $P(X \geqslant 1)$；（3） $E(X^2 + 2)$.

【解】　(1) 因为 X 服从参数为 λ 的泊松分布，所以 $P\{X=k\}=\dfrac{\lambda^k \mathrm{e}^{-\lambda}}{k!}$，$k=0,1,2,\cdots$，而 $P\{X=0\}=\mathrm{e}^{-\lambda}$，由题意得 $\mathrm{e}^{-\lambda}=\mathrm{e}^{-2}$，因此解得 $\lambda=2$.

(2) $P(X\geqslant 1)=1-P(X=0)=1-\mathrm{e}^{-2}$.

(3) $E(X^2+2)=E(X^2)+2=D(X)+(E(X))^2+2=2+2^2+2=8$.

【例 17】　设随机变量 X 的密度函数为 $f(x)=\begin{cases}3x^2 & 0\leqslant x\leqslant 1 \\ 0 & \text{其他}\end{cases}$，求 (1) $E(X)$；(2) $E(X^2)$；(3) $D(2X+1)$；

(4) $P\{|X|<0.1\}$.

【解】　(1) $E(X)=\displaystyle\int_{-\infty}^{+\infty} x f(x)\mathrm{d}x=\int_0^1 x\cdot 3x^2\,\mathrm{d}x=\int_0^1 3x^3\,\mathrm{d}x=\dfrac{3}{4}x^4\Big|_0^1=\dfrac{3}{4}$.

(2) $E(X^2)=\displaystyle\int_{-\infty}^{+\infty} x^2 f(x)\mathrm{d}x=\int_0^1 x^2\cdot 3x^2\,\mathrm{d}x=\int_0^1 3x^4\,\mathrm{d}x=\dfrac{3}{5}x^5\Big|_0^1=\dfrac{3}{5}$.

(3) 先求 $D(X)$，有两种方法

$$D(X)=\int_{-\infty}^{+\infty}(x-E(X))^2 f(x)\mathrm{d}x=\int_0^1\left(x-\frac{3}{4}\right)^2\cdot 3x^2\cdot\mathrm{d}x$$

$$=\int_0^1\left(3x^4-\frac{9}{2}x^3+\frac{27}{16}x^2\right)\mathrm{d}x=\frac{3}{80},$$

或 $D(X)=E(X^2)-(E(x))^2=\dfrac{3}{5}-\left(\dfrac{3}{4}\right)^2=\dfrac{3}{80}$，

这时 $D(2X+1)=D(2X)=2^2 D(X)=4\times\dfrac{3}{80}=\dfrac{3}{20}$.

(4) $P\{|X|<0.1\}=P\{-0.1<X<0.1\}=\displaystyle\int_{-0.1}^{0.1} f(x)\mathrm{d}x=\int_0^{0.1} 3x^2\,\mathrm{d}x=0.001$.

6. 大数定律与中心极限定理

（1）大数定律

大数定律描述当试验次数增多时，随机现象具有稳定性.

设 $X_1, X_2, \cdots, X_n$ 为一列随机变量，X 为随机变量，a 为常数，ε 为任意正数，

若 $P\{\lim\limits_{n \to \infty} X_n = X\} = 1$，称 X_n 以概率 1 收敛于 X，记作 $X_n \xrightarrow{a \cdot s \cdot} X$.

若 $P\{|X_n - X| \geqslant \varepsilon\} = 0$ 或 $P\{|X_n - X| < \varepsilon\} = 1$，称 X_n 依概率收敛于 X，记作 $X_n \xrightarrow{P} X$.

若 $P\{|X_n - a| \geqslant \varepsilon\} = 0$ 或 $P\{|X_n - a| < \varepsilon\} = 1$，称 X_n 依概率收敛于 a，记作 $X_n \xrightarrow{P} a$.

常见的大数定律如下.

① 切贝雪夫大数定律

设 $X_1, X_2, \cdots, X_n, \cdots$ 是一列相互独立的随机变量，并具有有限的数学期望和方差，则对于任意 $\varepsilon > 0$，有 $\lim\limits_{n \to \infty} P\left\{\left| \dfrac{1}{n} \sum\limits_{i=1}^{n} X_i - \dfrac{1}{n} \sum\limits_{i=1}^{n} EX_i \right| < \varepsilon\right\} = 1$

② 辛钦大数定律

设 $X_1, X_2, \cdots, X_n, \cdots$ 为一列独立同分布的随机变量，且 $EX_i = \mu$，则对于任意 $\varepsilon > 0$，有

$$\lim\limits_{n \to \infty} P\left\{\left| \frac{1}{n} \sum\limits_{i=1}^{n} X_i - \mu \right| < \varepsilon\right\} = 1, \quad 即 \frac{1}{n} \sum\limits_{i=1}^{n} X_i \xrightarrow{P} \mu.$$

③ 辛钦强大数定律

设 $X_1, X_2, \cdots, X_n, \cdots$ 为一列独立同分布的随机变量，则

$P\left\{\lim\limits_{n \to \infty} \dfrac{1}{n} \sum\limits_{i=1}^{n} X_i = \mu\right\} = 1$ 的充要条件是 EX_i 存在，且 $EX_i = \mu$.

④ 贝努里大数定律

设 m 是 n 次独立试验中事件 A 出现的次数，p 是事件 A

在每次试验中出现的概率，则对于任意的 $\varepsilon > 0$，有 $\lim\limits_{n \to \infty} P$

$\left\{ \left| \dfrac{m}{n} - p \right| < \varepsilon \right\} = 1$ 或 $\lim\limits_{n \to \infty} P \left\{ \left| \dfrac{m}{n} - p \right| \geqslant \varepsilon \right\} = 0.$

即 $\dfrac{m}{n} \xrightarrow{P} p$

⑤ 马尔可夫大数定律

设 $X_1, X_2, \cdots, X_n, \cdots$ 是一列随机变量，且 $\lim\limits_{n \to \infty} \dfrac{1}{n^2} D\left(\sum\limits_{i=1}^{n} X_i \right) = 0$，

则对于任意 $\varepsilon > 0$，有 $\lim\limits_{n \to \infty} P \left\{ \left| \dfrac{1}{n} \sum\limits_{i=1}^{n} X_i - \dfrac{1}{n} \sum\limits_{i=1}^{n} EX_i \right| < \varepsilon \right\} = 1$

（2）中心极限定理

中心极限定理是研究相互独立的随机变量序列 $\{X_n\}$ 的部

分和 $\sum\limits_{i=1}^{n} X_i$ 的分布在适当条件下收敛于正态分布的问题.

常用的中心极限定理有两个：

① 列维定理

设随机变量 $X_1, X_2, \cdots, X_n, \cdots$ 相互独立，服从同一分布，且
具有有限的数字期望和方差，$EX_i = \mu$，$DX_i = \sigma^2 \neq 0$ $(i = 1, 2, \cdots)$，
则对于任意 x，有

$$\lim\limits_{n \to \infty} P \left\{ \dfrac{\sum\limits_{i=1}^{n} X_i - n\mu}{\sqrt{n}\sigma} < x \right\} = \int_{-\infty}^{x} \dfrac{1}{\sqrt{2\pi}} \mathrm{e}^{-\frac{t^2}{2}} \mathrm{d}t.$$

从该定理可知，当 $n \to \infty$ 时，$\dfrac{\sum\limits_{i=1}^{n} X_i - n\mu}{\sqrt{n}\sigma} = \dfrac{\dfrac{1}{n} \sum\limits_{i=1}^{n} X_i - \mu}{\dfrac{\sigma}{\sqrt{n}}}$ 近

似服从 $N(0, 1)$.

② 德莫佛-拉普拉斯定理

设 m 表示 n 次独立重复试验中事件 A 出现的次数，p 是事
件 A 在每次试验中出现的概率，则对于任意区间 (a, b)，恒有

$$\lim_{n\to\infty}P\left\{a<\frac{m-np}{\sqrt{np(1-p)}}\leqslant b\right\}=\int_a^b\frac{1}{\sqrt{2\pi}}e^{-\frac{t^2}{2}}\,dt.$$

该定理说明，当 $n\to\infty$ 时 $\dfrac{m-np}{\sqrt{np(1-p)}}=\dfrac{\dfrac{m}{n}-p}{\sqrt{\dfrac{p(1-p)}{n}}}$ 似近服从

$N(0,1)$.

附录二 数理统计常用分布的概率密度函数

1. Γ 函数和 β 函数

（1）Γ 函数

定义 Γ 函数为：$\Gamma(\alpha) = \int_0^{+\infty} x^{\alpha-1} \mathrm{e}^{-x} \mathrm{d}x \quad (\alpha > 0)$

Γ 函数有递推公式 $\Gamma(\alpha+1) = \alpha\Gamma(\alpha) \quad (\alpha > 0)$

Γ 函数有几个特殊值：$\Gamma(1) = 1$，$\Gamma\left(\dfrac{1}{2}\right) = \sqrt{\pi}$，$\Gamma(n+1) = n!$（$n$ 为自然数）

（2）β 函数

定义 β 函数为：$B(p,q) = \int_0^1 x^{p-1}(1-x)^{q-1} \mathrm{d}x$

β 函数与 Γ 函数之间有如下关系：$B(p,q) = B(q,p) = \dfrac{\Gamma(p)\Gamma(q)}{\Gamma(p+q)}$

2. χ^2 分布的概率密度函数

定理 1 设随机变量 $X_1, X_2, \cdots, X_n$ 是独立同分布的，且 $X_i \sim N(0,1)$，$i = 1, 2, \cdots, n$. $\chi^2 = X_1^2 + X_2^2 + \cdots + X_n^2 \sim \chi^2(n)$，则 χ^2 分布的概率密度函数为：

$$f(x) = \begin{cases} \dfrac{1}{2^{\frac{n}{2}} \Gamma\left(\dfrac{n}{2}\right)} x^{\frac{n}{2}-1} \mathrm{e}^{-\frac{x}{2}}, & x > 0 \\ \\ 0, & x \leqslant 0 \end{cases}$$

证明 用数学归纳法. （1）当 $n = 1$ 时，$\chi^2 = X_1^2$，它的分布函数为：

$$F(x) = P\{X_1^2 \leqslant x\}$$

当 $x < 0$ 时，虽然 $F(x) = 0$，因此 $f(x) = F'(x) = 0$；

当 $x \geqslant 0$ 时，$X_1^2 \leqslant x$ 等价于 $-\sqrt{x} \leqslant X_1 \leqslant \sqrt{x}$，

$\because$　$X_1 \sim N(0, 1)$　$\therefore$　X_1 的密度函数为 $\varphi(x) = \dfrac{1}{\sqrt{2\pi}} e^{-\frac{x^2}{2}}$

$\therefore$　$F(x) = P\{X_1^2 \leqslant x\} = P\{-\sqrt{x} \leqslant x_1 \leqslant \sqrt{x}\}$

$\qquad = \displaystyle\int_{-\sqrt{x}}^{\sqrt{x}} \dfrac{1}{\sqrt{2\pi}} e^{-\frac{t^2}{2}} \mathrm{d}t = 2\int_0^{\sqrt{x}} \dfrac{1}{\sqrt{2\pi}} e^{-\frac{t^2}{2}} \mathrm{d}t$

$\therefore$　当 $x > 0$ 时，$f(x) = F'(x) = 2 \cdot \dfrac{1}{\sqrt{2\pi}} e^{-\frac{(\sqrt{x})^2}{2}} \cdot \dfrac{1}{2\sqrt{x}} =$

$\dfrac{1}{\sqrt{2\pi}} x^{-\frac{1}{2}} e^{-\frac{x}{2}}$

注意到 $\Gamma\left(\dfrac{1}{2}\right) = \sqrt{\pi}$，有

$$f(x) = \begin{cases} \dfrac{1}{2^{\frac{1}{2}} \Gamma\left(\dfrac{1}{2}\right)} x^{\frac{1}{2}-1} e^{-\frac{x}{2}}, & x > 0 \\[3mm] 0, & x \leqslant 0 \end{cases}$$

（2）设 $Y = X_1^2 + X_2^2 + \cdots + X_{n-1}^2 \sim \chi^2(n-1)$ 时，它的密度函数为

$$f_Y(y) = \begin{cases} \dfrac{1}{2^{\frac{n-1}{2}} \Gamma\left(\dfrac{n-1}{2}\right)} y^{\frac{n-1}{2}-1} e^{-\frac{y}{2}}, & y > 0 \\[3mm] 0, & y \leqslant 0 \end{cases}$$

令 $Z = X_n^2$，则 $\chi^2 = X_1^2 + X_2^2 + \cdots + X_{n-1}^2 + X_n^2 = Y + Z$，且 Y 与 Z 独立. 显然，Z 的密度函数为

$$f_Z(z) = \begin{cases} \dfrac{1}{2^{\frac{1}{2}} \Gamma\left(\dfrac{1}{2}\right)} z^{\frac{1}{2}-1} e^{-\frac{z}{2}}, & z > 0 \\[3mm] 0, & z \leqslant 0 \end{cases}$$

利用两个独立随机变量和的密度公式可知，对于 $x > 0$，$\chi^2 = \displaystyle\sum_{i=1}^n X_i^2 = Y + Z$ 的密度函数为

$$f(x) = \int_{-\infty}^{+\infty} f_Y(y) \cdot f_Z(x-y)\mathrm{d}y$$

$$= \int_0^x \frac{1}{2^{\frac{n-1}{2}}\Gamma\left(\frac{n-1}{2}\right)} y^{\frac{n-1}{2}-1} \mathrm{e}^{-\frac{y}{2}} \cdot \frac{1}{2^{\frac{1}{2}}\Gamma\left(\frac{1}{2}\right)}(x-y)^{-\frac{1}{2}}\mathrm{e}^{-\frac{x-y}{2}}\mathrm{d}y$$

$$= \frac{1}{2^{\frac{n}{2}}\Gamma\left(\frac{n-1}{2}\right)\Gamma\left(\frac{n}{2}\right)}\mathrm{e}^{-\frac{x}{2}}\int_0^x y^{\frac{n-1}{2}-1}(x-y)^{-\frac{1}{2}}\mathrm{d}y$$

$$\overset{\diamondsuit z=\frac{y}{x}}{=} \frac{1}{2^{\frac{n}{2}}\Gamma\left(\frac{n-1}{2}\right)\Gamma\left(\frac{1}{2}\right)}\mathrm{e}^{-\frac{x}{2}}\int_0^1 x^{\frac{n}{2}-1}z^{\frac{n-1}{2}-1}(1-z)^{-\frac{1}{2}}\mathrm{d}z$$

$$= \frac{1}{2^{\frac{n}{2}}\Gamma\left(\frac{n-1}{2}\right)\Gamma\left(\frac{1}{2}\right)}x^{\frac{n}{2}-1}\mathrm{e}^{-\frac{x}{2}}B\left(\frac{n-1}{2},\frac{1}{2}\right)$$

$$= \frac{1}{2^{\frac{n}{2}}\Gamma\left(\frac{n-1}{2}\right)\Gamma\left(\frac{1}{2}\right)}x^{\frac{n}{2}-1}\mathrm{e}^{-\frac{x}{2}} \cdot \frac{\Gamma\left(\frac{n-1}{2}\right)\Gamma\left(\frac{1}{2}\right)}{\Gamma\left(\frac{n-1}{2}+\frac{1}{2}\right)}$$

$$= \frac{1}{2^{\frac{n}{2}}\Gamma\left(\frac{n}{2}\right)}x^{\frac{n}{2}-1}\mathrm{e}^{-\frac{x}{2}}$$

故有 $\chi^2 = \sum_{i=1}^n X_i^2$ 的密度函数为：

$$f(x) = \begin{cases} \dfrac{1}{2^{\frac{n}{2}}\Gamma\left(\dfrac{n}{2}\right)}x^{\frac{n}{2}-1}\mathrm{e}^{-\frac{x}{2}}, & x>0 \\ 0, & x\leqslant 0 \end{cases}$$

3. t 分布的概率密度函数

定理 2　设 $X \sim N(0,1)$，$Y \sim \chi^2(n)$，且 X 与 Y 相互独立，记 $T = \dfrac{X}{\sqrt{Y/n}} \sim t(n)$ 则，T 的概率密度函数为：

$$f(x) = \frac{\Gamma\left(\frac{n+1}{2}\right)}{\sqrt{n\pi}\Gamma\left(\frac{n}{2}\right)}\left(1+\frac{x^2}{n}\right)^{-\frac{n+1}{2}}, -\infty < x < +\infty$$

证明 令 $Z = \sqrt{\dfrac{Y}{n}}$，先求 Z 的密度函数 $f_Z(z)$.

由于 Z 取非负值，所以当 $z \leqslant 0$ 时，$f_Z(z) = 0$

当 $z > 0$ 时，Z 的分布函数为

$$F_Z(z) = P\{Z \leqslant z\} = P\left\{\sqrt{\dfrac{Y}{n}} \leqslant z\right\} = P\{Y \leqslant nz^2\} = F_Y(nz^2)$$

则 Z 的密度函数为：

$$f_Z(z) = F_Z'(z) = F_Y'(nz^2) \cdot 2nz = f_Y(nz^2) \cdot 2nz$$

$$= \frac{1}{2^{\frac{n}{2}-1}\Gamma\left(\dfrac{n}{2}\right)} n^{\frac{n}{2}} z^{n-1} \mathrm{e}^{-\frac{nz^2}{2}}$$

再利用独立随机变量商的密度公式可得 $T = \dfrac{X}{Z}$ 的密度函数为：

$$f(x) = \int_{-\infty}^{+\infty} |z| f_X(zx) f_Z(z) \mathrm{d}z$$

$$= \int_0^{+\infty} z \cdot \frac{1}{\sqrt{2\pi}} \mathrm{e}^{-\frac{z^2 x^2}{2}} \frac{1}{2^{\frac{n}{2}-1}\Gamma\left(\dfrac{n}{2}\right)} \cdot n^{\frac{n}{2}} z^{n-1} \mathrm{e}^{-\frac{nz^2}{2}} \mathrm{d}z$$

$$= \frac{n^{\frac{n}{2}}}{\sqrt{\pi} 2^{\frac{n-1}{2}}\Gamma\left(\dfrac{n}{2}\right)} \int_0^{+\infty} z^n \mathrm{e}^{-\frac{n+x^2}{2}z^2} \mathrm{d}z$$

$$\overset{\diamond t = \frac{n+x^2}{2}z^2}{=} \frac{1}{\sqrt{n\pi}\Gamma\left(\dfrac{n}{2}\right)\left(1+\dfrac{x^2}{n}\right)^{\frac{n+1}{2}}} \int_0^{+\infty} t^{\frac{n+1}{2}-1} \mathrm{e}^{-t} \mathrm{d}t$$

$$= \frac{\Gamma\left(\dfrac{n+1}{2}\right)}{\sqrt{n\pi}\Gamma\left(\dfrac{n}{2}\right)}\left(1+\dfrac{x^2}{n}\right)^{-\frac{n+1}{2}}$$

4. F 分布的概率密度函数

定理 3 设 $X \sim \chi^2(n_1)$，$Y \sim \chi^2(n_2)$，且 X 与 Y 相互独立，

记 $F = \dfrac{X/n_1}{Y/n_2} \sim F(n_1, n_2)$

则 F 分布的概率密度函数为：

$$f(x) = \begin{cases} \dfrac{\Gamma\left(\dfrac{n_1+n_2}{2}\right)}{\Gamma\left(\dfrac{n_1}{2}\right)\Gamma\left(\dfrac{n_2}{2}\right)} \cdot \dfrac{n_1}{n_2}\left(\dfrac{n_1}{n_2}x\right)^{\frac{n_1}{2}-1}\left(1+\dfrac{n_1}{n_2}x\right)^{-\frac{n_1+n_2}{2}}, & x>0 \\ 0, & x\leqslant 0 \end{cases}$$

证明　先求 $Z=\dfrac{X}{n_1}$ 的密度函数.

当 $z>0$ 时，Z 的分布函数为

$$F_Z(z)=P\{Z\leqslant z\}=P\left\{\frac{X}{n_1}\leqslant z\right\}=P\{X\leqslant n_1 z\}=F_X(n_1 z)$$

$\therefore$　Z 的密度函数为 $f_Z(z)=F'_X(n_1 z)\cdot n_1=n_1 f_X(n_1 z)$

$z\leqslant 0$ 时，虽然 $f_Z(z)=0$

$\therefore$　Z 的密度函数为

$$f_Z(z) = \begin{cases} \dfrac{n_1}{2^{\frac{n_1}{2}}\Gamma\left(\dfrac{n_1}{2}\right)}(n_1 z)^{\frac{n_1}{2}-1}\mathrm{e}^{-\frac{n_1 z}{2}}, & z>0 \\ 0, & z\leqslant 0 \end{cases}$$

同理可知 $W=\dfrac{Y}{n_2}$ 的密度函数为

$$f_W(w) = \begin{cases} \dfrac{n_2}{2^{\frac{n_2}{2}}\Gamma\left(\dfrac{n_2}{2}\right)}(n_2 w)^{\frac{n_2}{2}-1}\mathrm{e}^{-\frac{n_2 w}{2}}, & w>0 \\ 0, & w\leqslant 0 \end{cases}$$

利用两个独立随机变量商的密度可得 $F=\dfrac{Z}{W}$ 的密度函数为：

$$f(x)=\int_{-\infty}^{+\infty}|y|\,f_Z(xy)f_W(y)\mathrm{d}y$$

$$= \begin{cases} \dfrac{\left(\dfrac{n_1}{2}\right)^{\frac{n_1}{2}}\left(\dfrac{n_2}{2}\right)^{\frac{n_2}{2}}}{\Gamma\left(\dfrac{n_1}{2}\right)\Gamma\left(\dfrac{n_2}{2}\right)}x^{\frac{n_1}{2}-1}\displaystyle\int_0^{+\infty}y^{\frac{n_1+n_2}{2}-1}\mathrm{e}^{-\left(\frac{n_2+n_1 x}{2}\right)y}\mathrm{d}y, & x>0 \\ 0, & x\leqslant 0. \end{cases}$$

$$\overset{\diamondsuit\left(\frac{n_2+n_1x}{2}\right)y=t}{=}\begin{cases}\dfrac{\left(\dfrac{n_1}{2}\right)^{\frac{n_1}{2}}\left(\dfrac{n_2}{2}\right)^{\frac{n_2}{2}}}{\Gamma\left(\dfrac{n_1}{2}\right)\Gamma\left(\dfrac{n_2}{2}\right)}x^{\frac{n_1}{2}-1}\left(\dfrac{2}{n_2+n_1x}\right)^{\frac{n_1+n_2}{2}}\displaystyle\int_0^{+\infty}t^{\frac{n_1+n_2}{2}-1}\mathrm{e}^{-t}\mathrm{d}t, & x>0\\[4mm] 0, & x\leqslant 0\end{cases}$$

$$=\begin{cases}\dfrac{\left(\dfrac{n_1}{2}\right)^{\frac{n_1}{2}}\left(\dfrac{n_2}{2}\right)^{\frac{n_2}{2}}}{\Gamma\left(\dfrac{n_1}{2}\right)\Gamma\left(\dfrac{n_2}{2}\right)}x^{\frac{n_1}{2}-1}\left(\dfrac{2}{n_2+n_1x}\right)^{\frac{n_1+n_2}{2}}\Gamma\left(\dfrac{n_1+n_2}{2}\right), & x>0\\[4mm] 0, & x\leqslant 0\end{cases}$$

$$=\begin{cases}\dfrac{\Gamma\left(\dfrac{n_1+n_2}{2}\right)}{\Gamma\left(\dfrac{n_1}{2}\right)\Gamma\left(\dfrac{n_2}{2}\right)}\dfrac{n_1}{n_2}\left(\dfrac{n_1}{n_2}x\right)^{\frac{n_1}{2}-1}\left(1+\dfrac{n_1}{n_2}x\right)^{-\frac{n_1+n_2}{2}}, & x>0\\[4mm] 0, & x\leqslant 0\end{cases}$$

附录三　常用统计表

附表1　标准正态分布表

$$\Phi(z) = \int_{-\infty}^{z} \frac{1}{\sqrt{2\pi}} e^{-u^2/2} du = P(Z \leqslant z)$$

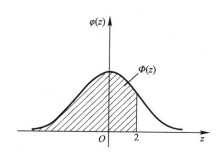

z	0	1	2	3	4	5	6	7	8	9
-3.0	0.0013	0.0010	0.0007	0.0005	0.0003	0.0002	0.0002	0.0001	0.0001	0.0000
-2.9	0.0019	0.0018	0.0017	0.0017	0.0016	0.0016	0.0015	0.0015	0.0014	0.0014
-2.8	0.0026	0.0025	0.0024	0.0023	0.0023	0.0022	0.0021	0.0021	0.0020	0.0019
-2.7	0.0035	0.0034	0.0033	0.0032	0.0031	0.0030	0.0029	0.0028	0.0027	0.0026
-2.6	0.0047	0.0045	0.0044	0.0043	0.0041	0.0040	0.0039	0.0038	0.0037	0.0036
-2.5	0.0062	0.0060	0.0059	0.0057	0.0055	0.0054	0.0052	0.0051	0.0049	0.0048
-2.4	0.0082	0.0080	0.0078	0.0075	0.0073	0.0071	0.0069	0.0068	0.0066	0.0064
-2.3	0.0107	0.0104	0.0102	0.0099	0.0096	0.0094	0.0091	0.0089	0.0087	0.0084
-2.2	0.0139	0.0136	0.0132	0.0129	0.0126	0.0122	0.0119	0.0116	0.0113	0.0110
-2.1	0.0179	0.0174	0.0170	0.0166	0.0162	0.0158	0.0154	0.0150	0.0146	0.0143
-2.0	0.0228	0.0222	0.0217	0.0212	0.0207	0.0202	0.0197	0.0192	0.0188	0.0183

z	0	1	2	3	4	5	6	7	8	9
−1.9	0.0287	0.0281	0.0274	0.0268	0.0262	0.0256	0.0250	0.0244	0.0238	0.0233
−1.8	0.0359	0.0352	0.0344	0.0336	0.0329	0.0322	0.0314	0.0307	0.0300	0.0294
−1.7	0.0446	0.0436	0.0427	0.0418	0.0409	0.0401	0.0392	0.0384	0.0375	0.0367
−1.6	0.0548	0.0537	0.0526	0.0516	0.0505	0.0495	0.0485	0.0475	0.0465	0.0455
−1.5	0.0668	0.0655	0.0643	0.0630	0.0618	0.0606	0.0594	0.0582	0.0570	0.0559
−1.4	0.0808	0.0793	0.0778	0.0764	0.0749	0.0735	0.0722	0.0708	0.0694	0.0681
−1.3	0.0968	0.0951	0.0934	0.0918	0.0901	0.0885	0.0869	0.0853	0.0838	0.0823
−1.2	0.1151	0.1131	0.1112	0.1093	0.1075	0.1056	0.1038	0.1020	0.1003	0.0985
−1.1	0.1357	0.1335	0.1314	0.1292	0.1271	0.1251	0.1230	0.1210	0.1190	0.1170
−1.0	0.1587	0.1562	0.1539	0.1515	0.1492	0.1469	0.1446	0.1423	0.1401	0.1379
−0.9	0.1841	0.1814	0.1788	0.1762	0.1736	0.1711	0.1685	0.1660	0.1635	0.1611
−0.8	0.2119	0.2090	0.2061	0.2033	0.2005	0.1977	0.1949	0.1922	0.1894	0.1867
−0.7	0.2420	0.2389	0.2358	0.2327	0.2297	0.2266	0.2236	0.2206	0.2177	0.2148
−0.6	0.2743	0.2709	0.2676	0.2643	0.2611	0.2578	0.2546	0.2514	0.2483	0.2451
−0.5	0.3085	0.3050	0.3015	0.2981	0.2946	0.2912	0.2877	0.2843	0.2810	0.2776
−0.4	0.3446	0.3409	0.3372	0.3336	0.3300	0.3264	0.3228	0.3192	0.3156	0.3121
−0.3	0.3821	0.3783	0.3745	0.3707	0.3669	0.3632	0.3594	0.3557	0.3520	0.3483
−0.2	0.4207	0.4168	0.4129	0.4090	0.4052	0.4013	0.3974	0.3936	0.3897	0.3859
−0.1	0.4602	0.4562	0.4522	0.4483	0.4443	0.4404	0.4364	0.4325	0.4286	0.4247
−0.0	0.5000	0.4960	0.4920	0.4880	0.4840	0.4801	0.4761	0.4721	0.4681	0.4641
0.0	0.5000	0.5040	0.5080	0.5120	0.5160	0.5199	0.5239	0.5279	0.5319	0.5359
0.1	0.5398	0.5438	0.5478	0.5517	0.5557	0.5596	0.5636	0.5675	0.5714	0.5753
0.2	0.5793	0.5832	0.5871	0.5910	0.5948	0.5987	0.6026	0.6064	0.6103	0.6141
0.3	0.6179	0.6217	0.6255	0.6293	0.6331	0.6368	0.6406	0.6443	0.6480	0.6517
0.4	0.6554	0.6591	0.6628	0.6664	0.6700	0.6736	0.6772	0.6808	0.6844	0.6879
0.5	0.6915	0.6950	0.6985	0.7019	0.7054	0.7088	0.7123	0.7157	0.7190	0.7224
0.6	0.7257	0.7291	0.7324	0.7357	0.7389	0.7422	0.7454	0.7486	0.7517	0.7549
0.7	0.7580	0.7611	0.7642	0.7673	0.7703	0.7734	0.7764	0.7794	0.7823	0.7852
0.8	0.7881	0.7910	0.7939	0.7967	0.7995	0.8023	0.8051	0.8078	0.8106	0.8133
0.9	0.8159	0.8186	0.8212	0.8238	0.8264	0.8289	0.8315	0.8340	0.8365	0.8389
1.0	0.8413	0.8438	0.8461	0.8485	0.8508	0.8531	0.8554	0.8577	0.8599	0.8620
1.1	0.8643	0.8665	0.8686	0.8708	0.8729	0.8749	0.8770	0.8790	0.8810	0.8831

续表

z	0	1	2	3	4	5	6	7	8	9
1.2	0.8849	0.8869	0.8888	0.8907	0.8925	0.8944	0.8962	0.8980	0.8997	0.9015
1.3	0.9032	0.9049	0.9066	0.9082	0.9099	0.9115	0.9131	0.9147	0.9162	0.9177
1.4	0.9192	0.9207	0.9222	0.9236	0.9251	0.9265	0.9278	0.9292	0.9306	0.9319
1.5	0.9332	0.9345	0.9357	0.9370	0.9382	0.9394	0.9406	0.9418	0.9430	0.9441
1.6	0.9452	0.9463	0.9474	0.9484	0.9495	0.9505	0.9515	0.9525	0.9535	0.9545
1.7	0.9554	0.9564	0.9573	0.9582	0.9591	0.9599	0.9608	0.9616	0.9625	0.9633
1.8	0.9641	0.9648	0.9656	0.9664	0.9671	0.9678	0.9686	0.9693	0.9700	0.9706
1.9	0.9713	0.9719	0.9726	0.9732	0.9738	0.9744	0.9750	0.9756	0.9762	0.9767
2.0	0.9772	0.9778	0.9783	0.9788	0.9793	0.9798	0.9803	0.9808	0.9812	0.9817
2.1	0.9821	0.9826	0.9830	0.9834	0.9838	0.9842	0.9846	0.9850	0.9854	0.9857
2.2	0.9861	0.9864	0.9868	0.9871	0.9874	0.9878	0.9881	0.9884	0.9887	0.9890
2.3	0.9893	0.9896	0.9898	0.9901	0.9904	0.9906	0.9909	0.9911	0.9913	0.9916
2.4	0.9918	0.9920	0.9922	0.9925	0.9927	0.9929	0.9931	0.9932	0.9934	0.9936
2.5	0.9938	0.9940	0.9941	0.9943	0.9945	0.9946	0.9948	0.9949	0.9951	0.9952
2.6	0.9953	0.9955	0.9956	0.9957	0.9959	0.9960	0.9961	0.9962	0.9963	0.9964
2.7	0.9965	0.9966	0.9967	0.9968	0.9969	0.9970	0.9971	0.9972	0.9973	0.9974
2.8	0.9974	0.9975	0.9976	0.9977	0.9977	0.9978	0.9979	0.9979	0.9980	0.9981
2.9	0.9981	0.9982	0.9982	0.9983	0.9984	0.9984	0.9985	0.9985	0.9986	0.9986
3.0	0.9987	0.9990	0.9993	0.9995	0.9997	0.9998	0.9998	0.9999	0.9999	1.0000

附表 2 χ^2 分布上侧分位数表

$$P\{\chi^2(n) > \chi^2_\alpha(n)\} = \alpha$$

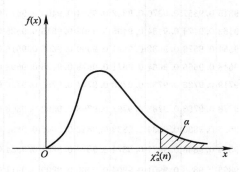

n	$\alpha=0.995$	0.99	0.975	0.95	0.90	0.75
1	—	—	0.001	0.004	0.016	0.102
2	0.010	0.020	0.051	0.103	0.211	0.575
3	0.072	0.115	0.216	0.352	0.584	1.213
4	0.207	0.297	0.484	0.711	1.064	1.923
5	0.412	0.554	0.831	1.145	1.610	2.675
6	0.676	0.872	1.237	1.635	2.204	3.455
7	0.989	1.239	1.690	2.167	2.833	4.255
8	1.344	1.646	2.180	2.733	3.490	5.071
9	1.735	2.088	2.700	3.325	4.168	5.899
10	2.156	2.558	3.247	3.940	4.865	6.737
11	2.603	3.053	3.816	4.575	5.578	7.584
12	3.074	3.571	4.404	5.226	6.304	8.438
13	3.565	4.107	5.009	5.892	7.042	9.299
14	4.075	4.660	5.629	6.571	7.790	10.165

n	$\alpha=0.995$	0.99	0.975	0.95	0.90	0.75
15	4.601	5.229	6.262	7.261	8.547	11.037
16	5.142	5.812	6.908	7.962	9.312	11.912
17	5.697	6.408	7.564	8.672	10.085	12.792
18	6.265	7.015	8.231	9.390	10.865	13.675
19	6.844	7.633	8.907	10.117	11.651	14.652
20	7.434	8.260	9.591	10.851	12.443	15.452
21	8.034	8.897	10.283	11.591	13.240	16.344
22	8.643	9.542	10.982	12.338	14.042	17.240
23	9.260	10.196	11.689	13.091	14.848	18.137
24	9.886	10.856	12.401	13.848	15.659	19.037
25	10.520	11.524	13.120	14.611	16.473	19.939
26	11.160	12.198	13.844	15.379	17.292	20.843
27	11.808	12.879	14.573	16.151	18.114	21.749
28	12.461	13.565	15.308	16.928	18.939	22.657
29	13.121	14.257	16.047	17.708	19.768	23.567
30	13.787	14.954	16.791	18.493	20.599	24.478
31	14.458	15.655	17.539	19.281	21.434	25.390
32	15.134	16.362	18.291	20.072	22.271	26.304
33	15.815	17.074	19.047	20.867	23.110	27.219
34	16.501	17.789	19.806	21.664	23.952	28.136
35	17.192	18.509	20.569	22.465	24.797	29.054
36	17.887	19.233	21.336	23.269	25.643	29.973
37	18.586	19.960	22.106	24.075	26.492	30.893
38	19.289	20.691	22.878	24.884	27.343	31.815
39	19.996	21.426	23.654	25.695	28.196	32.737
40	20.707	22.164	24.433	26.509	29.051	33.660

续表

n	$\alpha=0.995$	0.99	0.975	0.95	0.90	0.75
41	21.421	22.906	25.215	27.326	29.907	34.585
42	22.138	23.650	25.999	28.144	30.765	35.510
43	22.859	24.398	26.785	28.965	31.625	36.436
44	23.584	25.148	27.575	29.787	32.487	37.363
45	24.311	25.901	28.366	30.612	33.350	38.291
n	$\alpha=0.25$	0.10	0.05	0.025	0.01	0.005
1	1.323	2.706	3.841	5.024	6.635	7.879
2	2.773	4.605	5.991	7.378	9.210	10.597
3	4.108	6.251	7.815	9.348	11.345	12.838
4	5.385	7.779	9.488	11.143	13.277	14.860
5	6.626	9.236	11.071	12.833	15.086	16.750
6	7.841	10.645	12.592	14.449	16.812	18.548
7	9.037	12.017	14.067	16.013	18.475	20.278
8	10.219	13.362	15.507	17.535	20.090	21.955
9	11.389	14.684	16.919	19.023	21.666	23.589
10	12.549	15.987	18.307	20.483	23.209	25.188
11	13.701	17.275	19.675	21.920	24.725	26.757
12	14.845	18.549	21.026	23.337	26.217	28.299
13	15.984	19.812	22.362	24.736	27.688	29.819
14	17.117	21.004	23.685	26.119	29.141	31.319
15	18.245	22.307	24.996	27.488	30.578	32.801
16	19.369	23.542	26.296	28.845	32.000	34.267
17	20.489	24.769	27.587	30.191	33.409	35.718
18	21.605	25.989	28.869	31.526	34.805	37.156
19	22.718	27.204	30.144	32.852	36.191	38.582
20	23.828	28.412	31.410	34.170	37.566	39.997

n	$\alpha=0.25$	0.10	0.05	0.025	0.01	0.005
21	24.935	29.615	32.671	35.479	38.932	41.401
22	26.039	30.813	33.924	36.781	40.289	42.796
23	27.141	32.007	35.172	38.076	41.638	44.181
24	28.241	33.196	36.415	39.364	42.980	45.559
25	29.339	34.382	37.652	40.646	44.314	46.928
26	30.435	35.563	38.885	41.923	45.642	48.290
27	31.528	36.741	40.113	43.194	46.963	49.645
28	32.620	37.916	41.337	44.461	48.278	50.993
29	33.711	39.087	42.557	45.722	49.588	52.336
30	34.800	40.256	43.773	46.979	50.892	53.672
31	35.887	41.422	44.985	48.232	52.191	55.003
32	36.973	42.585	46.194	49.480	53.486	56.328
33	38.058	43.745	47.400	50.725	54.776	57.648
34	39.141	44.903	48.602	51.966	56.061	58.964
35	40.223	46.059	49.802	53.203	57.342	60.275
36	41.304	47.212	50.998	54.437	58.619	61.581
37	42.383	48.363	52.192	55.668	59.892	62.883
38	43.462	49.513	53.384	56.896	61.162	64.181
39	44.539	50.660	54.572	58.120	62.428	65.476
40	45.616	51.805	55.758	59.342	63.691	66.766
41	46.692	52.949	56.942	60.561	64.950	68.053
42	47.766	54.090	58.124	61.777	66.206	69.336
43	48.840	55.230	59.304	62.990	67.459	70.616
44	49.913	56.369	60.481	64.201	68.710	71.893
45	50.985	57.505	61.656	65.410	69.957	73.166

附表3 t分布上侧分位数表

$$P\{t(n) > t_a(n)\} = \alpha$$

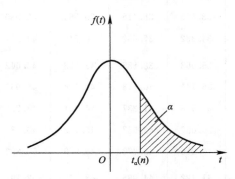

n	$\alpha=0.25$	0.10	0.05	0.025	0.01	0.005
1	1.0000	3.0777	6.3138	12.7062	31.8207	63.6574
2	0.8165	1.8856	2.9200	4.3027	6.9646	9.9248
3	0.7649	1.6377	2.3534	3.1824	4.5407	5.8409
4	0.7407	1.5332	2.1318	2.7764	3.7469	4.6041
5	0.7267	1.4759	2.0150	2.5706	3.3647	4.0322
6	0.7176	1.4398	1.9432	2.4469	3.1427	3.7074
7	0.7111	1.4149	1.8946	2.3646	2.9980	3.4995
8	0.7064	1.3968	1.8595	2.3060	2.8965	3.3554
9	0.7027	1.3830	1.8331	2.2622	2.8214	3.2498
10	0.6998	1.3722	1.8125	2.2281	2.7638	3.1693
11	0.6974	1.3634	1.7959	2.2010	2.7181	3.1058
12	0.6955	1.3562	1.7823	2.1788	2.6810	3.0545
13	0.6938	1.3502	1.7709	2.1604	2.6503	3.0123
14	0.6924	1.3450	1.7613	2.1448	2.6245	2.9768
15	0.6912	1.3406	1.7531	2.1315	2.6025	2.9467
16	0.6901	1.3368	1.7459	2.1199	2.5835	2.9208

n	$\alpha=0.25$	0.10	0.05	0.025	0.01	0.005
17	0.6892	1.3334	1.7396	2.1098	2.5669	2.8982
18	0.6884	1.3304	1.7341	2.1009	2.5524	2.8784
19	0.6876	1.3277	1.7291	2.0930	2.5395	2.8609
20	0.6870	1.3253	1.7247	2.0860	2.5280	2.8453
21	0.6864	1.3232	1.7207	2.0796	2.5177	2.8314
22	0.6858	1.3212	1.7171	2.0739	2.5083	2.8188
23	0.6853	1.3195	1.7139	2.0687	2.4999	2.8073
24	0.6848	1.3178	1.7109	2.0639	2.4922	2.7969
25	0.6844	1.3163	1.7081	2.0595	2.4851	2.7874
26	0.6840	1.3150	1.7056	2.0555	2.4786	2.7787
27	0.6837	1.3137	1.7033	2.0518	2.4727	2.7707
28	0.6834	1.3125	1.7011	2.0484	2.4671	2.7633
29	0.6830	1.3114	1.6991	2.0452	2.4620	2.7564
30	0.6828	1.3104	1.6973	2.0423	2.4573	2.7500
31	0.6825	1.3095	1.6955	2.0395	2.4528	2.7440
32	0.6822	1.3086	1.6939	2.0369	2.4487	2.7385
33	0.6820	1.3077	1.6924	2.0345	2.4448	2.7333
34	0.6818	1.3070	1.6909	2.0322	2.4411	2.7284
35	0.6816	1.3062	1.6896	2.0301	2.4377	2.7238
36	0.6814	1.3055	1.6883	2.0281	2.4345	2.7195
37	0.6812	1.3049	1.6871	2.0262	2.4314	2.7154
38	0.6810	1.3042	1.6860	2.0244	2.4286	2.7116
39	0.6808	1.3036	1.6849	2.0227	2.4258	2.7079
40	0.6807	1.3031	1.6839	2.0211	2.4233	2.7045
41	0.6805	1.3025	1.6829	2.0195	2.4208	2.7012
42	0.6804	1.3020	1.6820	2.0181	2.4185	2.6981
43	0.6802	1.3016	1.6811	2.0167	2.4163	2.6951
44	0.6801	1.3011	1.6802	2.0154	2.4141	2.6923
45	0.6800	1.3006	1.6794	2.0141	2.4121	2.6896
∞	0.674	1.282	1.645	1.960	2.326	2.576

附表 4 F 分布上侧分位数表

$$P\{F(n_1,n_2) > F_\alpha(n_1,n_2)\} = \alpha$$

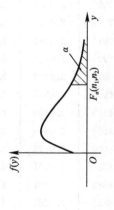

$\alpha = 0.10$

n_1 n_2	1	2	3	4	5	6	7	8	9	10	12	15	20	24	30	40	60	120	∞
1	39.86	49.50	53.59	55.83	57.24	58.20	58.91	59.44	59.86	60.19	60.71	61.22	61.74	62.00	62.26	62.53	62.79	63.06	63.33
2	8.53	9.00	9.16	9.24	9.29	9.33	9.35	9.37	9.38	9.39	9.41	9.42	9.44	9.45	9.46	9.47	9.47	9.48	9.49
3	5.54	5.46	5.39	5.34	5.31	5.28	5.27	5.25	5.24	5.23	5.22	5.20	5.18	5.18	5.17	5.16	5.15	5.14	5.13
4	4.54	4.32	4.19	4.11	4.05	4.01	3.98	3.95	3.94	3.92	3.90	3.87	3.84	3.83	3.82	3.80	3.79	3.78	3.76
5	4.06	3.78	3.62	3.52	3.45	3.40	3.37	3.34	3.32	3.30	3.27	3.24	3.21	3.19	3.17	3.16	3.14	3.12	3.10
6	3.78	3.46	3.29	3.18	3.11	3.05	3.01	2.98	2.96	2.94	2.90	2.87	2.84	2.82	2.80	2.78	2.76	2.74	2.72

续表

$\alpha=0.10$

n_2 \ n_1	1	2	3	4	5	6	7	8	9	10	12	15	20	24	30	40	60	120	∞
7	3.59	3.26	3.07	2.96	2.88	2.83	2.78	2.75	2.72	2.70	2.67	2.63	2.59	2.58	2.56	2.54	2.51	2.49	2.47
8	3.46	3.11	2.92	2.81	2.73	2.67	2.62	2.59	2.56	2.54	2.50	2.46	2.42	2.40	2.38	2.36	2.34	2.32	2.29
9	3.36	3.01	2.81	2.69	2.61	2.55	2.51	2.47	2.44	2.42	2.38	2.34	2.30	2.28	2.25	2.23	2.21	2.18	2.16
10	3.29	2.92	2.73	2.61	2.52	2.46	2.41	2.38	2.35	2.32	2.28	2.24	2.20	2.18	2.16	2.13	2.11	2.08	2.06
11	3.23	2.86	2.66	2.54	2.45	2.39	2.34	2.30	2.27	2.25	2.21	2.17	2.12	2.10	2.08	2.05	2.03	2.00	1.97
12	3.18	2.81	2.61	2.48	2.39	2.33	2.28	2.24	2.21	2.19	2.15	2.10	2.06	2.04	2.01	1.99	1.96	1.93	1.90
13	3.14	2.76	2.56	2.43	2.35	2.28	2.23	2.20	2.16	2.14	2.10	2.05	2.01	1.98	1.96	1.93	1.90	1.88	1.85
14	3.10	2.73	2.52	2.39	2.31	2.24	2.19	2.15	2.12	2.10	2.05	2.01	1.96	1.94	1.91	1.89	1.86	1.83	1.80
15	3.07	2.70	2.49	2.36	2.27	2.21	2.16	2.12	2.09	2.06	2.02	1.97	1.92	1.90	1.87	1.85	1.82	1.79	1.76
16	3.05	2.67	2.46	2.33	2.24	2.18	2.13	2.09	2.06	2.03	1.99	1.94	1.89	1.87	1.84	1.81	1.78	1.75	1.72
17	3.03	2.64	2.44	2.31	2.22	2.15	2.10	2.06	2.03	2.00	1.96	1.91	1.86	1.84	1.81	1.78	1.75	1.72	1.69
18	3.01	2.62	2.42	2.29	2.20	2.13	2.08	2.04	2.00	1.98	1.93	1.89	1.84	1.81	1.78	1.75	1.72	1.69	1.66
19	2.99	2.61	2.40	2.27	2.18	2.11	2.06	2.02	1.98	1.96	1.91	1.86	1.81	1.79	1.76	1.73	1.70	1.67	1.63
20	2.97	2.59	2.38	2.25	2.16	2.09	2.04	2.00	1.96	1.94	1.89	1.84	1.79	1.77	1.74	1.71	1.68	1.64	1.61
21	2.96	2.57	2.36	2.23	2.14	2.08	2.02	1.98	1.95	1.92	1.87	1.83	1.78	1.75	1.72	1.69	1.66	1.62	1.59

续表

$\alpha = 0.10$

$n_2 \backslash n_1$	1	2	3	4	5	6	7	8	9	10	12	15	20	24	30	40	60	120	∞
22	2.95	2.56	2.35	2.22	2.13	2.06	2.01	1.97	1.93	1.90	1.86	1.81	1.76	1.73	1.70	1.67	1.64	1.60	1.57
23	2.94	2.55	2.34	2.21	2.11	2.05	1.99	1.95	1.92	1.89	1.84	1.80	1.74	1.72	1.69	1.66	1.62	1.59	1.55
24	2.93	2.54	2.33	2.19	2.10	2.04	1.98	1.94	1.91	1.88	1.83	1.78	1.73	1.70	1.67	1.64	1.61	1.57	1.53
25	2.92	2.53	2.32	2.18	2.09	2.02	1.97	1.93	1.89	1.87	1.82	1.77	1.72	1.69	1.66	1.63	1.59	1.56	1.52
26	2.91	2.52	2.31	2.17	2.08	2.01	1.96	1.92	1.88	1.86	1.81	1.76	1.71	1.68	1.65	1.61	1.58	1.54	1.50
27	2.90	2.51	2.30	2.17	2.07	2.00	1.95	1.91	1.87	1.85	1.80	1.75	1.70	1.67	1.64	1.60	1.57	1.53	1.49
28	2.89	2.50	2.29	2.16	2.06	2.00	1.94	1.90	1.87	1.84	1.79	1.74	1.69	1.66	1.63	1.59	1.56	1.52	1.48
29	2.89	2.50	2.28	2.15	2.06	1.99	1.93	1.89	1.86	1.83	1.78	1.73	1.68	1.65	1.62	1.58	1.55	1.51	1.47
30	2.88	2.49	2.28	2.14	2.05	1.98	1.93	1.88	1.85	1.82	1.77	1.72	1.67	1.64	1.61	1.57	1.54	1.50	1.46
40	2.84	2.44	2.23	2.09	2.00	1.93	1.87	1.83	1.79	1.76	1.71	1.66	1.61	1.57	1.54	1.51	1.47	1.42	1.38
60	2.79	2.39	2.18	2.04	1.95	1.87	1.82	1.77	1.74	1.71	1.66	1.60	1.54	1.51	1.48	1.44	1.40	1.35	1.29
120	2.75	2.35	2.13	1.99	1.90	1.82	1.77	1.72	1.68	1.65	1.60	1.55	1.48	1.45	1.41	1.37	1.32	1.26	1.19
∞	2.71	2.30	2.08	1.94	1.85	1.77	1.72	1.67	1.63	1.60	1.55	1.49	1.42	1.38	1.34	1.30	1.24	1.17	1.00

$\alpha = 0.05$

$n_2 \backslash n_1$	1	2	3	4	5	6	7	8	9	10	12	15	20	24	30	40	60	120	∞
1	161.4	199.5	215.7	224.6	230.2	234.0	236.8	238.9	240.5	241.9	243.9	245.9	248.0	249.1	250.1	251.1	252.2	253.3	254.3
2	18.51	19.00	19.16	19.25	19.30	19.33	19.35	19.37	19.38	19.40	19.41	19.43	19.45	19.45	19.46	19.47	19.48	19.49	19.50

续表

$\alpha = 0.05$

n_2＼n_1	1	2	3	4	5	6	7	8	9	10	12	15	20	24	30	40	60	120	∞
3	10.13	9.55	9.28	9.13	9.01	8.94	8.89	8.85	8.81	8.79	8.74	8.70	8.66	8.64	8.62	8.59	8.57	8.55	8.53
4	7.71	6.94	6.59	6.39	6.26	6.16	6.09	6.04	6.00	5.96	5.91	5.86	5.80	5.77	5.75	5.72	5.69	5.66	5.63
5	6.61	5.79	5.41	5.19	5.05	4.95	4.88	4.82	4.77	4.74	4.68	4.62	4.56	4.53	4.50	4.46	4.43	4.40	4.36
6	5.99	5.14	4.76	4.53	4.39	4.28	4.21	4.15	4.10	4.06	4.00	3.94	3.87	3.84	3.81	3.77	3.74	3.70	3.67
7	5.59	4.74	4.35	4.12	3.97	3.87	3.79	3.73	3.68	3.64	3.57	3.51	3.44	3.41	3.38	3.34	3.30	3.27	3.23
8	5.32	4.46	4.07	3.84	3.69	3.58	3.50	3.44	3.39	3.35	3.28	3.22	3.15	3.12	3.08	3.04	3.01	2.97	2.93
9	5.12	4.26	3.86	3.63	3.48	3.37	3.29	3.23	3.18	3.14	3.07	3.01	2.94	2.90	2.86	2.83	2.79	2.75	2.71
10	4.96	4.10	3.71	3.48	3.33	3.22	3.14	3.07	3.02	2.98	2.91	2.85	2.77	2.74	2.70	2.66	2.62	2.58	2.54
11	4.84	3.98	3.59	3.36	3.20	3.09	3.01	2.95	2.90	2.85	2.79	2.72	2.65	2.61	2.57	2.53	2.49	2.45	2.40
12	4.75	3.89	3.49	3.26	3.11	3.00	2.91	2.85	2.80	2.75	2.69	2.62	2.54	2.51	2.47	2.43	2.38	2.34	2.30
13	4.67	3.81	3.41	3.18	3.03	2.92	2.83	2.77	2.71	2.67	2.60	2.53	2.46	2.42	2.38	2.34	2.30	2.25	2.21
14	4.60	3.74	3.34	3.11	2.96	2.85	2.76	2.70	2.65	2.60	2.53	2.46	2.39	2.35	2.31	2.27	2.22	2.18	2.13
15	4.54	3.68	3.29	3.06	2.90	2.79	2.71	2.64	2.59	2.54	2.48	2.40	2.33	2.29	2.25	2.20	2.16	2.11	2.07
16	4.49	3.63	3.24	3.01	2.85	2.74	2.66	2.59	2.54	2.49	2.42	2.35	2.28	2.24	2.19	2.15	2.11	2.06	2.01
17	4.45	3.59	3.20	2.96	2.81	2.70	2.61	2.55	2.49	2.45	2.38	2.31	2.23	2.19	2.15	2.10	2.06	2.01	1.96
18	4.41	3.55	3.16	2.93	2.77	2.66	2.58	2.51	2.46	2.41	2.34	2.27	2.19	2.15	2.11	2.06	2.02	1.97	1.92

续表

$\alpha = 0.05$

n_2 \ n_1	1	2	3	4	5	6	7	8	9	10	12	15	20	24	30	40	60	120	∞
19	4.38	3.52	3.13	2.90	2.74	2.63	2.54	2.48	2.42	2.38	2.31	2.23	2.16	2.11	2.07	2.03	1.98	1.93	1.88
20	4.35	3.49	3.10	2.87	2.71	2.60	2.51	2.45	2.39	2.35	2.28	2.20	2.12	2.08	2.04	1.99	1.95	1.90	1.84
21	4.32	3.47	3.07	2.84	2.68	2.57	2.49	2.42	2.37	2.32	2.25	2.18	2.10	2.05	2.01	1.96	1.92	1.87	1.81
22	4.30	3.44	3.05	2.82	2.66	2.55	2.46	2.40	2.34	2.30	2.23	2.15	2.07	2.03	1.98	1.94	1.89	1.84	1.78
23	4.28	3.42	3.03	2.80	2.64	2.53	2.44	2.37	2.32	2.27	2.20	2.13	2.05	2.01	1.96	1.91	1.86	1.81	1.76
24	4.26	3.40	3.01	2.78	2.62	2.51	2.42	2.36	2.30	2.25	2.18	2.11	2.03	1.98	1.94	1.89	1.84	1.79	1.73
25	4.24	3.39	2.99	2.76	2.60	2.49	2.40	2.34	2.28	2.24	2.16	2.09	2.01	1.96	1.92	1.87	1.82	1.77	1.71
26	4.23	3.37	2.98	2.74	2.59	2.47	2.39	2.32	2.27	2.22	2.15	2.07	1.99	1.95	1.90	1.85	1.80	1.75	1.69
27	4.21	3.35	2.96	2.73	2.57	2.46	2.37	2.31	2.25	2.20	2.13	2.06	1.97	1.93	1.88	1.84	1.79	1.73	1.67
28	4.20	3.34	2.95	2.71	2.56	2.45	2.36	2.29	2.24	2.19	2.12	2.04	1.96	1.91	1.87	1.82	1.77	1.71	1.65
29	4.18	3.33	2.93	2.70	2.55	2.43	2.35	2.28	2.22	2.18	2.10	2.03	1.94	1.90	1.85	1.81	1.75	1.70	1.64
30	4.17	3.32	2.92	2.69	2.53	2.42	2.33	2.27	2.21	2.16	2.09	2.01	1.93	1.89	1.84	1.79	1.74	1.68	1.62
40	4.08	3.23	2.84	2.61	2.45	2.34	2.25	2.18	2.12	2.08	2.00	1.92	1.84	1.79	1.74	1.69	1.64	1.58	1.51
60	4.00	3.15	2.76	2.53	2.37	2.25	2.17	2.10	2.04	1.99	1.92	1.84	1.75	1.70	1.65	1.59	1.53	1.47	1.39
120	3.92	3.07	2.68	2.45	2.29	2.17	2.09	2.02	1.96	1.91	1.83	1.75	1.66	1.61	1.55	1.50	1.43	1.35	1.25
∞	3.84	3.00	2.60	2.37	2.21	2.10	2.01	1.94	1.88	1.83	1.75	1.67	1.57	1.52	1.46	1.39	1.32	1.22	1.00

续表

$\alpha=0.025$

n_2＼n_1	1	2	3	4	5	6	7	8	9	10	12	15	20	24	30	40	60	120	∞
1	647.8	799.5	864.2	899.6	921.8	937.1	948.2	956.7	963.3	968.6	976.7	984.9	993.1	997.2	1001	1006	1010	1014	1018
2	38.51	39.00	39.17	39.25	39.30	39.33	39.36	39.37	39.39	39.40	39.41	39.43	39.45	39.46	39.46	39.47	39.48	39.49	39.50
3	17.44	16.04	15.44	15.10	14.88	14.73	14.62	14.54	14.47	14.42	14.34	14.25	14.17	14.12	14.08	14.04	13.99	13.95	13.90
4	12.22	10.65	9.98	9.60	9.36	9.20	9.07	8.98	8.90	8.84	8.75	8.66	8.56	8.51	8.46	8.41	8.36	8.31	8.26
5	10.01	8.43	7.76	7.39	7.15	6.98	6.85	6.76	6.68	6.62	6.52	6.43	6.33	6.28	6.23	6.18	6.12	6.07	6.02
6	8.81	7.26	6.60	6.23	5.99	5.82	5.70	5.60	5.52	5.46	5.37	5.27	5.17	5.12	5.07	5.01	4.96	4.90	4.85
7	8.07	6.54	5.89	5.52	5.29	5.12	4.99	4.90	4.82	4.76	4.67	4.57	4.47	4.42	4.36	4.31	4.25	4.20	4.14
8	7.57	6.06	5.42	5.05	4.82	4.65	4.53	4.43	4.36	4.30	4.20	4.10	4.00	3.95	3.89	3.84	3.78	3.73	3.67
9	7.21	5.71	5.08	4.72	4.48	4.32	4.20	4.10	4.03	3.96	3.87	3.77	3.67	3.61	3.56	3.51	3.45	3.39	3.33
10	6.94	5.46	4.83	4.47	4.24	4.07	3.95	3.85	3.78	3.72	3.62	3.52	3.42	3.37	3.31	3.26	3.20	3.14	3.08
11	6.72	5.26	4.63	4.28	4.04	3.88	3.76	3.66	3.59	3.53	3.43	3.33	3.23	3.17	3.12	3.06	3.00	2.94	2.88
12	6.55	5.10	4.47	4.12	3.89	3.73	3.61	3.51	3.44	3.37	3.28	3.18	3.07	3.02	2.96	2.91	2.85	2.79	2.72
13	6.41	4.97	4.35	4.00	3.77	3.60	3.48	3.39	3.31	3.25	3.15	3.05	2.95	2.89	2.84	2.78	2.72	2.66	2.60
14	6.30	4.86	4.24	3.89	3.66	3.50	3.38	3.29	3.21	3.15	3.05	2.95	2.84	2.79	2.73	2.67	2.61	2.55	2.49
15	6.20	4.77	4.15	3.80	3.58	3.41	3.29	3.20	3.12	3.06	2.96	2.86	2.76	2.70	2.64	2.59	2.52	2.46	2.40
16	6.12	4.69	4.08	3.73	3.50	3.34	3.22	3.12	3.05	2.99	2.89	2.79	2.68	2.63	2.57	2.51	2.45	2.38	2.32

续表

$\alpha=0.025$

n_2 \ n_1	1	2	3	4	5	6	7	8	9	10	12	15	20	24	30	40	60	120	∞
17	6.04	4.62	4.01	3.66	3.44	3.28	3.16	3.06	2.98	2.92	2.82	2.72	2.62	2.56	2.50	2.44	2.38	2.32	2.25
18	5.98	4.56	3.95	3.61	3.38	3.22	3.10	3.01	2.93	2.87	2.77	2.67	2.56	2.50	2.44	2.38	2.32	2.26	2.19
19	5.92	4.51	3.90	3.56	3.33	3.17	3.05	2.96	2.88	2.82	2.72	2.62	2.51	2.45	2.39	2.33	2.27	2.20	2.13
20	5.87	4.46	3.86	3.51	3.29	3.13	3.01	2.91	2.84	2.77	2.68	2.57	2.46	2.41	2.35	2.29	2.22	2.16	2.09
21	5.83	4.42	3.82	3.48	3.25	3.09	2.97	2.87	2.80	2.73	2.64	2.53	2.42	2.37	2.31	2.25	2.18	2.11	2.04
22	5.79	4.38	3.78	3.44	3.22	3.05	2.93	2.84	2.76	2.70	2.60	2.50	2.39	2.33	2.27	2.21	2.14	2.08	2.00
23	5.75	4.35	3.75	3.41	3.18	3.02	2.90	2.81	2.73	2.67	2.57	2.47	2.36	2.30	2.24	2.18	2.11	2.04	1.97
24	5.72	4.32	3.72	3.38	3.15	2.99	2.87	2.78	2.70	2.64	2.54	2.44	2.33	2.27	2.21	2.15	2.08	2.01	1.94
25	5.69	4.29	3.69	3.35	3.13	2.97	2.85	2.75	2.68	2.61	2.51	2.41	2.30	2.24	2.18	2.12	2.05	1.98	1.91
26	5.66	4.27	3.67	3.33	3.10	2.94	2.82	2.73	2.65	2.59	2.49	2.39	2.28	2.22	2.16	2.09	2.03	1.95	1.88
27	5.63	4.24	3.65	3.31	3.08	2.92	2.80	2.71	2.63	2.57	2.47	2.36	2.25	2.19	2.13	2.07	2.00	1.93	1.85
28	5.61	4.22	3.63	3.29	3.06	2.90	2.78	2.69	2.61	2.55	2.45	2.34	2.23	2.17	2.11	2.05	1.98	1.91	1.83
29	5.59	4.20	3.61	3.27	3.04	2.88	2.76	2.67	2.59	2.53	2.43	2.32	2.21	2.15	2.09	2.03	1.96	1.89	1.81
30	5.57	4.18	3.59	3.25	3.03	2.87	2.75	2.65	2.57	2.51	2.41	2.31	2.20	2.14	2.07	2.01	1.94	1.87	1.79
40	5.42	4.05	3.46	3.13	2.90	2.74	2.62	2.53	2.45	2.39	2.29	2.18	2.07	2.01	1.94	1.88	1.80	1.72	1.64
60	5.29	2.93	3.34	3.01	2.79	2.63	2.51	2.41	2.33	2.27	2.17	2.06	1.94	1.88	1.82	1.74	1.67	1.58	1.48

续表

$\alpha=0.025$

n_2＼n_1	1	2	3	4	5	6	7	8	9	10	12	15	20	24	30	40	60	120	∞
120	5.15	3.80	3.23	2.89	2.67	2.52	2.39	2.30	2.22	2.16	2.05	1.94	1.82	1.76	1.69	1.61	1.53	1.43	1.31
∞	5.02	3.69	3.12	2.79	2.57	2.41	2.29	2.19	2.11	2.05	1.94	1.83	1.71	1.64	1.57	1.48	1.39	1.27	1.00

$\alpha=0.01$

n_2＼n_1	1	2	3	4	5	6	7	8	9	10	12	15	20	24	30	40	60	120	∞
1	4052	4999.5	5403	5625	5764	5859	5928	5982	6022	6056	6106	6157	6209	6235	6261	6287	6313	6339	6366
2	98.50	99.00	99.17	99.25	99.30	99.33	99.36	99.37	99.39	99.40	99.42	99.43	99.45	99.46	99.47	99.47	99.48	99.49	99.50
3	34.12	30.82	29.46	28.71	28.24	27.91	27.67	27.49	27.35	27.23	27.05	26.87	26.69	26.60	26.50	26.41	26.32	26.22	26.13
4	21.20	18.00	16.69	15.98	15.52	15.21	14.98	14.80	14.66	14.55	14.37	14.20	14.02	13.93	13.84	13.75	13.65	13.56	13.46
5	16.26	13.27	12.06	11.39	10.97	10.67	10.46	10.29	10.16	10.05	9.89	9.72	9.55	9.47	9.38	9.29	9.20	9.11	9.02
6	13.75	10.92	9.78	9.15	8.75	8.47	8.26	8.10	7.98	7.87	7.72	7.56	7.40	7.31	7.23	7.14	7.06	6.97	6.88
7	12.25	9.55	8.45	7.85	7.46	7.19	6.99	6.84	6.72	6.62	6.47	6.31	6.16	6.07	5.99	5.91	5.82	5.74	5.65
8	11.26	8.65	7.59	7.01	6.63	6.37	6.18	6.03	5.91	5.81	5.67	5.52	5.36	5.28	5.20	5.12	5.03	4.95	4.86
9	10.56	8.02	6.99	6.42	6.06	5.80	5.61	5.47	5.35	5.26	5.11	4.96	4.81	4.73	4.65	4.57	4.48	4.40	4.31
10	10.04	7.56	6.55	5.99	5.64	5.39	5.20	5.06	4.94	4.85	4.71	4.56	4.41	4.33	4.25	4.17	4.08	4.00	3.91
11	9.65	7.21	6.22	5.67	5.32	5.07	4.89	4.74	4.63	4.54	4.40	4.25	4.10	4.02	3.94	3.86	3.78	3.69	3.60
12	9.33	6.93	5.95	5.41	5.06	4.82	4.64	4.50	4.39	4.30	4.16	4.01	3.86	3.78	3.70	3.62	3.54	3.45	3.36

续表

$\alpha=0.01$

n_1 / n_2	1	2	3	4	5	6	7	8	9	10	12	15	20	24	30	40	60	120	∞
13	9.07	6.70	5.74	5.21	4.86	4.62	4.44	4.30	4.19	4.10	3.96	3.82	3.66	3.59	3.51	3.43	3.34	3.25	3.17
14	8.86	6.51	5.56	5.04	4.69	4.46	4.28	4.14	4.03	3.94	3.80	3.66	3.51	3.43	3.35	3.27	3.18	3.09	3.00
15	8.68	6.36	5.42	4.89	4.56	4.32	4.14	4.00	3.89	3.80	3.67	3.52	3.37	3.29	3.21	3.13	3.05	2.96	2.87
16	8.53	6.23	5.29	4.77	4.44	4.20	4.03	3.89	3.78	3.69	3.55	3.41	3.26	3.18	3.10	3.02	2.93	2.84	2.75
17	8.40	6.11	5.18	4.67	4.34	4.10	3.93	3.79	3.68	3.59	3.46	3.31	3.16	3.08	3.00	2.92	2.83	2.75	2.65
18	8.29	6.01	5.09	4.58	4.25	4.01	3.84	3.71	3.60	3.51	3.37	3.23	3.08	3.00	2.92	2.84	2.75	2.66	2.57
19	8.18	5.93	5.01	4.50	4.17	3.94	3.77	3.63	3.52	3.43	3.30	3.15	3.00	2.92	2.84	2.76	2.67	2.58	2.49
20	8.10	5.85	4.94	4.43	4.10	3.87	3.70	3.56	3.46	3.37	3.23	3.09	2.94	2.86	2.78	2.69	2.61	2.52	2.42
21	8.02	5.78	4.87	4.37	4.04	3.81	3.64	3.51	3.40	3.31	3.17	3.03	2.88	2.80	2.72	2.64	2.55	2.46	2.36
22	7.95	5.72	4.82	4.31	3.99	3.76	3.59	3.45	3.35	3.26	3.12	2.98	2.83	2.75	2.67	2.58	2.50	2.40	2.31
23	7.88	5.66	4.76	4.26	3.94	3.71	3.54	3.41	3.30	3.21	3.07	2.93	2.78	2.70	2.62	2.54	2.45	2.35	2.26
24	7.82	5.61	4.72	4.22	3.90	3.67	3.50	3.36	3.26	3.17	3.03	2.89	2.74	2.66	2.58	2.49	2.40	2.31	2.21
25	7.77	5.57	4.68	4.18	3.85	3.63	3.46	3.32	3.22	3.13	2.99	2.85	2.70	2.62	2.54	2.45	2.36	2.27	2.17
26	7.72	5.53	4.64	4.14	3.82	3.59	3.42	3.29	3.18	3.09	2.96	2.81	2.66	2.58	2.50	2.42	2.33	2.23	2.13
27	7.68	5.49	4.60	4.11	3.78	3.56	3.39	3.26	3.15	3.06	2.93	2.78	2.63	2.55	2.47	2.38	2.29	2.20	2.10

续表

$\alpha=0.01$

n_1 / n_2	1	2	3	4	5	6	7	8	9	10	12	15	20	24	30	40	60	120	∞
28	7.64	5.45	4.57	4.07	3.75	3.53	3.36	3.23	3.12	3.03	2.90	2.75	2.60	2.52	2.44	2.35	2.26	2.17	2.06
29	7.60	5.42	4.54	4.04	3.73	3.50	3.33	3.20	3.09	3.00	2.87	2.73	2.57	2.49	2.41	2.33	2.23	2.14	2.03
30	7.56	5.39	4.51	4.02	3.70	3.47	3.30	3.17	3.07	2.98	2.84	2.70	2.55	2.47	2.39	2.30	2.21	2.11	2.01
40	7.31	5.18	4.31	3.83	3.51	3.29	3.12	2.99	2.89	2.80	2.66	2.52	2.37	2.29	2.20	2.11	2.02	1.92	1.80
60	7.08	4.98	4.13	3.65	3.34	3.12	2.95	2.82	2.72	2.63	2.50	2.35	2.20	2.12	2.03	1.94	1.84	1.73	1.60
120	6.85	4.79	3.95	3.48	3.17	2.96	2.79	2.66	2.56	2.47	2.34	2.19	2.03	1.95	1.86	1.76	1.66	1.53	1.38
∞	6.63	4.61	3.78	3.32	3.02	2.80	2.64	2.51	2.41	2.32	2.18	2.04	1.88	1.79	1.70	1.59	1.47	1.32	1.00

$\alpha=0.005$

n_1 / n_2	1	2	3	4	5	6	7	8	9	10	12	15	20	24	30	40	60	120	∞
1	16211	20000	21615	22500	23056	23437	23715	23925	24091	24224	24426	24630	24836	24940	25044	25148	25253	25359	25465
2	198.5	199.0	199.2	199.2	199.3	199.3	199.4	199.4	199.4	199.4	199.4	199.4	199.4	199.5	199.5	199.5	199.5	199.5	199.5
3	55.55	49.80	47.47	46.19	45.39	44.84	44.43	44.13	43.88	43.69	43.39	43.08	42.78	42.62	42.47	42.31	42.15	41.99	41.83
4	31.33	26.28	24.26	23.15	22.46	21.97	21.62	21.35	21.14	20.97	20.70	20.44	20.17	20.03	19.89	19.75	19.61	19.47	19.32
5	22.78	18.31	16.53	15.56	14.94	14.51	14.20	13.96	13.77	13.62	13.38	13.15	12.90	12.78	12.66	12.53	12.40	12.27	12.14
6	18.63	14.54	12.92	12.03	11.46	11.07	10.79	10.57	10.39	10.25	10.03	9.81	9.59	9.47	9.36	9.24	9.12	9.00	8.88
7	16.24	12.40	10.88	10.05	9.52	9.16	8.89	8.68	8.51	8.38	8.18	7.97	7.75	7.65	7.53	7.42	7.31	7.19	7.08
8	14.69	11.04	9.60	8.81	8.30	7.95	7.69	7.50	7.34	7.21	7.01	6.81	6.61	6.50	6.40	6.29	6.18	6.06	5.95

续表

$\alpha = 0.005$

n_1 \ n_2	1	2	3	4	5	6	7	8	9	10	12	15	20	24	30	40	60	120	∞
9	13.61	10.11	8.72	7.96	7.47	7.13	6.88	6.69	6.54	6.42	6.23	6.03	5.83	5.73	5.62	5.52	5.41	5.30	5.19
10	12.83	9.43	8.08	7.34	6.87	6.54	6.30	6.12	5.97	5.85	5.66	5.47	5.27	5.17	5.07	4.97	4.86	4.75	4.64
11	12.23	8.91	7.60	6.88	6.42	6.10	5.86	5.68	5.54	5.42	5.24	5.05	4.86	4.76	4.65	4.55	4.44	4.34	4.23
12	11.75	8.51	7.23	6.52	6.07	5.76	5.52	5.35	5.20	5.09	4.91	4.72	4.53	4.43	4.33	4.23	4.12	4.01	3.90
13	11.37	8.19	6.93	6.23	5.79	5.48	5.25	5.08	4.94	4.82	4.64	4.46	4.27	4.17	4.07	3.97	3.87	3.76	3.65
14	11.06	7.92	6.68	6.00	5.56	5.26	5.03	4.86	4.72	4.60	4.43	4.25	4.06	3.96	3.86	3.76	3.66	3.55	3.44
15	10.80	7.70	6.48	5.80	5.37	5.07	4.85	4.67	4.54	4.42	4.25	4.07	3.88	3.79	3.69	3.58	3.48	3.37	3.26
16	10.58	7.51	6.30	5.64	5.21	4.91	4.69	4.52	4.38	4.27	4.10	3.92	3.73	3.64	3.54	3.44	3.33	3.22	3.11
17	10.38	7.35	6.16	5.50	5.07	4.78	4.56	4.39	4.25	4.14	3.97	3.79	3.61	3.51	3.41	3.31	3.21	3.10	2.98
18	10.22	7.21	6.03	5.37	4.96	4.66	4.44	4.28	4.14	4.03	3.86	3.68	3.50	3.40	3.30	3.20	3.10	2.99	2.87
19	10.07	7.09	5.92	5.27	4.85	4.56	4.34	4.18	4.04	3.93	3.76	3.59	3.40	3.31	3.21	3.11	3.00	2.89	2.78
20	9.94	6.99	5.82	5.17	4.76	4.47	4.26	4.09	3.96	3.85	3.68	3.50	3.32	3.22	3.12	3.02	2.92	2.81	2.69
21	9.83	6.89	5.73	5.09	4.68	4.39	4.18	4.01	3.88	3.77	3.60	3.43	3.24	3.15	3.05	2.95	2.84	2.73	2.61
22	9.73	6.81	5.65	5.02	4.61	4.32	4.11	3.94	3.81	3.70	3.54	3.36	3.18	3.08	2.98	2.88	2.77	2.66	2.55
23	9.63	6.73	5.58	4.95	4.54	4.26	4.05	3.88	3.75	3.64	3.47	3.30	3.12	3.02	2.92	2.82	2.71	2.60	2.48
24	9.55	6.66	5.52	4.89	4.49	4.20	3.99	3.83	3.69	3.59	3.42	3.25	3.06	2.97	2.87	2.77	2.66	2.55	2.43

续表

$\alpha=0.005$

n_2 \ n_1	1	2	3	4	5	6	7	8	9	10	12	15	20	24	30	40	60	120	∞
25	9.48	6.60	5.46	4.84	4.43	4.15	3.94	3.78	3.64	3.54	3.37	3.20	3.01	2.92	2.82	2.72	2.61	2.50	2.38
26	9.41	6.54	5.41	4.79	4.38	4.10	3.89	3.73	3.60	3.49	3.33	3.15	2.97	2.87	2.77	2.67	2.56	2.45	2.33
27	9.34	6.49	5.36	4.74	4.34	4.06	3.85	3.69	3.56	3.45	3.28	3.11	2.93	2.83	2.73	2.63	2.52	2.41	2.29
28	9.28	6.44	5.32	4.70	4.30	4.02	3.81	3.65	3.52	3.41	3.25	3.07	2.89	2.79	2.69	2.59	2.48	2.37	2.25
29	9.23	6.40	5.28	4.66	4.26	3.98	3.77	3.61	3.48	3.38	3.21	3.04	2.86	2.76	2.66	2.56	2.45	2.33	2.21
30	9.18	6.35	5.24	4.62	4.23	3.95	3.74	3.58	3.45	3.34	3.18	3.01	2.82	2.73	2.63	2.52	2.42	2.30	2.18
40	8.83	6.07	4.98	4.37	3.99	3.71	3.51	3.35	3.22	3.12	2.95	2.78	2.60	2.50	2.40	2.30	2.18	2.06	1.93
60	8.49	5.79	4.73	4.14	3.76	3.49	3.29	3.13	3.01	2.90	2.74	2.57	2.39	2.29	2.19	2.08	1.96	1.83	1.69
120	8.18	5.54	4.50	3.92	3.55	3.28	3.09	2.93	2.81	2.71	2.54	2.37	2.19	2.09	1.98	1.87	1.75	1.61	1.43
∞	7.88	5.30	4.28	3.72	3.35	3.09	2.90	2.74	2.62	2.52	2.36	2.19	2.00	1.90	1.79	1.67	1.53	1.36	1.00

$\alpha=0.001$

n_2 \ n_1	1	2	3	4	5	6	7	8	9	10	12	15	20	24	30	40	60	120	∞
1	4053*	5000*	5404*	5625*	5764*	5859*	5929*	5981*	6023*	6056*	6107*	6158*	6209*	6235*	6261*	6287*	6313*	6340*	6366*
2	998.5	999.0	999.2	999.2	999.3	999.3	999.4	999.4	999.4	999.4	999.4	999.4	999.4	999.5	999.5	999.5	999.5	999.5	999.5
3	167.0	148.5	141.1	137.1	134.6	132.8	131.6	130.6	129.9	129.2	128.3	127.4	126.4	125.9	125.4	125.0	124.5	124.0	123.5
4	74.14	61.25	56.18	53.44	51.71	50.53	49.66	49.00	48.47	48.05	47.41	46.76	46.10	45.77	45.43	45.09	44.75	44.40	44.05
5	47.18	37.12	33.20	31.09	29.75	28.84	28.16	27.64	27.24	26.92	26.42	25.91	25.39	25.14	24.87	24.60	24.33	24.06	23.79

续表

$\alpha=0.001$

n_2 \ n_1	1	2	3	4	5	6	7	8	9	10	12	15	20	24	30	40	60	120	∞
6	35.51	27.00	23.70	21.92	20.81	20.03	19.46	19.03	18.69	18.41	17.99	17.56	17.12	16.89	16.67	16.44	16.21	15.99	15.75
7	29.25	21.69	18.77	17.19	16.21	15.52	15.02	14.63	14.33	14.08	13.71	13.32	12.93	12.73	12.53	12.33	12.12	11.91	11.70
8	25.42	18.49	15.83	14.39	13.49	12.86	12.40	12.04	11.77	11.54	11.19	10.84	10.48	10.30	10.11	9.92	9.73	9.53	9.33
9	22.86	16.39	13.90	12.56	11.71	11.13	10.70	10.37	10.11	9.89	9.57	9.24	8.90	8.72	8.55	8.37	8.19	8.00	7.81
10	21.04	14.91	12.55	11.28	10.48	9.92	9.52	9.20	8.96	8.75	8.45	8.13	7.80	7.64	7.47	7.30	7.12	6.94	6.76
11	19.69	13.81	11.56	10.35	9.58	9.05	8.66	8.35	8.12	7.92	7.63	7.32	7.01	6.85	6.68	6.52	6.35	6.17	6.00
12	18.64	12.97	10.80	9.63	8.89	8.38	8.00	7.71	7.48	7.29	7.00	6.71	6.40	6.25	6.09	5.93	5.76	5.59	5.42
13	17.81	12.31	10.21	9.07	8.35	7.86	7.49	7.21	6.98	6.80	6.52	6.23	5.93	5.78	5.63	5.47	5.30	5.14	4.97
14	17.11	11.78	9.73	8.62	7.92	7.43	7.08	6.80	6.58	6.40	6.13	5.85	5.56	5.41	5.25	5.10	4.94	4.77	4.60
15	16.59	11.34	9.34	8.25	7.57	7.09	6.74	6.47	6.26	6.08	5.81	5.54	5.25	5.10	4.95	4.80	4.64	4.47	4.31
16	16.12	10.97	9.00	7.94	7.27	6.81	6.46	6.19	5.98	5.81	5.55	5.27	4.99	4.85	4.70	4.54	4.39	4.23	4.06
17	15.72	10.66	8.73	7.68	7.02	6.56	6.22	5.96	5.75	5.58	5.32	5.05	4.78	4.63	4.48	4.33	4.18	4.02	3.85
18	15.38	10.39	8.49	7.46	6.81	6.35	6.02	5.76	5.56	5.39	5.13	4.87	4.59	4.45	4.30	4.15	4.00	3.84	3.67
19	15.08	10.16	8.28	7.26	6.62	6.18	5.85	5.59	5.39	5.22	4.97	4.70	4.43	4.29	4.14	3.99	3.84	3.68	3.51
20	14.82	9.95	8.10	7.10	6.46	6.02	5.69	5.44	5.24	5.08	4.82	4.56	4.29	4.15	4.00	3.86	3.70	3.54	3.38

续表

$\alpha = 0.001$

n_2 \ n_1	1	2	3	4	5	6	7	8	9	10	12	15	20	24	30	40	60	120	∞
21	14.59	9.77	7.94	6.95	6.32	5.88	5.56	5.31	5.11	4.95	4.70	4.44	4.17	4.03	3.88	3.74	3.58	3.42	3.26
22	14.38	9.61	7.80	6.81	6.19	5.76	5.44	5.19	4.99	4.83	4.58	4.33	4.06	3.92	3.78	3.63	3.48	3.32	3.15
23	14.19	9.47	7.62	6.69	6.08	5.65	5.33	5.09	4.89	4.73	4.48	4.23	3.96	3.82	3.68	3.53	3.38	3.22	3.05
24	14.03	9.34	7.55	6.59	5.98	5.55	5.23	4.99	4.80	4.64	4.39	4.14	3.87	3.74	3.59	3.45	3.29	3.14	2.97
25	13.88	9.22	7.45	6.49	5.88	5.46	5.15	4.91	4.71	4.56	4.31	4.06	3.79	3.66	3.52	3.37	3.22	3.06	2.89
26	13.74	9.12	7.36	6.41	5.80	5.38	5.07	4.83	4.64	4.48	4.24	3.99	3.72	3.59	3.44	3.30	3.15	2.99	2.82
27	13.61	9.02	7.27	6.33	5.73	5.31	5.00	4.76	4.57	4.41	4.17	3.92	3.66	3.52	3.38	3.23	3.08	2.92	2.75
28	13.50	8.93	7.19	6.25	5.66	5.24	4.93	4.69	4.50	4.35	4.11	3.86	3.60	3.46	3.32	3.18	3.02	2.86	2.69
29	13.39	8.85	7.12	6.19	5.59	5.18	4.87	4.64	4.45	4.29	4.05	3.80	3.54	3.41	3.27	3.12	2.97	2.81	2.64
30	13.29	8.77	7.05	6.12	5.53	5.12	4.82	4.58	4.39	4.24	4.00	3.75	3.49	3.36	3.22	3.07	2.92	2.76	2.59
40	12.61	8.25	6.60	5.70	5.13	4.73	4.44	4.21	4.02	3.87	3.64	3.40	3.15	3.01	2.87	2.73	2.57	2.41	2.23
60	11.97	7.76	6.17	5.31	4.76	4.37	4.09	3.87	3.69	3.54	3.31	3.08	2.83	2.69	2.55	2.41	2.25	2.08	1.89
120	11.38	7.32	5.79	4.95	4.42	4.04	3.77	3.55	3.38	3.24	3.02	2.78	2.53	2.40	2.26	2.11	1.95	1.76	1.54
∞	10.83	6.91	5.42	4.62	4.10	3.74	3.47	3.27	3.10	2.96	2.74	2.51	2.27	2.13	1.99	1.84	1.66	1.45	1.00

* 表示要将所列数数乘以 100

附表5 正 交 表

（1）

$$L_4(2^3)$$

试验号 \ 列号	1	2	3
1	1	1	1
2	1	2	2
3	2	1	2
4	2	2	1
组	1	2	

注：任意两列间的交互作用为剩下一列.

（2）

$$L_8(2^7)$$

试验号 \ 列号	1	2	3	4	5	6	7
1	1	1	1	1	1	1	1
2	1	1	1	2	2	2	2
3	1	2	2	1	1	2	2
4	1	2	2	2	2	1	1
5	2	1	2	1	2	1	2
6	2	1	2	2	1	2	1
7	2	2	1	1	2	2	1
8	2	2	1	2	1	1	2
组	1	2		3			

$L_8(2^7)$ 二列间的交互作用

列号 \ 列号	1	2	3	4	5	6	7
	(1)	3	2	5	4	7	6
		(2)	1	6	7	4	5

列号 列号	1	2	3	4	5	6	7
			(3)	7	6	5	4
				(4)	1	2	3
					(5)	3	2
						(6)	1
							(7)

$L_8(2^7)$ 表头设计

列号 因子数	1	2	3	4	5	6	7
3	A	B	$A\times B$	C	$A\times C$	$B\times C$	
4	A	B	$A\times B$ $C\times D$	C	$A\times C$ $B\times D$	$B\times C$ $A\times D$	D
4	A	B $C\times D$	$A\times B$	C $B\times D$	$A\times C$	D $B\times C$	$A\times D$
5	A $D\times E$	B $C\times D$	$A\times B$ $C\times E$	C $B\times D$	$A\times C$ $B\times E$	D $A\times E$ $B\times C$	E $A\times D$

（3）

$L_8(4\times 2^4)$

列号 试验号	1	2	3	4	5
1	1	1	1	1	1
2	1	2	2	2	2
3	2	1	1	2	2
4	2	2	2	1	1
5	3	1	2	1	2
6	3	2	1	2	1
7	4	1	2	2	1
8	4	2	1	1	2

$L_8(4 \times 2^4)$ 表头设计

因子数 \ 列号	1	2	3	4	5
2	A	B	$(A \times B)_1$	$(A \times B)_2$	$(A \times B)_3$
3	A	B	C		
4	A	B	C	D	
5	A	B	C	D	E

（4）

$L_{12}(2^{11})$

试验号 \ 列号	1	2	3	4	5	6	7	8	9	10	11
1	1	1	1	1	1	1	1	1	1	1	1
2	1	1	1	1	1	2	2	2	2	2	2
3	1	1	2	2	2	1	1	1	2	2	2
4	1	2	1	2	2	1	2	2	1	1	2
5	1	2	2	1	2	2	1	2	1	2	1
6	1	2	2	2	1	2	2	1	2	1	1
7	2	1	2	2	1	1	2	2	1	2	1
8	2	1	2	1	2	2	2	1	1	1	2
9	2	1	1	2	2	2	1	2	2	1	1
10	2	2	2	1	1	1	2	2	1	1	2
11	2	2	1	2	1	2	1	1	1	2	2
12	2	2	1	1	2	1	2	1	2	2	1

（5）

$L_{16}(2^{15})$

试验号 \ 列号	1	2	3	4	5	6	7	8	9	10	11	12	13	14	15
1	1	1	1	1	1	1	1	1	1	1	1	1	1	1	1
2	1	1	1	1	1	1	1	2	2	2	2	2	2	2	2
3	1	1	1	2	2	2	2	1	1	1	1	2	2	2	2
4	1	1	1	2	2	2	2	2	2	2	2	1	1	1	1

续表

列号 试验号	1	2	3	4	5	6	7	8	9	10	11	12	13	14	15
5	1	2	2	1	1	2	2	1	1	2	2	1	1	2	2
6	1	2	2	1	1	2	2	2	2	1	1	2	2	1	1
7	1	2	2	2	2	1	1	1	1	2	2	2	2	1	1
8	1	2	2	2	2	1	1	2	2	1	1	1	1	2	2
9	2	1	2	1	2	1	2	1	2	1	2	1	2	1	2
10	2	1	2	1	2	1	2	2	1	2	1	2	1	2	1
11	2	1	2	2	1	2	1	1	2	1	2	2	1	2	1
12	2	1	2	2	1	2	1	2	1	2	1	1	2	1	2
13	2	2	1	1	2	2	1	1	2	2	1	1	2	2	1
14	2	2	1	1	2	2	1	2	1	1	2	2	1	1	2
15	2	2	1	2	1	1	2	1	2	2	1	2	1	1	2
16	2	2	1	2	1	1	2	2	1	1	2	1	2	2	1
组	1	2		3				4							

$L_{16}(2^{15})$ 二列间的交互作用

列号 列号	1	2	3	4	5	6	7	8	9	10	11	12	13	14	15
	(1)	3	2	5	4	7	6	9	8	11	10	13	12	15	14
		(2)	1	6	7	4	5	10	11	8	9	14	15	12	13
			(3)	7	6	5	4	11	10	9	8	15	14	13	12
				(4)	1	2	3	12	13	14	15	8	9	10	11
					(5)	3	2	13	12	15	14	9	8	11	10
						(6)	1	14	15	12	13	10	11	8	9
							(7)	15	14	13	12	11	10	9	8
								(8)	1	2	3	4	5	6	7
									(9)	3	2	5	4	7	6
										(10)	1	6	7	4	5
											(11)	7	6	5	4
												(12)	1	2	3
													(13)	3	2
														(14)	1

$L_{16}(2^{15})$ 表头设计

因子数 \ 列号	1	2	3	4	5	6	7	8	9	10	11	12	13	14	15
4	A	B	A×B	C	A×C	B×C		D	A×D	B×D		C×D			
5	A	B	A×B	C	A×C	B×C	D×E	D	A×D	B×D	C×E	C×D	B×E	A×E	E
6	A	B	A×B D×E	C	A×C D×F	B×C E×F		D	A×D B×E C×F	B×D A×E	E	C×D A×F	F		C×E B×F
7	A	B	A×B D×E F×G	C	A×C D×F E×G	B×C E×F D×G		D	A×D B×E C×F	B×D A×E C×G	E	C×D A×F B×G	F	G	C×E B×F A×G
8	A	B	A×B D×E F×G C×H	C	A×C D×F E×G B×H	B×C E×F D×G A×H	H	D	A×D B×E C×F G×H	B×D A×E C×G F×H	E	C×D A×F B×G E×H	F	G	C×E B×F A×G D×H

(6)

$L_{16}(4 \times 2^{12})$

试验号 \ 列号	1	2	3	4	5	6	7	8	9	10	11	12	13
1	1	1	1	1	1	1	1	1	1	1	1	1	1
2	1	1	1	1	1	2	2	2	2	2	2	2	2
3	1	2	2	2	2	1	1	1	1	2	2	2	2
4	1	2	2	2	2	2	2	2	2	1	1	1	1
5	2	1	1	2	2	1	1	2	2	1	1	2	2
6	2	1	1	2	2	2	2	1	1	2	2	1	1
7	2	2	2	1	1	1	1	2	2	2	2	1	1
8	2	2	2	1	1	2	2	1	1	1	1	2	2
9	3	1	2	1	2	1	2	1	2	1	2	1	2
10	3	1	2	1	2	2	1	2	1	2	1	2	1
11	3	2	1	2	1	1	2	1	2	2	1	2	1
12	3	2	1	2	1	2	1	2	1	1	2	1	2
13	4	1	2	2	1	1	2	2	1	1	2	2	1
14	4	1	2	2	1	2	1	1	2	2	1	1	2
15	4	2	1	1	2	1	2	2	1	2	1	1	2
16	4	2	1	1	2	2	1	1	2	1	2	2	1

$L_{16}(4 \times 2^{12})$ 表头设计

因子数 \ 列号	1	2	3	4	5	6	7
3	A	B	$(A \times B)_1$	$(A \times B)_2$	$(A \times B)_3$	C	$(A \times C)_1$
4	A	B	$(A \times B)_1$ $C \times D$	$(A \times B)_2$	$(A \times B)_3$	C	$(A \times C)_1$ $B \times D$
5	A	B	$(A \times B)_1$ $C \times D$	$(A \times B)_2$ $C \times E$	$(A \times B)_3$	C	$(A \times C)_1$ $B \times D$

列号 / 因子数	8	9	10	11	12	13
3	$(A\times C)_2$	$(A\times C)_2$	$B\times C$			
4	$(A\times C)_2$	$(A\times C)_3$	$B\times C$ $(A\times C)_1$	D	$(A\times D)_3$	$(A\times D)_2$
5	$(A\times C)_2$ $B\times E$	$(A\times C)_3$	$B\times C$ $(A\times D)_1$ $(A\times E)_2$	D $(A\times E)_3$	E $(A\times D)_3$	$(A\times E)_1$ $(A\times D)_2$

（7）

$$L_{16}\,(4^2\times 2^9)$$

列号 / 试验号	1	2	3	4	5	6	7	8	9	10	11
1	1	1	1	1	1	1	1	1	1	1	1
2	1	2	1	1	1	2	2	2	2	2	2
3	1	3	2	2	2	1	1	1	2	2	2
4	1	4	2	2	2	2	2	2	1	1	1
5	2	1	1	2	2	1	2	2	1	2	2
6	2	2	1	2	2	2	1	1	2	1	1
7	2	3	2	1	1	1	2	2	2	1	1
8	2	4	2	1	1	2	1	1	1	2	2
9	3	1	2	1	2	2	1	2	2	1	2
10	3	2	2	1	2	1	2	1	1	2	1
11	3	3	1	2	1	2	1	2	1	2	1
12	3	4	1	2	1	1	2	1	2	1	2
13	4	1	2	2	1	2	2	1	2	2	1
14	4	2	2	2	1	1	1	2	1	1	2
15	4	3	1	1	2	2	2	1	1	1	2
16	4	4	1	1	2	1	1	2	2	2	1

（8）

$$L_{16}(4^3 \times 2^6)$$

试验号 \ 列号	1	2	3	4	5	6	7	8	9
1	1	1	1	1	1	1	1	1	1
2	1	2	2	1	1	2	2	2	2
3	1	3	3	2	2	1	1	2	2
4	1	4	4	2	2	2	2	1	1
5	2	1	2	2	2	1	2	1	2
6	2	2	1	2	2	2	1	2	1
7	2	3	4	1	1	1	2	2	1
8	2	4	3	1	1	2	1	1	2
9	3	1	3	1	2	2	2	2	1
10	3	2	4	1	2	1	1	1	2
11	3	3	1	2	1	2	2	1	2
12	3	4	2	2	1	1	1	2	1
13	4	1	4	2	1	2	1	2	2
14	4	2	3	2	1	1	2	1	1
15	4	3	2	1	2	2	1	1	1
16	4	4	1	1	2	1	2	2	2

（9）

$$L_{16}(4^4 \times 2^3)$$

试验号 \ 列号	1	2	3	4	5	6	7
1	1	1	1	1	1	1	1
2	1	2	2	2	1	2	2
3	1	3	3	3	2	1	2
4	1	4	4	4	2	2	1
5	2	1	2	3	2	2	1
6	2	2	1	4	2	1	2
7	2	3	4	1	1	2	2
8	2	4	3	2	1	1	1

续表

列号 试验号	1	2	3	4	5	6	7
9	3	1	3	3	1	2	2
10	3	2	4	4	1	1	1
11	3	3	1	2	2	2	1
12	3	4	2	1	2	1	2
13	4	1	4	2	2	1	2
14	4	2	3	1	2	2	1
15	4	3	2	4	1	1	1
16	4	4	1	3	1	2	2

（10）

$$L_{16}(4^5)$$

列号 试验号	1	2	3	4	5
1	1	1	1	1	1
2	1	2	2	2	2
3	1	3	3	3	3
4	1	4	4	4	4
5	2	1	2	3	4
6	2	2	1	4	3
7	2	3	4	1	2
8	2	4	3	2	1
9	3	1	3	4	2
10	3	2	4	3	1
11	3	3	1	2	4
12	3	4	2	1	3
13	4	1	4	2	3
14	4	2	3	1	4
15	4	3	2	4	1
16	4	4	1	3	2
组	1	2			

（11）

$$L_{16}(8\times 2^8)$$

试验号 \ 列号	1	2	3	4	5	6	7	8	9
1	1	1	1	1	1	1	1	1	1
2	1	2	2	2	2	2	2	2	2
3	2	1	1	1	1	2	2	2	2
4	2	2	2	2	2	1	1	1	1
5	3	1	1	1	1	1	1	2	2
6	3	2	2	2	2	2	2	1	1
7	4	1	1	1	1	2	2	1	1
8	4	2	2	2	2	1	1	2	2
9	5	1	2	1	2	1	2	1	2
10	5	2	1	2	1	2	1	2	1
11	6	1	2	1	2	2	1	2	1
12	6	2	1	2	1	1	2	1	2
13	7	1	2	2	1	1	2	2	1
14	7	2	1	1	2	2	1	1	2
15	8	1	2	2	1	2	1	1	2
16	8	2	1	1	2	1	2	2	1

（12）

$$L_{20}(2^{19})$$

试验号 \ 列号	1	2	3	4	5	6	7	8	9	10	11	12	13	14	15	16	17	18	19
1	1	1	1	1	1	1	1	1	1	1	1	1	1	1	1	1	1	1	1
2	2	2	1	1	2	2	2	2	1	2	1	2	1	1	1	1	2	2	1
3	2	1	1	2	2	2	2	1	2	1	2	1	1	1	1	2	2	1	2
4	1	1	2	2	2	2	1	2	1	2	1	1	1	1	2	2	1	2	2
5	1	2	2	2	2	1	2	1	2	1	1	1	1	2	2	1	2	2	1
6	2	2	2	2	1	2	1	2	1	1	1	1	2	2	1	2	2	1	1
7	2	2	2	1	2	1	2	1	1	1	1	2	2	1	2	2	1	1	2
8	2	2	1	2	1	2	1	1	1	1	2	2	1	2	2	1	1	2	2

续表

试验号 \ 列号	1	2	3	4	5	6	7	8	9	10	11	12	13	14	15	16	17	18	19
9	2	1	2	1	2	1	1	1	1	2	2	1	2	2	1	1	2	2	2
10	1	2	1	2	1	1	1	1	2	2	1	2	2	1	1	2	2	2	2
11	2	1	2	1	1	1	1	2	2	1	2	2	1	1	2	2	2	2	1
12	1	2	1	1	1	1	2	2	1	2	2	1	1	2	2	2	2	1	2
13	2	1	1	1	1	2	2	1	2	2	1	1	2	2	2	2	1	2	1
14	1	1	1	1	2	2	1	2	2	1	1	2	2	2	2	1	2	1	2
15	1	1	1	2	2	1	2	2	1	1	2	2	2	2	1	2	1	2	1
16	1	1	2	2	1	2	2	1	1	2	2	2	2	1	2	1	2	1	1
17	1	2	2	1	2	2	1	1	2	2	2	2	1	2	1	2	1	1	1
18	2	2	1	2	2	1	1	2	2	2	2	1	2	1	2	1	1	1	1
19	2	1	2	2	1	1	2	2	2	2	1	2	1	2	1	1	1	1	2
20	1	2	2	1	1	2	2	2	2	1	2	1	2	1	1	1	1	2	2

（13）

$$L_9(3^4)$$

试验号 \ 列号	1	2	3	4
1	1	1	1	1
2	1	2	2	2
3	1	3	3	3
4	2	1	2	3
5	2	2	3	1
6	2	3	1	2
7	3	1	3	2
8	3	2	1	3
9	3	3	2	1
组	1	2		

注：任意二列间的交互作用为另外二列.

（14）

$L_{18}(2 \times 3^7)$

试验号 \ 列号	1	2	3	4	5	6	7	8
1	1	1	1	1	1	1	1	1
2	1	1	2	2	2	2	2	2
3	1	1	3	3	3	3	3	3
4	1	2	1	1	2	2	3	3
5	1	2	2	2	3	3	1	1
6	1	2	3	3	1	1	2	2
7	1	3	1	2	1	3	2	3
8	1	3	2	3	2	1	3	1
9	1	3	3	1	3	2	1	2
10	2	1	1	3	3	2	2	1
11	2	1	2	1	1	3	3	2
12	2	1	3	2	2	1	1	3
13	2	2	1	2	3	1	3	2
14	2	2	2	3	1	2	1	3
15	2	2	3	1	2	3	2	1
16	2	3	1	3	2	3	1	2
17	2	3	2	1	3	1	2	3
18	2	3	3	2	1	2	3	1

（15）

$L_{27}(3^{13})$

试验号 \ 列号	1	2	3	4	5	6	7	8	9	10	11	12	13
1	1	1	1	1	1	1	1	1	1	1	1	1	1
2	1	1	1	1	2	2	2	2	2	2	2	2	2
3	1	1	1	1	3	3	3	3	3	3	3	3	3
4	1	2	2	2	1	1	1	2	2	2	3	3	3

续表

试验号＼列号	1	2	3	4	5	6	7	8	9	10	11	12	13
5	1	2	2	2	2	2	2	3	3	3	1	1	1
6	1	2	2	2	3	3	3	1	1	1	2	2	2
7	1	3	3	3	1	1	1	3	3	3	2	2	2
8	1	3	3	3	2	2	2	1	1	1	3	3	3
9	1	3	3	3	3	3	3	2	2	2	1	1	1
10	2	1	2	3	1	2	3	1	2	3	1	2	3
11	2	1	2	3	2	3	1	2	3	1	2	3	1
12	2	1	2	3	3	1	2	3	1	2	3	1	2
13	2	2	3	1	1	2	3	2	3	1	3	1	2
14	2	2	3	1	2	3	1	3	1	2	1	2	3
15	2	2	3	1	3	1	2	1	2	3	2	3	1
16	2	3	1	2	1	2	3	3	1	2	2	3	1
17	2	3	1	2	2	3	1	1	2	3	3	1	2
18	2	3	1	2	3	1	2	2	3	1	1	2	3
19	3	1	3	2	1	3	2	1	3	2	1	3	2
20	3	1	3	2	2	1	3	2	1	3	2	1	3
21	3	1	3	2	3	2	1	3	2	1	3	2	1
22	3	2	1	3	1	3	2	2	1	3	3	2	1
23	3	2	1	3	2	1	3	3	2	1	1	3	2
24	3	2	1	3	3	2	1	1	3	2	2	1	3
25	3	3	2	1	1	3	2	3	2	1	2	1	3
26	3	3	2	1	2	1	3	1	3	2	3	2	1
27	3	3	2	1	3	2	1	2	1	3	1	3	2
组	1	2			3								

$L_{27}(3^{13})$ 表头设计

因子数＼列号	1	2	3	4	5	6	7
3	A	B	$(A\times B)_1$	$(A\times B)_2$	C	$(A\times C)_1$	$(A\times C)_2$
4	A	B	$(A\times B)_1$ $(C\times D)_2$	$(A\times B)_2$	C	$(A\times C)_1$ $(B\times D)_2$	$(A\times C)_2$

续表

因子数＼列号	8	9	10	11	12	13
3	$(B\times C)_1$			$(B\times C)_2$		
4	$(B\times C)_1$ $(A\times D)_2$	D	$(A\times D)_1$	$(B\times C)_2$	$(B\times D)_1$	$(C\times D)_1$

$L_{27}(3^{13})$ 二列间的交互作用

列号＼列号	1	2	3	4	5	6	7	8	9	10	11	12	13
	(1)	3 4	2 4	2 3	6 7	5 7	5 6	9 10	8 10	8 9	12 13	11 13	11 12
		(2)	1 4	1 3	8 11	9 12	10 13	5 11	6 12	7 13	5 8	6 9	7 10
			(3)	1 2	9 13	10 11	8 12	7 12	5 13	6 11	6 10	7 8	5 9
				(4)	10 12	8 13	9 11	6 13	7 11	5 12	7 9	5 10	6 8
					(5)	1 7	1 6	2 11	3 13	4 12	2 8	4 10	3 9
						(6)	1 5	4 13	2 12	3 11	3 10	2 9	4 8
							(7)	3 12	4 11	2 13	4 9	3 8	2 10
								(8)	1 10	1 9	2 5	3 7	4 6
									(9)	1 8	4 7	2 6	3 5
										(10)	3 6	4 5	2 7
											(11)	1 13	1 12
												(12)	1 11

（16）

$$L_{25}(5^6)$$

列号 试验号	1	2	3	4	5	6
1	1	1	1	1	1	1
2	1	2	2	2	2	2
3	1	3	3	3	3	3
4	1	4	4	4	4	4
5	1	5	5	5	5	5
6	2	1	2	3	4	5
7	2	2	3	4	5	1
8	2	3	4	5	1	2
9	2	4	5	1	2	3
10	2	5	1	2	3	4
11	3	1	3	5	2	4
12	3	2	4	1	3	5
13	3	3	5	2	4	1
14	3	4	1	3	5	2
15	3	5	2	4	1	3
16	4	1	4	2	5	3
17	4	2	5	3	1	4
18	4	3	1	4	2	5
19	4	4	2	5	3	1
20	4	5	3	1	4	2
21	5	1	5	4	3	2
22	5	2	1	5	4	3
23	5	3	2	1	5	4
24	5	4	3	2	1	5
25	5	5	4	3	2	1
组	1			2		

(17)

$$L_{32}(2^{31})$$

试验号	1	2	3	4	5	6	7	8	9	10	11	12	13	14	15	16	17	18	19	20	21	22	23	24	25	26	27	28	29	30	31
1	1	1	1	1	1	1	1	1	1	1	1	1	1	1	1	1	1	1	1	1	1	1	1	1	1	1	1	1	1	1	1
2	1	1	1	1	1	1	1	1	1	1	1	1	1	1	1	2	2	2	2	2	2	2	2	2	2	2	2	2	2	2	2
3	1	1	1	1	1	1	1	2	2	2	2	2	2	2	2	1	1	1	1	1	1	1	1	2	2	2	2	2	2	2	2
4	1	1	1	1	1	1	1	2	2	2	2	2	2	2	2	2	2	2	2	2	2	2	2	1	1	1	1	1	1	1	1
5	1	1	1	2	2	2	2	1	1	1	1	2	2	2	2	1	1	1	1	2	2	2	2	1	1	1	1	2	2	2	2
6	1	1	1	2	2	2	2	1	1	1	1	2	2	2	2	2	2	2	2	1	1	1	1	2	2	2	2	1	1	1	1
7	1	1	1	2	2	2	2	2	2	2	2	1	1	1	1	1	1	1	1	2	2	2	2	2	2	2	2	1	1	1	1
8	1	1	1	2	2	2	2	2	2	2	2	1	1	1	1	2	2	2	2	1	1	1	1	1	1	1	1	2	2	2	2
9	1	2	2	1	1	2	2	1	1	2	2	1	1	2	2	1	1	2	2	1	1	2	2	1	1	2	2	1	1	2	2
10	1	2	2	1	1	2	2	1	1	2	2	1	1	2	2	2	2	1	1	2	2	1	1	2	2	1	1	2	2	1	1
11	1	2	2	1	1	2	2	2	2	1	1	2	2	1	1	1	1	2	2	1	1	2	2	2	2	1	1	2	2	1	1
12	1	2	2	1	1	2	2	2	2	1	1	2	2	1	1	2	2	1	1	2	2	1	1	1	1	2	2	1	1	2	2
13	1	2	2	2	2	1	1	1	1	2	2	2	2	1	1	1	1	2	2	2	2	1	1	1	1	2	2	2	2	1	1
14	1	2	2	2	2	1	1	1	1	2	2	2	2	1	1	2	2	1	1	1	1	2	2	2	2	1	1	1	1	2	2
15	1	2	2	2	2	1	1	2	2	1	1	1	1	2	2	1	1	2	2	2	2	1	1	2	2	1	1	1	1	2	2

续表

试验号	1	2	3	4	5	6	7	8	9	10	11	12	13	14	15	16	17	18	19	20	21	22	23	24	25	26	27	28	29	30	31
																				列											
16	1	2	2	2	2	1	1	2	2	1	1	1	1	2	2	2	2	1	1	1	1	2	2	1	1	2	2	2	2	1	1
17	2	1	2	1	2	1	2	1	2	1	2	1	2	1	2	1	2	1	2	1	2	1	2	1	2	1	2	1	2	1	2
18	2	1	2	1	2	1	2	1	2	1	2	1	2	1	2	2	1	2	1	2	1	2	1	2	1	2	1	2	1	2	1
19	2	1	2	1	2	1	2	2	1	2	1	2	1	2	1	1	2	1	2	1	2	1	2	2	1	2	1	2	1	2	1
20	2	1	2	1	2	1	2	2	1	2	1	2	1	2	1	2	1	2	1	2	1	2	1	1	2	1	2	1	2	1	2
21	2	1	2	2	1	2	1	1	2	1	2	2	1	2	1	1	2	1	2	2	1	2	1	1	2	1	2	2	1	2	1
22	2	1	2	2	1	2	1	1	2	1	2	2	1	2	1	2	1	2	1	1	2	1	2	2	1	2	1	1	2	1	2
23	2	1	2	2	1	2	1	2	1	2	1	1	2	1	2	1	2	1	2	2	1	2	1	2	1	2	1	1	2	1	2
24	2	1	2	2	1	2	1	2	1	2	1	1	2	1	2	2	1	2	1	1	2	1	2	1	2	1	2	2	1	2	1
25	2	2	1	1	2	2	1	1	2	2	1	1	2	2	1	1	2	2	1	1	2	2	1	1	2	2	1	1	2	2	1
26	2	2	1	1	2	2	1	1	2	2	1	1	2	2	1	2	1	1	2	2	1	1	2	2	1	1	2	2	1	1	2
27	2	2	1	1	2	2	1	2	1	1	2	2	1	1	2	1	2	2	1	1	2	2	1	2	1	1	2	2	1	1	2
28	2	2	1	1	2	2	1	2	1	1	2	2	1	1	2	2	1	1	2	2	1	1	2	1	2	2	1	1	2	2	1
29	2	2	1	2	1	1	2	1	2	2	1	2	1	1	2	1	2	2	1	2	1	1	2	1	2	2	1	2	1	1	2
30	2	2	1	2	1	1	2	1	2	2	1	2	1	1	2	2	1	1	2	1	2	2	1	2	1	1	2	1	2	2	1
31	2	2	1	2	1	1	2	2	1	1	2	1	2	2	1	1	2	2	1	2	1	1	2	2	1	1	2	1	2	2	1
32	2	2	1	2	1	1	2	2	1	1	2	1	2	2	1	2	1	1	2	1	2	2	1	1	2	2	1	2	1	1	2

$L_{32}(2^{31})$ 的交互作用表

列	1	2	3	4	5	6	7	8	9	10	11	12	13	14	15	16	17	18	19	20	21	22	23	24	25	26	27	28	29	30	31
1	(1)	3	2	5	4	7	6	9	8	11	10	13	12	15	14	17	16	19	18	21	20	23	22	25	24	27	26	29	28	31	30
2		(2)	1	6	7	4	5	10	11	8	9	14	15	12	13	18	19	16	17	22	23	20	21	26	27	24	25	30	31	28	29
3			(3)	7	6	5	4	11	10	9	8	15	14	13	12	19	18	17	16	23	22	21	20	27	26	25	24	31	30	29	28
4				(4)	1	2	3	12	13	14	15	8	9	10	11	20	21	22	23	16	17	18	19	28	29	30	31	24	25	26	27
5					(5)	3	2	13	12	15	14	9	8	11	10	21	20	23	22	17	16	19	18	29	28	31	30	25	24	27	26
6						(6)	1	14	15	12	13	10	11	8	9	22	23	20	21	18	19	16	17	30	31	28	29	26	27	24	25
7							(7)	15	14	13	12	11	10	9	8	23	22	21	20	19	18	17	16	31	30	29	28	27	26	25	24
8								(8)	1	2	3	4	5	6	7	24	25	26	27	28	29	30	31	16	17	18	19	20	21	22	23
9									(9)	3	2	5	4	7	6	25	24	27	26	29	28	31	30	17	16	19	18	21	20	23	22
10										(10)	1	6	7	4	5	26	27	24	25	30	31	28	29	18	19	16	17	22	23	20	21
11											(11)	7	6	5	4	27	26	25	24	31	30	29	28	19	18	17	16	23	22	21	20
12												(12)	1	2	3	28	29	30	31	24	25	26	27	20	21	22	23	16	17	18	19
13													(13)	3	2	29	28	31	30	25	24	27	26	21	20	23	22	17	16	19	18
14														(14)	1	30	31	28	29	26	27	24	25	22	23	20	21	18	19	16	17
15															(15)	31	30	29	28	27	26	25	24	23	22	21	20	19	18	17	16

列

续表

列	1	2	3	4	5	6	7	8	9	10	11	12	13	14	15	16	17	18	19	20	21	22	23	24	25	26	27	28	29	30	31
16																(16)	1	2	3	4	5	6	7	8	9	10	11	12	13	14	15
17																	(17)	3	2	5	4	7	6	9	8	11	10	13	12	15	14
18																		(18)	1	6	7	4	5	10	11	8	9	14	15	12	13
19																			(19)	7	6	5	4	11	10	9	8	15	14	13	12
20																				(20)	1	2	3	12	13	14	15	8	9	10	11
21																					(21)	3	2	13	12	15	14	9	8	11	10
22																						(22)	1	14	15	12	13	10	11	8	9
23																							(23)	15	14	13	12	11	10	9	8
24																								(24)	1	2	3	4	5	6	7
25																									(25)	3	2	5	4	7	6
26																										(26)	1	6	7	4	5
27																											(27)	7	6	5	4
28																												(28)	1	2	3
29																													(29)	3	2
30																														(30)	1
31																															(31)

参 考 文 献

[1] 陈魁. 应用数理统计. 北京：清华大学出版社，2000

[2] 苏全明. 统计软件 SPSS 系列——应用实战篇. 北京：电子工业出版社，2002

[3] 贾怀秦. 应用统计. 北京：对外经济贸易大学出版社，2005

[4] 叶慈南等. 应用数理统计. 北京：机械工业出版社，2004

[5] 何灿枝. 应用数理统计. 长沙：湖南大学出版社，2004

[6] 朱勇华. 应用数理统计. 北京：高等教育出版社，2000

[7] 冯力. 回归分析方法原理及 SPSS 实际操作. 北京：中国金融出版社，2004

[8] 杨振海等. 应用数理统计. 北京：北京工业大学出版社，2005

[9] 朱燕堂等. 应用概率统计方法. 西安：西北工业大学出版社，2001

[10] 数理统计编写组. 数理统计. 西安：西北工业大学出版社，2003

[11] 马斌荣. SPSS FOR WINDOWS——在医学统计中的应用. 北京：科学出版社，2003

[12] 范大茵. 概率论与数理统计. 杭州：浙江大学出版社，2002

[13] 王世安. 数理统计. 北京：北京理工大学出版社，1999

[14] 吴翊、李永乐等. 应用数理统计. 长沙：国防科技大学出版社，1995

[15] 韩於羹. 应用数理统计. 北京：北京航空航天大学出版社，1989

[16] 何晓群. 现代统计分析方法与应用. 北京：中国人民大学出版社，1998

[17] 汪荣鑫. 数理统计. 西安：西安交通大学出版社，1986

[18] 张尧庭，方开泰. 多元统计分析引论. 北京：科学出版社，1982

[19] 王国梁，何晓群. 多变量经济数据统计分析. 西安：陕西科学技术出版社，1993

[20] 施雨. 应用数量统计. 西安：西安交通大学出版社，2005